エンジニアリングチームのリード術

Google に学ぶインディビジュアルコントリビューターと
マネージャーのための実践ガイド

Addy Osmani 著
村上 列 訳

本書で使用するシステム名、製品名は、それぞれ各社の商標、または登録商標です。
なお、本文中では ™、®、© マークは省略しています。

Leading Effective Engineering Teams

Lessons for Individual Contributors and Managers from 10 Years at Google

Addy Osmani

Beijing · Boston · Farnham · Sebastopol · Tokyo

©2025 O'Reilly Japan, Inc. Authorized Japanese translation of the English edition of "Leading Effective Engineering Teams".

©2024 Adnan Osmani. All rights reserved. This translation is published and sold by permission of O'Reilly Media, Inc., the owner of all rights to publish and sell the same.

本書は、株式会社オライリー・ジャパンが O'Reilly Media, Inc. の許諾に基づき翻訳したものです。日本語版についての権利は、株式会社オライリー・ジャパンが保有します。

日本語版の内容について、株式会社オライリー・ジャパンは最大限の努力をもって正確を期していますが、本書の内容に基づく運用結果について責任を負いかねますので、ご了承ください。

まえがき

　私がソフトウェアエンジニアからエンジニアリングマネージャーになったときのことを思い出します。私は、エンジニアリングマネージャーとして何をすべきなのか、まったくわかっていなかったのです。上司や同僚のエンジニアリングマネージャーにアドバイスを求めたり指導してもらったり、どうすればうまくいくかをいろいろ試行錯誤しました。「うまくいかなかったもの」ではなく「うまくいったもの」をたくさん行い、「うまくいかなかったもの」はすぐに修正し、そして、解決が難しいミスはあまり犯さないよう祈りながら過ごしていました。

　それから随分年月が経ちました。最近のエンジニアリングマネージャーは優れたリーダーになるために、より多くのトレーニングを受けたり、より良いリソースを利用したりできるようになった、と言いたいところですが、実はそうではないようです。ほとんどのマネージャーの状況は、いまだに私がマネージャーになったときと同じようです。さまざまなアプローチを試し、うまくいきそうなものをとりあえず使っているというのが実状です。マネージャーの仕事がこれほど難しく感じられるのも、マネージャーの間で燃え尽き症候群がいまだに多いのも、不思議なことではありません。

　エンジニアリングマネージャーを成長させるために、マネージャーのサポート方法を改革しようとした企業があります。それは Google です。Google は、過去の事例や直感に頼るのではなく、優れたエンジニアリングマネージャーの特性を定量化し言葉化しようと考えました。このために、2 つの大規模な調査プロジェクトを立ち上げます。まず、2008 年に、Google は Project Oxygen を実施し、優れたマネージャーが備えている 8 つの特徴を突き止めました。2012 年には Project Aristotle を行い、ソフトウェアエンジニアリングチームが成功するために必要となる、5 つの要因を明らかにしました。

Addy Osmani 氏は、Project Aristotle がキックオフされた年に Google に入社しました。Google では、優れたエンジニアリングリーダーの資質を見極め、その知見を活用して優れたマネージャーを育成することに取り組んでいました。このような企業で働くことは、マネージャーになる上で非常に有意義なことです。Addy が、この仕事に就いてから 10 年以上もの間、Addy は自分が優れたリーダーでありつづけるために必要なことをメモしてきました。そして、ついに、そのメモの内容を本書にまとめてくれたのです。

優れたエンジニアリングリーダーになることが難しいのは、世の中にはたくさんのアドバイスがあふれている上に、何十種類ものフレームワークやメンタルモデルがあるからです。これらをどのように組み合わせればよいのでしょうか。本書の前半では、Addy はエンジニアリングマネジメントの「最新の理論」について紹介してくれます。この分野に関する調査とメンタルモデルは、**テック**チームにおける効果的なマネジメント手法として、時をかけて検証されたものです。これらのモデルの多くは補完的なものであり、いくつかは互いに矛盾しているところもあります。読者自身の職場において、読者の置かれた状況に応じて、最も役に立つと思えるものを選ばなければなりません。また、チームや会社が変われば考え方が変わる場合もあるでしょう。

リーダーシップというものは、理論的なものではなく、もっと実践的なものです。本書の後半では、Addy はエンジニアリングチームをリードするにあたっての実践的な手法を紹介しています。この中では、Addy がテックチームをリードしてきた 10 年間の経験を余すところなく伝えています。リリースが間近のとき**だけ**奮闘し、多くの問題に緊急かつ果敢に取り組んでしまうチームにはどう接すれば良いのでしょうか。ほとんどのメンバーが PR（プルリクエスト）を形式的に承認していたり、異常に長期間にわたって検討しつづけていたりするチームに対してどのような対処を行えば良いのでしょうか。また、チームがレトロスペクティブ（振り返り）をいい加減に行っている場合、対策を講じるべきでしょうか。それとも、これは無視しても大丈夫なことなのでしょうか。

Addy は、自身の経験をつぶさに語るだけでなく、Google の効果的なマネージャーがどのように仕事をしているのかを教えてくれます。また、スタートアップや大企業など、他の職場環境において、効果的なリーダーシップとはどのようなものなのかも示してくれます。

最後になりますが、優れたリーダーとはどのような存在なのかを忘れないようにしてください。優れたリーダーとは、組織のゴールを達成する存在です。しかし、どうすればこのようなリーダーになれるのでしょうか。優れたリーダーは、チームを鼓舞

しモチベーションを高めます。では、どうすればこのようなことができるのでしょうか。私が本書を読む前ならば、卓越したエンジニアリングリーダーをシャドーイングすることでその方法を学びましょう、と私は答えたでしょう。しかし、本書を読んだ今となっては、本書を読み進めれば優れたリーダーになるための知見が手に入ります、というのが私の答えです。私がそうであったように、読者のみなさんも本書を楽しく読み進んでいただければと思います。

Gergely Orosz

元 Uber エンジニアリングマネージャー、『The Pragmatic Engineer』著者

2024 年 3 月、アムステルダムにて

はじめに

　今日のエンジニアリングチームには、これまで以上に複雑でさまざまなものが求められています。このため、リーダーとしての効果性をスケールさせることが重要なスキルとなっています。小規模で自由の利くスタートアップチームの指揮を執る場合でも、グローバル企業で大規模な取り組みを指揮する場合でも、基本となる原則は同じです。その基本原則とは、信頼を育み、成長しようとするマインドセットを養い、説明責任を果たすということです。そして、この基本原則は成功に不可欠なものです。

　筆者は、Google での長きにわたる職務の中で、ありがたいことに、エンジニアリングチームをさまざまな立場でリードするという素晴らしい機会に恵まれました。インディビジュアルコントリビューター（個人貢献者）として仲間のエンジニアを指導し成長させることに専念していた頃から、テックリードマネージャーやさまざまなレベルの組織リーダーとしての役割に至るまで、筆者は、たくさんの知識と知見を蓄積してきました。この知識と知見により、真に卓越したエンジニアリングチームを構築しリードするためには何が必要なのかを理解することができました。本書は、こうした貴重な学びをまとめたものです。

　本書は、リーダーシップを担うようなポジションに就きたいと考えているエンジニアや、自分自身やチームの効果性を向上させるために、エビデンスに基づいた参考書を求めているエンジニアリングリーダーのためにまとめたものです。エンジニアリングチームの潜在能力を最大限に引き出し、大きな成果をもたらすために、どのような戦略、フレームワーク、ベストプラクティスを使うべきかを紹介します。実際の事例や、実践から得られた知見、そしてすぐに活用できるようなアドバイスを紹介し、卓越したエンジニアリングリーダーになるためのツールと知識を提供します。

　本書の肝となる部分は、非常に効果的なエンジニアやエンジニアリングリーダーについてまとめているところです。彼らを同僚とは異なる存在にしているのはどのよ

うな資質や振る舞いなのかを深く考察しています。彼らは、常に優れた結果を出し、チームを高みに向かわせ、自分がリードするプロジェクトや活動に絶えず影響を与えつづけます。このような特徴を理解し、それを読者自身も実践することで、読者も同僚とは異なる存在となり、自分の役割に有意義な変化をもたらすことができます。

この本の中心となるテーマの一つが、エンジニアリングチーム内に心理的安全性の文化を醸成することです。心理的に安全な環境では、チームメンバーはリスクを取ることを恐れずに、自分のアイデアや意見を率直に発言でき、失敗を成長と学習の貴重な機会ととらえることができます。読者は、リーダーとして、このような文化を積極的に育み維持する責任があります。このような環境では、実験、イノベーション、継続的な改善が奨励されるだけでなく、成功に欠かせないものとして称賛されます。

本書では、パフォーマンスの高いエンジニアリングチームについて、そのチーム力学を深く掘り下げ、チームが常に高い成果を出す上でどのような戦略と実践が必要なのかを検証します。効果的なコミュニケーションとコラボレーションの極意から、意思決定と問題解決のための強固なプロセスの導入に至るまで、高いレベルのチームを構築し維持するために重要となることをすべて理解することができます。

しかし、優れたエンジニアリングリーダーになるには、技術的専門知識やプロジェクトマネジメントスキルを身につけるだけでは十分ではありません。このほかにも、さまざまな取り組みが必要です。自己理解を深め、心の豊かさを養い、複雑な人間関係を巧みに調整する能力を育成しなければなりません。本書では、自己主張と自己成長のために強力なテクニックを紹介していきます。このテクニックは、組織の中で読者の存在感やチームの影響力を高めるのに大いに役立つはずです。

本書で共有される豊富な知識を活用して、チームメンバーと深い信頼関係を築き、コミットメントと説明責任を果たす方法を学びます。建設的なフィードバックを提供したり、明確な目標と期待する成果を設定したり、チームが自分の仕事やプロフェッショナルとしての能力開発に主体性を持てるようにしたりする方法を学びます。これらのスキルを習得することで、高い生産性を育み、関係者全員が深い充実感を得られるようなチーム文化を構築できるようになります。

本書は、エンジニアリングリーダーを目指す方にも、チームのパフォーマンスをさらなる高みへと導こうとするベテランの方にも役立つ内容になっています。ゴール実現に必要となる知見、ツール、フレームワークを提供します。本書で説明する知恵や経験談を活用することで、有意義な変化を促し、障害を乗り越えられ、素晴らしい結果を得ることができるでしょう。

この後、本書の中では、実用的な演習、考えるきっかけとなる質問、戦略などを紹

介します。これらは、読者のチームや組織ですぐに活用できるものです。これらの教材を十分に活用して、読者自身の経験や課題を深く見つめなおしてください。そして、得られた知見を使って、より効果的、効率的、そしてインパクトの大きい方向へと舵を切ってください。

卓越したエンジニアリングチームをリードするための技術と理論を掘り下げるにあたり、重要なことがあります。それは、読者一人だけで取り組むものではないということです。筆者の個人的な経験や知見だけでなく、他の優秀なエンジニアリングリーダーたちの知恵やアドバイスも共有していきたいと思います。ありがたいことに、彼らは快く知恵を共有してくれました。

本書では、実践的なアドバイスや実例を数多く取り上げているほか、効果的なエンジニアリングリーダーシップによってどのような変革がもたらされたのかというケーススタディも紹介しています。これらのケーススタディでは、業界内で革新的な成功を収めているエンジニアリングチームを取り上げています。彼らがどのように課題を克服し、イノベーションを推進し、目覚ましい成果を達成したかについて素晴らしい知見が得られます。

これらの実例や、他の卓越したエンジニアリングリーダーの経験からさまざまなことを学んでください。そうすれば、今日の複雑に入り組んだ技術動向の中で、高いパフォーマンスを発揮するチームを構築しリードするための条件を深く理解することができます。チームの生産性向上、コラボレーションとコミュニケーションの強化、イノベーションと成長の促進など、これらのケーススタディは、ゴール実現に必要となるヒントや実践的なガイダンスとなることでしょう。

この豊富な知識と経験を活用することで、他者の成功や課題から学び、その教訓を読者自身の環境や状況に適用できるようになります。チームメンバーとより強い関係を築きたい方、コミュニケーションやコラボレーションのスキルを向上させたい方、より戦略的で先見性のあるリーダーシップを身につけたい方など、本書は読者の人生において大切なパートナーになることでしょう。

これから本書を読み進めるにあたり、先入観にとらわれず、オープンマインドでそれぞれの章を読み進めるようにしてください。卓越したエンジニアリングリーダーへの道は、たゆまぬ学習、適応、成長の連続です。そのためには、自分自身の成長だけではなく、周囲の人々の成長と成功に対しても、しっかりとしたコミットメントが必要です。それでは、始めることにしましょう。

オライリーオンライン学習プラットフォーム

オライリーはフォーチュン100のうち60社以上から信頼されています。オライリー学習プラットフォームには、6万冊以上の書籍と3万時間以上の動画が用意されています。さらに、業界エキスパートによるライブイベント、インタラクティブなシナリオとサンドボックスを使った実践的な学習、公式認定試験対策資料など、多様なコンテンツを提供しています。

https://www.oreilly.co.jp/online-learning/

また以下のページでは、オライリー学習プラットフォームに関するよくある質問とその回答を紹介しています。

https://www.oreilly.co.jp/online-learning/learning-platform-faq.html

お問い合わせ

本書に関する意見、質問等はオライリー・ジャパンまでお寄せください。連絡先は次の通りです。

株式会社オライリー・ジャパン
電子メール japan@oreilly.co.jp

本書のWebページには、正誤表や例などの追加情報が掲載されています。次のURLを参照してください。

https://oreil.ly/leadEffEngTeams（原著）
https://www.oreilly.co.jp/books/9784814401116（和書）

本書に関する技術的な質問や意見は、次の宛先に電子メール（英文）を送ってください。

bookquestions@oreilly.com

オライリーに関するその他の情報については、次のオライリーのWebサイトを参

照してください。

https://www.oreilly.co.jp
https://www.oreilly.com（英語）

謝辞

　本書を執筆することは、とても大変な作業でした。多くの方々から、彼らの時間や、専門知識、知見などを惜しみなく共有していただきました。このような多くの方々のサポート、指導、貢献なしには本書を執筆することは不可能だったでしょう。

　何よりもまず、本書の内容を練り上げ、その正確性と妥当性を高めることに多大なご協力をいただいた、素晴らしい技術レビュアーの方々に深く感謝いたします。Kate Wardin、Francisco Trindade、Maxi Ferreira、Sriram Krishnan の各氏の貴重なフィードバック、鋭い指摘、豊富な経験は、本書で紹介したアイデアや戦略を改善するのに不可欠なものでした。皆さんが、献身的に思慮深い建設的な論評を寄せていただいたことで、本書の品質は飛躍的に高まりました。

　また、あらゆる場面で筆者のそばにいてくれた優秀な編集者たちにも、心から感謝の意を表したいと思います。Rita Fernando 氏と Leena Sohoni-Kasture 氏、あなた方のたゆまぬ努力、入念なチェック、仕事に対する取り組みは、素晴らしいの一言に尽きます。あなた方の指導、忍耐、そして編集に関する専門知識は、この本を世に送り出す上で大きな力となりました。揺るぎないサポートと献身に深く感謝しています。

　最後に、私の家族、友人、そして Googler の仲間たちに深く感謝いたします。彼らのサポートと理解があったからこそ、この本が出版できたのです。皆さんの変わらぬ信頼や絶え間ない激励が、この本を完成させる原動力となりました。

　直接的、間接的を問わず、本書の制作にご協力いただいたすべての方々に、深く感謝申し上げます。皆様のご尽力とご支援のおかげで本書は完成しました。このような素晴らしい方々と共に仕事ができたことを光栄に思います。

目次

まえがき ……………………………………………………………………… v

はじめに ……………………………………………………………………… ix

1章　ソフトウェアエンジニアリングチームを効果的にする条件 ……… 1

1.1　チームを効果的にする条件の調査 ………………………………… 3

　1.1.1　Project Aristotle ………………………………………… 3

　1.1.2　その他の調査 …………………………………………… 6

1.2　モチベーションがパフォーマンスをドライブする ……………… 9

1.3　効果的なチームの構築 ……………………………………………… 11

　1.3.1　適切な人材を集める ………………………………… 12

　1.3.2　チームスピリットを高める ………………………… 25

　1.3.3　効果的にリードする ………………………………… 30

　1.3.4　効果性を持続させる（成長の文化）………………… 33

1.4　まとめ ………………………………………………………………… 36

2章　効率性と効果性と生産性 …………………………………………… 39

2.1　効率性、効果性、生産性の違い …………………………………… 40

　2.1.1　ゴール …………………………………………………… 40

　2.1.2　測定 ……………………………………………………… 42

　2.1.3　影響を与える要因 …………………………………… 46

2.2　アウトプットとアウトカム ………………………………………… 48

　2.2.1　アウトプットとアウトカムの測定 ………………… 49

xvi | 目次

	2.2.2	アウトプットよりもアウトカムを重視する	51
2.3		効果的な効率性	55
	2.3.1	初心者のための効果的な効率性	55
	2.3.2	トレードオフのマネジメント	58
	2.3.3	チームの生産性を再定義する	61
	2.3.4	効果性と効率性のバランス	65
	2.3.5	日頃から効果的に効率的になるためのヒント	67
2.4		まとめ	68

3章　効果的なエンジニアリングのための3つのEのモデル …… 71

3.1		実行可能にする（Enable）	73
	3.1.1	ビジネスタイプとチームサイズに合わせて効果性を定義する	73
	3.1.2	効果性を立ち上げる	77
3.2		力を与える（Empower）	80
	3.2.1	機会を与え、問題を排除する	81
	3.2.2	一人ひとりの効果性を高めるために努力する	83
	3.2.3	チームの効果性モデルに従う	87
	3.2.4	効果性の増幅	91
	3.2.5	テコ作用の高い活動を見つける	94
	3.2.6	Google から学んだ教訓	95
3.3		拡大する（Expand）	97
	3.3.1	リーダーシップの課題	99
	3.3.2	リーダーシップの3つのいつでも	101
3.4		まとめ	109

4章　効果的なマネジメント：Google の調査 …… 111

4.1		Project Oxygen	111
	4.1.1	簡単な歴史	112
	4.1.2	調査プロセス	112
	4.1.3	パフォーマンスの高いマネージャーの振る舞い	113
	4.1.4	アウトカム	129
	4.1.5	Project Oxygen の調査結果の活用	130
4.2		Project Aristotle	132

	4.2.1	心理的安全性	……………	132
	4.2.2	相互信頼	……………	136
	4.2.3	構造と明確さ	……………	139
	4.2.4	仕事の意味	……………	141
	4.2.5	インパクト	……………	142
	4.2.6	アウトカム	……………	144
4.3	Project Aristotle の調査結果を活用する		……………	145
4.4	まとめ		……………	145

5章　効果性に対する一般的なアンチパターン　147

5.1	アンチパターンのカテゴリー		……………	148
5.2	個人のアンチパターン		……………	151
	5.2.1	スペシャリスト	……………	151
	5.2.2	ジェネラリスト	……………	153
	5.2.3	ため込み屋	……………	155
	5.2.4	教え魔	……………	159
	5.2.5	些細な手直し屋	……………	161
5.3	業務関連のアンチパターン		……………	162
	5.3.1	締め切り間際の奮闘	……………	163
	5.3.2	PR プロセスにおける規則違反	……………	164
	5.3.3	長期化するリファクタリング	……………	168
	5.3.4	レトロスペクティブでの手抜き	……………	170
5.4	構造的なアンチパターン		……………	172
	5.4.1	孤立した集団	……………	172
	5.4.2	知識のボトルネック	……………	174
5.5	リーダーシップのアンチパターン		……………	176
	5.5.1	マイクロマネジメント	……………	177
	5.5.2	スコープマネジメントのミス	……………	179
	5.5.3	詰め込み過ぎの計画	……………	182
	5.5.4	懐疑的なリーダーシップ	……………	184
	5.5.5	消極的なリーダーシップ	……………	186
	5.5.6	過小評価	……………	188
5.6	まとめ		……………	190

xviii | 目 次

6章　効果的なマネージャー **191**

6.1	エンジニアリングからマネジメントへ	192
6.2	最初の一歩	195
6.3	戦略の策定	198
6.4	自分の時間をマネジメントする	199
	6.4.1　計画	200
	6.4.2　実行	201
	6.4.3　評価	201
6.5	期待されていることを理解して、期待することを設定する	202
	6.5.1　自分に期待される成果は何か	203
	6.5.2　チームメンバーに期待する成果はどういうものか	204
6.6	コミュニケーションの基礎	205
	6.6.1　チームミーティング	206
	6.6.2　1on1 ミーティング	207
	6.6.3　メッセージを伝える手段	208
	6.6.4　非言語コミュニケーション	209
6.7	ピープルマネジメント	211
	6.7.1　採用	212
	6.7.2　パフォーマンス評価	213
	6.7.3　退職マネジメント	214
	6.7.4　メンターシップとコーチング	216
6.8	難しいプロジェクトのマネジメント	217
6.9	チーム力学のマネジメント	221
	6.9.1　一人ひとりの個性と多様性のあるチーム	221
	6.9.2　リモートチーム	222
	6.9.3　対立の解決	222
6.10	マスタリーと成長を実現する	223
	6.10.1　仕事の手が空いた期間を成長のために活用する	223
	6.10.2　業務負荷の高い期間中に成長を促す	223
6.11	ネットワーキングの基礎	224
6.12	まとめ	226

目次 | **xix**

7 章　効果的なリーダーになる **229**

7.1　効果的なリーダーと効果的なマネージャー 230

7.2　リーダーシップの役割 233

   7.2.1　テックリード 235

   7.2.2　エンジニアリングマネージャー 236

   7.2.3　テックリードマネージャー（TLM） 238

7.3　自分のリーダーシップスキルを診断する 241

   7.3.1　必須の資質 241

   7.3.2　リーダーシップに望まれる資質 248

7.4　効果的なリーダーシップ 256

   7.4.1　リーダーシップスタイル 257

   7.4.2　戦略を練る 263

   7.4.3　役割を演じる 267

   7.4.4　態度を身につける 275

7.5　まとめ 284

訳者あとがき 286

索　引 288

コラム目次

ベストを尽くす、というゴール 65

効果的な 1on1 ミーティングのテンプレート 121

チームと個人の OKR の例 140

Google におけるコードレビュー 166

1章
ソフトウェアエンジニアリング
チームを効果的にする条件

　チームによっては、まるで機械のように成功を量産しているチームがあります。このようなチームは、コミュニケーションが円滑に行われ、微笑みを浮かべながら期限を守り、課題に率先して取り組んでいます。逆に、マイルストーンを達成するのにも苦労しているチームもあります。コミュニケーションは雑然としており、期限を守るのも一苦労です。成功しているチームを効果的にしている条件とは何なのでしょうか。それは、明確な計画、本音での話し合い、健全な信頼関係、そして自分たちのしていることを全員が信じていることなどが挙げられます。仕事について、一定のリズムとステップを身につけているチームもあれば、まだ手探り状態のチームもあります。しかし、幸いなことに、誰でもそのステップを学ぶことができるのです。どんなに躓きやすいメンバーでも、少し練習すれば仕事のリズムをつかむことができます。

　この仕事のリズムは、ソフトウェアエンジニアリングチームにおいては、どのようなものでしょうか。それは、コードを書き、コードをテストし、世の中にリリースすることによって、便利なプロダクトや機能を作り出す能力という形で具現化します。このようなリズムを日常的に奏でているチームは、**効果的である**と言えるでしょう。つまり、優れたソフトウェアを作るには、まず効果的なエンジニアリングチームを作らなければならないのです。

　Google などのハイテク企業で 25 年以上エンジニアリングチームをリードしてきた経験の中で、チーム力学によってプロジェクトの成否が大きく左右されることを目の当たりにしてきました。効果的なチームを作るということは、単に適切な技術スキルを持つ人を集めるということではありません。コラボレーションし、信頼し合い、目的意識を共有する文化を育てるということなのです。本章では、エンジニアリングチームを成功に導くために鍵となるものを、調査結果と筆者自身の現場経験の両方から紹介します。

エンジニアリングチームを効果的にするには、チームとグループを区別するものが鍵となります。**グループ**とは、個人の集まりであり、それぞれの作業をまとめるだけの場所です。一方、**チーム**とは、責務とゴールを共有することで強く結束したグループです。チームメンバーは、問題を解決し、ゴールを達成するために協力し、互いに責務を分かち合います。チームが仕事の計画を立てたり、進捗状況を確認したり、意思決定を行ったりする際には、個人のスキルや能力だけでなく、メンバー全員のスキルや能力を考慮します。このゴールこそが、効果的なチームをドライブするものなのです。

Google において、このようなチームを観察したり、その一員になったりする機会がありました。このようなチームはゴール達成に向け情熱を注いでいます。彼らはブレストをストレスに感じるのではなく、むしろ楽しいと感じています。チームメンバーがコードを書いたりテストしたりするのは確かに各自のコンピュータ上です。しかし、そのコードが実現すべきことについて、同じビジョンを共有しています。時には難しい問題を解決しなければならないこともありましたが、コラボレーション、イノベーション、相互尊重の文化が、そのような状況を乗り切るのに大いに役立ちました。

この中で、リーダーは重要な役割を果たします。読者は、ソフトウェアエンジニアリングのリーダーとしてチームを効果的なものにするために、チームメンバー一人ひとりをチームの責務やゴールに結びつけるアンカーとしての役割を果たすことになります。読者は、この結びつきのために必要となる、ビジョンや、方向性、ガイダンス、フレームワークなどを提供するのです。

リーダーがいなくてもチームは成り立ちますが、優れたリーダーのサポートがあれば、チームはもっと良い方向へ進みます。そして、それが読者が存在する意義なのです。

効果的なソフトウェアエンジニアリングチームを構築するには、努力が必要です。チーム構成や、コミュニケーション、リーダーシップ、作業プロセスなど、多くの要因がソフトウェアエンジニアリングチームの成功を左右します。本章では、チームを効果的にするのはどのような資質であり、それをチームに組み入れるにはどうすればよいのかを探っていきます。これらの資質を持つ人を採用することもできますが、既存のチームに対して育むこともできます。

1.1 チームを効果的にする条件の調査

まず、チームを効果的にする条件とは何かを考えてみましょう。このテーマについては、すでにいくつかの調査が行われていますので、その調査内容について紹介することにします。

1.1.1 Project Aristotle

Googleは、Project Aristotleという有名な調査を行っています。このProject Aristotleは、効果的なソフトウェアエンジニアリングチームに関する調査です[†1]。このプロジェクトの目的は、あるチームが他のチームよりも成功するのはなぜか、その要因を特定することにありました。この調査は、成功するかどうかを決定する上で、チーム構成が一番重要なのではなく、むしろチームメンバーがお互いにどのように関わり合っているかのほうが重要であるという仮説に基づいて行われました。

Project Aristotle の前には、Project Oxygen という調査も行われています。この調査では、優れたマネージャーになるにはどのような資質が必要なのかについて調べています。本章で紹介する知見の一部は、Project Oxygen の調査結果から得られたものです。詳しくは4章で説明します。

チームを効果的にする条件を明らかにするために、研究者たちはまず、**効果性**とは何か、それをどのように測定するかを定義する必要がありました。研究者たちは、役割によって効果性に対する考え方が異なることに気づきました。一般的に、エグゼクティブは売上高やプロダクトのローンチなどの成果に関心を示すのに対し、チームメンバーはチーム文化こそがチームの効果性を左右するものと考えていました。そして、チームリーダーは、オーナーシップ、ビジョン、ゴールが最も重要な尺度であると回答しました。

最終的に、研究者たちは、チームの効果性に影響を与えるものとして、以下のような定性的な要因と定量的な要因を調査することにしました。

[†1] このプロジェクトは、ギリシャの哲学者アリストテレス（Aristotle）にちなんで、Project Aristotle（プロジェクトアリストテレス）と名付けられました。アリストテレスは、"The whole is greater than the sum of its parts（全体は部分の総和にあらず）" という格言を残しています。

チーム力学

メンバー構成、対立の処理、ゴール設定、心理的安全性

人間性

外向的、誠実さ

スキルセット

プログラミングスキル、顧客管理

研究者たちは、Google の 180 のチームに対してインタビューを実施し、調査データを精査しました。このデータを使って 35 種類の統計モデルを作成し、収集した多くのデータの中から、どのデータがチームの効果性に影響を与えるのかを調べました。

Project Aristotle では、ソフトウェアエンジニアリングチームが成功するには、5つの要因が鍵となることを特定しました（**図1-1** 参照）。これらを重要な順に挙げていきます。

心理的安全性

心理的安全性は、研究者たちが最も重要と判断した要因です。心理的安全性とは、チームメンバーが報復や批判を恐れることなく、自分の意見やアイデアを安心して表明できる状態を表します。心理的安全性が高いチームは、より革新的で、より多くのリスクを負う傾向があります。研究者たちは、チームが安全な場所だと感じると、次のような状況になることを発見しました。

- 会社を辞める恐れが低くなります
- チームで話し合ったさまざまなアイデアを活用しやすくなります
- より多くの収益をもたらし、売上目標を上回ります
- リーダーシップによる効果性の評価が高い傾向があります

相互信頼

相互信頼とは、チームメンバーが互いに信頼し合って仕事を進め、期限を守れる状態を意味します。お互いが信頼し合っているチームは、効率的で効果的な仕事ができる傾向があります。

構造と明確さ

構造と明確さとは、チームメンバーがプロジェクトのゴールや各自の役割と責

務を明確に理解していることを意味します。自分に何が期待されているかを明確に理解しているチームメンバーは、生産性が高く、仕事により熱心に打ち込む傾向があります。

仕事の意味

仕事の意味とは、自分の仕事に意味があり目的があるとチームメンバーが思っていることを意味します。目的意識の強いチームは、モチベーションやエンゲージメントが高い傾向があります。

インパクト

インパクトとは、自分たちの仕事が組織や社会に変化をもたらし影響を与えている、とチームメンバーが考えていることを意味します。インパクトを強く意識しているチームは、仕事とプロジェクトの成功に対して熱心に取り組みます。

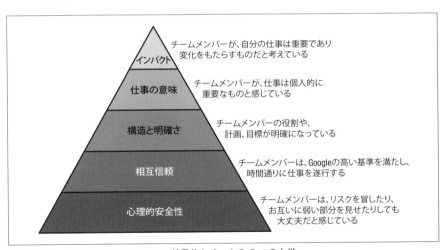

図1-1　Google の Project Aristotle：効果的なチームの5つの力学

　Project Aristotle の調査は Google 社内で実施されました。しかし、チームの効果性に影響を与えるものとして特定された要因は、他の会社のチームにもある程度当てはまると考えられます。これらの5つの要因に着目することで、ソフトウェアエンジニアリングチームは、コラボレーション、イノベーション、成功をもたらす環境を作り出すことができるのです。4章で述べるように、優れたマネージャーはチームの

中にこれらの要素を醸成することができます。

　また、研究者たちは、チームの構成（規模や、一緒の場所で働いているかどうか）
や、一人ひとりの人間性（外向的な性格、年次、在職期間等）などの要素は、Google
におけるチームの効果性に大きく影響しないことも発見しました。ただし、これらの
要素は、Google チームの効果性にはあまり大きな影響を与えませんでしたが、それ
らが重要でないという意味では決してありません。この点については次の項で説明し
ます。

1.1.2　その他の調査

　効果的なソフトウェアエンジニアリングチームに関する調査としては、Project
Aristotle がおそらく最も有名です。しかし、この他にもチーム構成、コミュニケー
ション、リーダーシップ、作業プロセスなどの要因について数多くの調査が行われて
います。以下に示すのは、これらの調査から得られた重要な知見です。

小さなチームのほうがうまくいく

　　Project Aristotle では、チームの大きさがチームの効果性に関係するとは認
　　識されませんでした。しかし、他の調査（https://oreil.ly/X7ryv）では、小
　　さいチームの方がうまく機能することが示されています。チームの規模が大き
　　くなると、メンバー間の関係を調整する作業が指数関数的に増加します。こう
　　した多数のコミュニケーションチャネルのマネジメントは複雑なものになりま
　　す。10 人未満の小規模チームの方が、大規模チームよりも成功する可能性が
　　高い、と多くの研究者が報告しています。

多様性にはメリットがある

　　チームの多様性のために、コミュニケーションや調整に問題が生じる恐れがあ
　　ることが指摘されています（https://oreil.ly/-F6aa）。例えば、多様性のある
　　チームは、異なる家庭環境の人々で構成されるのが一般的です。幼い子どもが
　　いる人は、勤務時間に柔軟さを望む傾向が強いため、調整に関する問題が生じ
　　やすいのです。しかし、多様性のあるチームは、より革新的で効果的であるこ
　　とを発見した人もいます。ミシガン大学の Lu Hong 氏と Scott Page 氏の調
　　査（https://oreil.ly/-w5or）によると、無作為に選ばれた（おそらく多様な）
　　高い能力を持つ人のグループは、最高の能力を持つ人によって構成されるグ
　　ループよりも優れていることがわかりました。しかし、多様性だけでは十分で

はないことにも注意してください。チームの中に、チームメンバー全員を尊重するようなインクルーシブな環境を作らなければなりません。例えば、勤務形態を柔軟にしなければならないメンバーがいた場合に、そのメンバーをサポートできるようなチームは、そのメンバーに対して不寛容なチームよりもうまく機能するはずです。

明確なコミュニケーションが不可欠

効果的なチームワークには、効果的なコミュニケーションが不可欠です。オープンなコミュニケーションを頻繁に行うチームは、そうでないチームよりも成功率が高いという調査結果（https://oreil.ly/JaG1H）もあります。心理的安全性とは、否定されることを恐れることなく、自分の考えやアイデア、懸念事項、あるいは間違いをも自由に表明できるという考え方です。この考え方をチームメンバー間で共有します。心理的安全性の重要性は、Project Aristotleの調査によって裏付けられています。また、明確なコミュニケーションは、チームメンバーをつなぎ、チーム内の構造と明確さを高める役目もします。

リーダーシップが重要

ソフトウェアエンジニアリングチームのリーダーシップは、チームの成功に大きく影響します。Google の Project Oxygen の調査では、リーダーがいなくてもチームは機能するものの、マネージャーは必要であることが示されました。この調査では、優れたマネージャーと効果的なチームに必要となる資質が明らかになりました。これらの資質については、4 章で説明しますが、今は、効果的なリーダーシップとチームの成果には強い相関関係がある、と理解しておいてください。

アジリティは適応性を高める

アジリティとは、状況の変化に素早く適応する能力のことです。ソフトウェアエンジニアリングでは、要件が変更されたときや予期しない問題が発生したときに、方針を素早く修正できる能力のことです。アジャイルなチームは素早く適応し、高い品質を維持しながら迅速かつ効率的に作業を進めることができます。McKinsey & Company の調査（https://oreil.ly/gxVuB）によると、アジャイルな組織へと変革を成し遂げた場合、効率性、スピード、顧客満足度、イノベーション、従業員エンゲージメントが大幅に改善されると報告されています。これらの要素はすべて、効果性を高めるために不可欠なものです。

コロケーション（同じ場所で作業すること）はイノベーションを生み出す

コロケーションとリモートワークでは、どちらの方法がソフトウェアチームを効果的にするのかという議論は現在も続いています。どちらの方法にもそれぞれ利点と欠点があります。ハーバード大学（https://oreil.ly/Tb0t0）やスタンフォード大学（https://oreil.ly/Mw1fQ）などで行われたいくつかの調査では、リモートワークやハイブリッドワークのほうが従業員の満足度や定着率という点で優れているという結果が報告されています。しかし、他の調査（https://oreil.ly/4Qb8O）では、職場において対面でコミュニケーションすることは、計画的なものであれ偶発的なものであれ、知識のやり取りや、価値観の共有、アイデアの交換が行われるので、イノベーションに貢献することが明らかになっています。

それぞれの調査結果には少しずつ差異があるかもしれませんが、この項で取り上げた調査結果に基づけば、効果的なチームの理想像を理論的に組み立てることができます（**図1-2** 参照）。心理的安全性、明確な構造とコミュニケーション、相互信頼、仕事の意味、そしてアジリティを実現することで、ソフトウェアエンジニアリングチームは、コラボレーション、イノベーション、そして成功をもたらす環境を作り出すことができます。

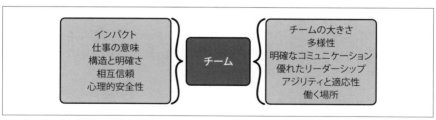

図1-2　チームに影響を及ぼす要因

チームを効果的にするチーム力学とその要因については、ここで学んだことを基にすれば、さらに深く掘り下げていくことができます。次に紹介するのは、職場環境がどのようにチームに影響を与えるのか、そしてモチベーションがどのようにチームを成功に導くのかということです。チームに影響を与える要因がさまざまな状況でどのように現れるのかに着目して、次の節を読みすすめてください。

1.2　モチベーションがパフォーマンスをドライブする

　効果的なチームを構築したり、既存のチームをより効果的にする方法を考えたりする前に、モチベーションの持つ力を理解し活用する必要があります。ここで言う**モチベーション**は、給与や職場の福利厚生などの従来型の報酬やインセンティブに関するものだけではありません。このようなインセンティブは、単純な仕事を遂行させるには効果的です。しかし、ソフトウェア開発のように、イノベーションや創造性が鍵となる仕事環境においては、**内的報酬**のほうが価値があります。内的報酬とは、自分の仕事に誇りを持ったり、新しいスキルを身につけたりする、ということです。内的報酬により、現在のプロジェクトでも新しい革新的なプロジェクトでも、プロジェクトに情熱を注いで取り組もうというモチベーションが高まります。このような承認とサポートによって、人々は成長し最高の仕事をすることができるのです。

　Daniel H. Pink 氏の著書『Drive』（Riverhead Books, 2011、邦訳『モチベーション 3.0』講談社）によると、人のモチベーションを高めパフォーマンスをドライブするものは以下の 3 つです。

自主性

　自主性とは、自分の仕事を自分で管理したいという願望です。自主性の高いソフトウェアエンジニアリングチームは、チームメンバー一人ひとりの長所や好みに合わせて最適な方法で作業できるため、より熱意を持ったモチベーションの高いチームになる傾向があります。

マスタリー

　マスタリーとは、自分のスキルや技術を継続的に向上させようとする意欲のことです。この意欲は、テクノロジーが常に進化するソフトウェアエンジニアリングチームにとって不可欠です。技術を習得することに熱心なエンジニアは、質の高い仕事を行いチームの成功に貢献することが多いです。

目的意識

　目的意識（パーパス）とは、意味のある重要なことをしたいという思いです。この理念は、ソフトウェアエンジニアリングチームには不可欠です。エンジニアは、ビジネスや業界に大きなインパクトを与えるプロジェクトに取り組むことが多いためです。目的意識は、Project Aristotle の調査で明らかになった、効果的なチーム力学の一つである「インパクト」と同じようなものです。

効果的なチームを作るには、チームメンバーのモチベーションを高めるために、これらの3つの要素に配慮する必要があります。

理解しやすくするために、やる気をなくしていたエンジニアが情熱を取り戻し、彼のやる気を引き出したマネージャーの物語をお話ししましょう。彼らをDavidとSarahと呼ぶことにします。

テック企業のソフトウェアエンジニアとして活躍していたDavidは、少しずつ情熱を失っていきました。彼は5年間、さまざまなプロジェクトに携わってきましたが、そのプロジェクトは次第に退屈なものになっていました。彼は何か意味のあるものを作り上げるというワクワク感が恋しくなっていたのです。

彼のマネージャーであるSarahは、彼に元気がなくなっていることに気づいていました。Davidは以前のような熱意ある仕事ぶりではなかったのです。定期的な1on1ミーティングで、Sarahは彼のモチベーションについてやんわりと尋ねました。「David、なんだかやる気がなくなっているみたいよ。情熱を取り戻すために、私たちにできることはありますか」

Davidは少しの間沈黙したままでした。不満をどう表現すればいいのかわからなかったのです。しかし、Sarahの心からの気遣いが、彼に心を開かせたのです。彼は意味のある仕事への憧れや、利益を優先するアプリケーションではなくインパクトのあるものを作りたいという願望を語りました。

Sarahは熱心に耳を傾け、理解した様子でうなずきました。彼女はDavidが貴重な人材であることを知っており、彼が情熱を取り戻す手助けをしたいと思ったのです。Sarahが提案したのは、社内で彼の興味に合う仕事を探し、社会的インパクトを目標にした社内プロジェクトにボランティアとして参加することでした。Sarahのサポートを受けて、Davidはさまざまな機会について調べはじめました。そして、ついに、再生可能エネルギープロジェクトのソフトウェアを開発するチームに参加することになり、彼の情熱がよみがえったのです。

彼は、評価やボーナスのためではなく、内的報酬のために精力的に働きました。彼の内的報酬は、自分が信念を持って取り組めるような活動に貢献したい、ということでした。彼は、自分のコードがよりクリーンな未来の創造に役立っていることを知りました。そして、自分の仕事の**目的意識**とそのインパクトを肌で感じて、彼のモチベーションは高まりました。

Sarahは、この物語で優れたリーダーシップを発揮しました。彼女は、モチベーションがいかにパフォーマンスを向上させるかを理解していました。そして、この知識を活用してチームを強化しました。彼女は共感を示し、チームメンバーや同僚の

リーダーとコラボレーションして、全員が Win-Win になるような状況を作り上げました。

このようにモチベーションの高い人は、本来、高い成果を出そうとするものであり、効果的である場合が多いのです。効果的なチームを構築する際には、チームビルディングのあらゆる段階において、モチベーションを高めることや、パフォーマンスをドライブする 3 つの要素（自主性、マスタリー、目的意識）をどのように実現し活用していくかを考えてみましょう。例えば、以下のようにです。

- チームメンバーにモジュール開発をリードさせることで、自主性とオーナーシップの意識を持たせることができます。
- チームメンバーが最新のツールに触れることができるようにすることで、テクノロジーをより効率よくマスターできるようにします。
- チームメンバーの作業が組織のゴールにどのようなインパクトを与えるかを明確にすることで、有意義な目的意識を持たせることができます。

1.3　効果的なチームの構築

これまで説明してきたように、効果的なチームには、チームを効果的にする要因となる特性やチーム力学があります。また、チームのパフォーマンスはモチベーションによってもドライブされます。では、これらの要因やモチベーションをどのように活用すれば、効果的なチームを作り上げることができるのでしょうか。その活用方法を具体的に見ていくことにしましょう。既存のチームで仕事をする場合、新しいチームメンバーを採用する場合、あるいはその両方を組み合わせて行う場合にかかわらず、効果的なチームビルディングを行うには、一般的に以下のようなことを行う必要があります。

1. 適切な人材を集める
2. チームスピリットを高める
3. 効果的にリードする
4. 効果性を持続させる（成長の文化）

この節で説明するステップは、本章で紹介した、チームの効果性をドライブする要因の調査結果に基づいています。

それぞれのステップを詳しく見ていきましょう。

1.3.1 適切な人材を集める

現代のソフトウェアエンジニアリングチームは、効果的なチーム構成を必要とします。つまり、適切な人数の適切なスキルを持つ人材、エンジニアとしてのマインドセットを共有できる人材、多様な経歴や経験を持つ人材が、同じゴールを達成するために効果的に協力できるようにしなければなりません。チームの規模と多様性に関する調査からわかるように、ソフトウェアチームの構成は、その効果性に大きな影響を与えます。

すでにプロジェクトに取り組んでいる既存のチームの場合には、現在のチーム構成と、スキルや経歴を確認してください。この項を読みすすめると、チームの効果を高めるために調整したくなるかもしれません。あるプロジェクトのために新しいチームを編成する場合には、規模やマインドセット、多様性に配慮した編成を最初から目指すようにしましょう。また、既存のプロジェクトに新しいチームメンバーを追加する場合も、この点を考慮してください。

理想的なチームの規模と構成は、業界、企業規模、プロダクトの複雑さなどの要因によって左右されますが、調査によって一般的なガイドラインが示されています。ある調査（https://oreil.ly/PXL4Z）によると、ソフトウェアプロジェクトに最適なチームサイズは 3～5 人だという結果が出ています。しかし、大企業で非常に複雑なプロジェクトに取り組むチームは、もっと大人数にする必要があるかもしれません。また、スタートアップ企業や小規模なプロジェクトに取り組むチームは、もっと少ないメンバーでもうまくいくかもしれません。

効果性を意識した採用と面接

新しいチームを作ったり、既存のチームにメンバーを加えたりする際には、技術的なスキルだけでなく、チームの効果性を左右するマインドセットや特性についても見きわめるようにしてください。面接では、ユーザーを大切にする、優れた問題解決能力を持つ、学習と成長に前向きであるなど、前述したエンジニアリングのマインドセットを備えているかどうかを確かめるための質問をします。採用候補者にさまざまなシナリオの質問を行って、優先順位付けやトレードオフのバランスなどの課題に対する考え方を確認してください。

多様性のあるチームを作るには、広い視野で採用にあたり、採用に関するあらゆるバイアスを排除する必要があります。多様性についての目標を設定し、採用の流れと意思決定を定期的に見直して、改善すべき点を洗い出しましょう。採用プロセスの中

でチーム文化や価値観を伝えるようにします。チーム文化や価値観が、候補者に合うものかどうかを候補者自身に判断してもらいましょう。採用プロセスは両者の相互理解の場です。読者も、チームの働き方に賛同してくれるメンバーを採用したいはずです。

チームサイズ

　ソフトウェア開発チームの構成は、プロジェクトの複雑さや開発手法によって異なります。ソフトウェアエンジニアや開発者だけでなく、プロジェクトマネージャー、プロダクトマネージャー、クオリティエンジニア、テクニカルアーキテクト、チームリーダー、UI/UX スペシャリストなどたくさんの役割があります。各メンバーにはそれぞれ果たすべき責務があります。現代のソフトウェアエンジニアリングチームは、2 人の小規模チームから 10 人以上の大規模チームまでさまざまです。

　プロジェクトごとにチームサイズを適切なものにすることが重要です。大規模なプロジェクトではうまくいっていたチームでも、小規模なプロジェクトではうまくいかないこともあります。ここで、あるスタートアップの物語を考えてみましょう。このスタートアップのことをコードクルセイダーズと呼ぶことにします。彼らは、やる気満々で、プロダクトの最初のバージョンを世に送り出しました。この最初のバージョンは強力なプロダクトでした。しかし、チームの人数がマネジメントできないほど大きくなると、初期の勢いはすぐに失われてしまいます。

　30 人の開発者が同じプロダクトの 4 つの異なるバージョンに携わっていたため、会議、メール、優先度の衝突などでコミュニケーションが混乱しはじめました。締め切りに間に合わず、プロジェクトは停滞し、フラストレーションが高まりました。かつてはまとまっていたチームがバラバラになり、全体像がはっきりしないまま、それぞれがそれぞれの仕事だけに取り組んでいました。意思決定が遅々として進まないばかりか、議論が永遠に続き、意見の対立に悩まされました。当初は、コラボレーションがもたらす喜びを感じていたのに、今では官僚主義的な泥沼にはまり込んでしまったかのような感覚に陥っています。

　一人ひとりは才能があるにもかかわらず、チームサイズが大きくなるにつれ、コードクルセイダーズはその効果性が失われていったのです。彼らは、自分自身の成功の犠牲となってしまったのです。そして、チームのサイズは大きければいいというものではないということを自ら証明したのです。

　ソフトウェアエンジニアリングチームにとって理想的なサイズは、プロジェクト、プロダクト、企業文化、チーム力学など、さまざまな要因によって左右されます。

チームサイズについて考えるときは、以下のような質問を自問してみてください。

プロダクト

プロダクト開発に必要なリソースはどれくらいですか。チームサイズを考える
際には、プロダクトに必要なリソースを考慮する必要があります。例えば、定
期的にアップデートが必要で、多くのユーザーが利用するアプリの場合、ひと
りだけが利用する社内ツールよりも多くのリソースが必要になります。

複雑さ

プロダクトはシンプルで開発しやすいものですか、それとも複雑で手がかかる
ものですか。チャットクライアントのようなシンプルなプロダクトの場合、機
械学習アルゴリズムや AI システムのような複雑なものに比べて、エンジニア
の数は少なくて良いでしょう。

企業文化

メンバー一人ひとりは、自分の役割やチームの中で、どれくらいの自主性を
持っていますか。組織によっては、小規模なグループをいくつか作り、そのグ
ループ間でコラボレーションするようなやり方を好む組織もあります。また、
少数の大規模グループを作成し、それぞれのグループが独立して活動すること
を好む組織もあります。

リーダーシップスタイル

会社は、関係者全員の間でオープンなコミュニケーションを促し、自分たちの
仕事がより大きなゴールにどのように貢献できるかを理解できるようにしてく
れていますか。それとも、トップダウンの意思決定が重視され、地理的／組織
的に近い部下たちからの意見を聞くことなく、リーダーがすべての重要な意思
決定を行いますか。

これらの質問に対する答がわかったら、現在のチームや新しいチームに望むことと
照らし合わせてみましょう。その後、次のようなことを判断してください。

- エンジニアの増員や、異なるスキルセットを持つエンジニアが必要ですか。
- 現在のチームのエンジニアはリスキルが必要ですか。
- 一部のモジュールは外注が必要ですか。それとも、すべて内製しますか。

エンジニアとしてのマインドセットの共有

効果的なソフトウェアエンジニアリングチームを作るには、チームメンバー一人ひとりが適切なマインドセットを持っていることが重要です。**マインドセット**というのは、Project Aristotle によって特定された 5 つのチーム力学（心理的安全性、信頼性、構造と明確性、意味、インパクト）と、内的報酬に向けたモチベーションを大切にする姿勢のことです。このマインドセットこそが、ソフトウェアエンジニアを結びつけ、効果的なチームにする重要な鍵となるのです。

ソフトウェアエンジニアには、はっきりとした高レベルの目的意識があります。それは、顧客がお金を払ってでも解決したいと思う問題を、実際に解決するソフトウェアを作ることです。エンジニアは、何が最も重要なのかや、自分のソフトウェアがもたらすインパクトについて考えなければなりません。これは、多くの場合、ユーザーとビジネスに最高の価値を提供することであったり、与えられた時間の中で自己成長することであったりします。エンジニアはチームの一員として、互いにシナジーを発揮しながらソフトウェアを構築します。エンジニアとしてのマインドセットを共有することで、シナジーと効果性が加速します。

この項では、効果的なチームを作ったり強化したりする際に、ソフトウェアエンジニアに求めるべき特性についてお話します。すべての人がすべてについて同じように感じたり、これらの属性のすべてにおいて優れていたりするわけではないことを心に留めておいてください。それで問題ないのです。重要なのは、効果的なチームの特性を備えた健全な文化を持つことなのです。しかし、多様性のあるチームを育成すれば、エンジニアがチーム内の同僚を見習って学ぶことができるようになり、バランスの取れた状態を作り出すことができるでしょう。

したがって、新たにチームを構築する場合は、以下の特性の多くを備えているエンジニアを採用するようにしてください。既存のチームを強化する場合は、チームがこれらの特性をさらに伸ばすよう促してサポートしてあげてください。

ユーザーを大切にする

新しいチームを構築したり、現在のチームを強化したりするときには、ユーザーを大切にするエンジニアが必要です。効果的なソフトウェアエンジニアは、ある特定のテクノロジーやフレームワークを使用することよりも、ユーザーのニーズが重要であることを理解しておかなければなりません。優れたソフトウェアエンジニアは、以下のようなことをよく考えています。

問題領域

ユーザーはそのプロダクトで何を実現したいのでしょうか。

ビジネスの状況

そのプロダクトは、ビジネス上のどのような目的をサポートしますか。

ビジネスの優先事項

対象期間（四半期や年度）において、プロダクトのどの機能がビジネスにとって重要なのでしょうか。

テクノロジー

どのようなテクノロジーが利用可能で、どのテクノロジーがそのプロダクトに最適なのでしょうか。

このような質問をすることで、優れたソフトウェアエンジニアは、ユーザーのニーズを満たすような高品質プロダクトに貢献できるのです。人々がプロダクトやサービスをどのように使うかを考えなければ、プロダクトやサービスを開発しても役に立たないものになるでしょう。

これは当たり前のようなことに聞こえるかもしれません。しかし、そもそもなぜそうするのかを考えずにコードを書いてしまうような開発者を、筆者は目にしたことがあります。これでは、本当のゴールを達成できません。真の問題解決や意味のあるユーザー体験を生み出すなどの重要なアウトカムに貢献するのではなく、小さなタスクにばかり集中してしまうのでは、そのエンジニアは最高の仕事をしているとは言えません。

既存のチームを強化するのであれば、次のようなことを励行し、先ほど述べたようなマインドセットをチームメンバーに身につけさせましょう。

ユーザーとの対話

エンジニア一人ひとりが直接ユーザーと対話することは難しいかもしれません。しかし、エンジニアがサポートエンジニアのシャドウイングを行ったり、ユーザビリティテストに参加したりすることで、ユーザーが日常的に直面する問題を知ることができます。

ユーザーリサーチワークショップ

エンジニアには、ユーザーインタビューやジャーニーマッピングなどのワーク

ショップに参加するよう勧めてください。ユーザーのニーズや考え方に対して
理解を深めることができます。

問題解決能力が高い

2017 年の卒業式スピーチ（https://oreil.ly/ROlUJ）で、Neil deGrasse Tyson
博士は次のように述べました。「どのように考えるかということに気づくことで、何
を考えるかだけを知っている人よりも、はるかに強い力を持つことできます」。この
原則は、エンジニアリングチームにも適用することができます。なぜなら、ソフト
ウェアを構築するには、確立されたプロセスに従ったり、何を考えるべきかを知って
いたりすることだけでは十分ではないからです。一般常識にとらわれずに物事をとら
えるマインドセットを培うことが必要です。

同じスピーチの中で、Tyson 博士は、例として、面接のときに、2 人の候補者がビ
ルの尖塔の高さについて質問された場面を紹介しました。一人目の候補者は、暗記し
た情報をもとに素早く正解を答えます。しかし、2 人目の候補者は、まず答えを知ら
なかったことを認めながらも、影を測って推定するという機転を見せます。この例の
場合、2 番目の候補者の方が、問題解決のために創造的に考えることができ、状況に
適応する能力があります

効果的なエンジニアは、問題を実践的に解決することに長けていなければなりませ
ん。多くの場合、最善の解決策はシンプルでエレガントなものです。しかし、その解
決策を見つけるには、既成概念にとらわれない思考が必要な場合もあります。一般的
に、ある問題を解決する方法は複数あります。この方法の中には（複雑すぎず）シン
プルなものもあれば、従来とは異なった型破りながらも効果的なものもあります。

問題を解決する能力には、特定のツールやプロセスを使いこなす能力も含まれま
す。効果的なエンジニアは、現在使われているテクノロジーの制約の中で問題を解決
しつつ、必要であればその枠を超えて考えることができなければなりません。また、
問題のさまざまな面を同時に考慮する必要があります。

物事をシンプルにまとめつつ、品質を大事にする

エンジニアの中には、実際にはありえないようなユースケースを想定して、複雑す
ぎる解決策を提案する人もいます。漏れがないようにしているのだとは思いますが、
このようなシナリオが起こることはまずありえないため、費やした工数が無駄になり
かねません。効果的なエンジニアとは、コアとなる問題を理解し、物事をシンプルに

保ちながら合理的に解決する方法を心得ている人です。また、シンプルさとパフォーマンスのトレードオフをよく理解しておくことも必要です。

この資質は、一見単純に聞こえるかもしれません。しかし、品質については、さまざまな面（例えば、アクセシビリティとパフォーマンス）のトレードオフに対してバランスを取らなければならないため、常に気を配るようにしなければなりません。優先事項が衝突した場合、エンジニアは、プロダクト領域とそのユーザーについての情報に基づいて意思決定を行わなければなりません。

ソリューション開発に入る前に、コアとなる問題と具体的なユースケースを明確に定義するよう、エンジニアに働きかけてください。そうすることで、エンジニアが作り込みすぎるのを防ぎ、シンプルで高品質なソリューションを提供することができます。

時間をかけて信頼を築くことができる

効果的なエンジニアは、信頼されることの重要性を理解すべきです。信頼されるには、期待通りに仕事をこなすことです。信頼は一朝一夕で築けるものではありません。ある程度の期間において信頼に足る働きをすることで、その信頼性と一貫性を示すことができます。このような信頼を築くことができれば、エンジニアは、次に示すような自主性とソーシャルキャピタルを持つことができます。

自主性

自主性は信頼の上に成り立っています。誰かが自主性を与えられるのは、その人が自分の仕事を確実かつ安定的にこなすと信頼されている場合です。前述したように、自主性の高いチームはエンゲージメントとモチベーションが高い傾向があります。自主的な労働者は幸福を感じます。幸福感のある労働者は、仕事のやり方に何の裁量も与えられていない同僚よりも生産性が高い傾向があります。しかし、自主性があるからといって、リソースや権力を乱用してもいいというわけではありません。セルフモチベーションの高いエンジニアは自らが置かれている状況を理解し、それに対処する最善の方法を意思決定できます。そして、より効果的な自主性を持ちます。また、自主性とは、あまり質問をしないことでもありません。責任感の強い人は、自分自身の理解を明確にし、目の前の課題を効果的な方法で解決するために、すぐに質問することでしょう。

ソーシャルキャピタル

ソーシャルキャピタルとは、人々とのポジティブな関係が構築されている状態のことです。このような関係は、協力と信頼の上に築かれます。効果的なソフトウェアエンジニアは、人々とのポジティブな関係を構築します。このようなエンジニアは、自分のスキルをチーム内外の人と共有し、コラボレーションを円滑に行うのが得意です。

効果的なソフトウェアエンジニアは、ほかのチームメンバーをお互いに尊重し、オープンなコミュニケーションを取ることで、時間をかけて信頼関係を築いていくことを心得ています。また、創造性や技術力を必要とするプロジェクトで効果的なコラボレーションを行いながら、自分に与えられた自主性をうまく活用することができます。また、時には古き良き時代のような遊び心を身につけていることさえあります。

このようなスキルを既存のチームメンバーに身につけさせるには、本来の役割を超えてさまざまな取り組みに参加するよう勧めるのが良いでしょう。自分の専門知識をアピールするだけでなく、さまざまなバックグラウンドを持つチームメンバーとの信頼関係を育めるようにします。Chrome では、開発中の新機能について Chrome 開発者ブログ（https://developer.chrome.com/blog）に書いたり、技術に関する講演を通じて開発者コミュニティと交流したりするよう、チームメンバーによく勧めていました。このようなコラボレーションを経験することで、ソーシャルキャピタルが構築されるだけでなく、自分たちの仕事にオーナーシップを持つようになり自主性も生まれます。

チーム戦略を理解している

効果的なエンジニアは、チームがどのようにしてゴールに到達するのか、また、自分の行動がチームの成功にどのように貢献あるいは邪魔するのかを理解した上で、それをうまくコミュニケーションできなければなりません。効果的なエンジニアなら、以下のような質問に答えられるでしょう。

- 私たちは何を達成しようとしているのでしょうか。
- どうやってそこにたどり着くつもりですか。
- これらのゴールを達成するために、自分はどのような役割を果たすのでしょうか。
- 自分の行動が、ほかのチームやほかのメンバーのゴール達成にどのような影響

を与えるのでしょうか。

新人と面接する場合でも、既存のチームメンバーと 1on1 ミーティングを行う場合でも、「あなたのスキルは私たちの目標にどのように貢献できると思いますか」や「どのような課題が発生すると思いますか」などの質問をすることをお勧めします。

読者がリードしているソフトウェア開発チームが、アプリケーションのロード時間を短縮し、ユーザーエクスペリエンスを向上させることを任されたとします。マネージャーとして、チームミーティングで戦略の概要を説明し、ロード時間の短縮がユーザーを引き留めるためにいかに重要であるのかを力説します。また、コードの最適化、サーバーパフォーマンスの改善、ユーザーエクスペリエンステストの実施など、チームメンバーが果たす具体的な役割についても話し合うと良いでしょう。このような形でチームに働きかけることで、チームメンバーは自分の日々の作業をユーザーエクスペリエンスの向上という大きなゴールと関連付けて考えられるようになります。チームの戦略を理解し、その一員であると実感することで目的意識が高まります。

適切に優先順位付けし、自主的に実行できる

効果的なソフトウェアエンジニアは、適切に優先順位を判断し、自主的に実行することができます。ソフトウェアエンジニアは、ビジネスゴールや顧客を意識しながら、技術的負債、納期、品質など、複数の優先事項を調整しなければなりません。問題に直面したとき、効果的なエンジニアはすぐに解決しようとしません。その代わりに、まず問題の根本原因を追求し、前述した優先事項のバランスを効果的に調整した解決策を示します。

また、有能なソフトウェアエンジニアは、直属のマネージャーやリーダーから指示されなくても、タスクやプロジェクトの責任者となって行動しても大丈夫な場面を理解しています。また、どのような場合に仲間に助けを求めるべきかもわかっており、必要な場合には他のチームと効果的にコミュニケーションを取ります。

組織やプロジェクトの戦略上の優先順位を明らかにし、定期的な進捗確認やゴール設定の中でフォローアップすれば、チームメンバーは仕事の優先順位を決めやすくなるでしょう。エンジニアが効果的に責務を果たせるように、彼らが必要とするリソースやガイドをいつでも提供できるようにしてください。

長期的に物事を考えることができる

　長期的に物事を考えることは、効果的なソフトウェアエンジニアにとって必要不可欠な資質です。全体像を把握し、それぞれのプロダクトコンポーネントが会社全体のゴールにどのように当てはまるのかを理解しなくてはなりません。

　長期的に物事を考えることができるソフトウェアエンジニアは、新しいテクノロジーが将来のプロダクトにどのような影響を与えるのかをわかっています。また、どのようなチーム力学や文化が自分たちの開発作業に影響を与えるかを把握しています。彼らは、将来必要となるかもしれない変化を予測し、柔軟なソリューションを設計・構築します。

　既存のチームを強化する場合、チームメンバーの前向きな行動をポジティブに評価し、他のメンバーもそれに倣うよう働きかけるべきです。簡単な例としては、コードにおける変数の命名規則があります。xやyのような変数名を使うのは楽かもしれませんが、半年後にそのコードを見た人は、そのコードを保守できないでしょう。他の開発者も理解できるようなコードを書くよう、チームに働きかけてください。

（時間が許せば）ソフトウェアプロジェクトをより良い形で引き継ぐことができる

　既存のコードやプロジェクトを保守しているエンジニアは、もし時間が許すのであれば、プロジェクトを離れるときには、自分が取り組み始めたときよりも、より良い状態にしたいと望んでいるはずです。より良い状態とは、コードをより良いものにすることや、ドキュメントが最新で正確であるようにすること、次の人が引き継ぎやすいように環境をきれいにすること、チームのプロセスや文化を時間をかけて改善すること、関連する他の言語・技術・フレームワークについて学ぶことでプロの開発者として成長することなどが含まれます。

　また、自分の仕事が、自分と同じ職場の同僚や、組織やコミュニティの他のメンバーにどのようなインパクトを与えるかも考えるべきです。既存のモジュールを変更する際は、チーム内でコードをきれいにすることを提案するメンバーを見つけましょう。そのメンバーに、他のエンジニアが書いたコードをレビューしてもらい、メンターとして他のエンジニアを教育してもらいましょう。新しいチームメンバーを採用するときは、これまでに担当したプロジェクトにおいて、品質を向上させた事例について情報共有してもらうようにしましょう。

新しいことへの挑戦に抵抗がない

効果的なソフトウェアエンジニアは、組織やチームの状況が変わっても、新しい課題に抵抗なく取り組むことができます。例えば、新しいプロジェクトを担当する場合や、同じプロジェクト内でメンタリングやレビューなどの新たな責務を担う場合などでも抵抗がありません。

テクノロジーが進化するにつれ、職務に求められる要件も変化します。柔軟に対応し迅速に学習する能力があれば、エンジニアは十分に適応し、組織とともに成長できます。

既存のチームを強化する際には、コードの同じ箇所を長く担当しているメンバーに気を配り、成長を促すような新しいタスクや責務を割り振ります。こうすることで、成長とエンゲージメントを高めるだけでなく、エンジニアから変化に対する恐怖心を取り除き、新しいチャレンジを受け入れやすくします。

新しいチームにメンバーを採用する際には、必要な技術スキルを備えているだけでなく、新しい技術や新しい領域への取り組みにも前向きである人物を選ぶと良いでしょう。

効果的なコミュニケーションができる

チーム内や、他のチーム、顧客との効果的なコミュニケーションは不可欠です。つまり、エンジニアは技術的な内容を同僚や経営陣に効果的に伝えることができなければなりません。コミュニケーションに問題があると、バグなどの不具合が発生する原因となるため、この能力はとても重要です。

同僚とコミュニケーションを取るとき、エンジニアはわかりやすく簡潔な言葉を使うべきです。また、同僚の考え方や懸念事項を理解するために、同僚の発言に十分気を配る必要があります。

営業部門やマーケティング部門など、他のステークホルダーとの効果的なコミュニケーションも必要不可欠です。ソフトウェアエンジニアは、そのプロダクトが何をするものなのか、どのように使用されるのか、なぜそれが顧客やユーザーに利益をもたらすのかを知っておく必要があります。

顧客とコミュニケーションを取るとき、エンジニアは技術的な専門用語で困惑させることなく、顧客がはっきりと理解できるような簡単な言葉を使うべきです。そうしないと、顧客はあっという間に興味を失ってしまいます。

既存のチーム内のコミュニケーションを円滑にしたい場合は、チームメンバーが自

由にアイデアを出し合い、懸念事項を表明し、質問し、積極的に耳を傾け、建設的な議論を行い、さまざまな視点を大切にするよう促します。また、コミュニケーションスキルについて訓練が必要な人には、ワークショップを実施することも考えてみてください。

新たに採用するエンジニアを面接する場合は、技術的な考え方をわかりやすく簡潔に説明できるような候補者を選びましょう。また、相手の話をよく聞き、それにしっかりと答えることができるかどうかも評価します。さまざまな相手に合わせてコミュニケーションスタイルを変化させることができ、文化的な違いをよく理解している候補者は、既存のチームにもうまく順応することができます。

多様性とインクルージョン

新たにソフトウェアエンジニアリングチームを作ったり、既存のチームを強化したりする場合、スキルセットや、経歴、経験に多様性があるようなチームメンバーで構成されるようにすれば大きな変化が生まれます。多様性には、人種、性別、年齢、学歴、職務経験などが含まれます。例えば、全員が大企業出身のエンジニアで構成されている場合、コンシューマ向けアプリの開発経験者をチームに加えることを検討すると良いでしょう。

多様性のあるチームを構築することで、幅広い視点や経験を活用することができ、より良い問題解決やイノベーションを生み出すことができます。

Google 翻訳（https://research.google/teams/language）をはじめとする自然言語処理プロダクトは、ソフトウェアチームの多様性が優れたプロダクトを生み出すことを証明しています。Google 翻訳チームでは、コンピュータ科学者と言語学者が手を取り合って仕事をしてきました。チームの言語学者は、さまざまな言語のニュアンスや、それらを効果的に翻訳する方法についての知見を提供しました。一方で、コンピュータ科学者とエンジニアは、翻訳エンジンに必要なアルゴリズムと技術を開発しました。

多様性のあるチームを編成しただけでは十分ではありません。多様性のあるチームを作り上げるには、計画的に取り組み、バイアスを克服し、文化の壁を乗り越えなければなりません。多少の軋轢はつきものです。個性の異なる集団の中で円滑なコラボレーションを実現するのは困難だからです。しかし、我慢強く理解を深め、そしてインクルージョンへの取り組みがあれば、当初の軋轢は乗り越えられ、結束力の強いチームを構築することができます。筆者は、幸いにも、このことを身をもって体験することができました。

インクルージョンの文化を作り出すことができれば、それも役に立つことでしょう。

例えば、Google では、開発者向けの新規プロダクトを作るために新しいチームを立ち上げました。そのチームは多様性に富んでいました。大学を卒業したてのジュニアから 10 年以上の経験を持つベテランまで、4 つの大陸からメンバーが集まりました。

しかし、初期のミーティングは対話というよりひとり言に近いものでした。ジュニアメンバーは頭は良くても経験が浅いため、自分の意見をなかなか発言できず、ベテランの声に埋もれてしまうことが多かったのです。「シニアエンジニアの発言に比べたら、私の発言はどうでもいいような気がする」というコメントをよく耳にしました。このような状況を打開するために、筆者は対策を練る必要がありました。

最初に始めたのは、すべての意見が平等に認められる環境を作ることでした。ラウンドロビンミーティングという、役職や在籍期間に関係なく、それぞれのメンバーが自分の考えを発言するための自由な時間を設けるようにしたのです。これはジュニアメンバーの発言機会を増やすだけでなく、シニアメンバーが積極的に意見を聞くことにもつながりました。

次に、文化の違いを認め、それを受け入れるようにすることが非常に重要でした。隔週でオンライン「文化交流会」を始めました。チームメンバーは、それぞれの地域の伝統やお祭り、その地域特有のコーディング方法など、自国の文化について何か独特なことを紹介するのです。この交流会によって打ち解けるだけでなく、文化面での理解が深まり、相互尊重の関係が生まれました。

3 つ目は、公開掲示板を通じて心理的安全性を高めたことです。心理的安全性は一夜にして育まれるものではありません。心理的安全性は、絶えず育てていかなければならないものなのです。そのため、筆者は「アイデアと懸念事項」という掲示板を設けました。ここでは、チームメンバーが匿名でアイデアや懸念事項を投稿することができます。毎週、チームミーティングでこれらの意見を取り上げ、どんなに小さな声であっても、一人ひとりの声に耳を傾け、それを検討するようにしました。このような習慣により、どんなに内向的なメンバーでも、批判を恐れることなく革新的なアイデアを表明できるようになりました。

最後に、経験の差を埋めるために、ジュニアメンバーとシニアメンターでペアを組むようにしました。このようなメンター関係は、単なる技術の指導を目的としたものではありません。職場力学を学んだり、業界の不文律を理解したり、キャリアアップに欠かせないソフトスキルを身につけたりすることも目的に含めていました。

これらの戦略は、私たちのチーム力学を一変させました。かつては、ためらいがち

だったジュニアメンバーも、既成概念にとらわれないアイデアを提案するようになりました。このようなアイデアの中には、複雑な問題を解決する極めて重要なものがありました。一方、シニアメンバーは、メンターの立場を務めることで新しい考え方を取り入れ、情熱を取り戻すことができました。私たちのプロジェクトは納期を守るだけでなく、その後のリリースも非常に円滑に進むようになりました。

この経験を通して学んだ重要なことは、テック業界におけるリーダーシップとは、単にプロジェクトを管理することではないということです。多様な才能が融合・成長し、特別なものを生み出すことができるような、エコシステムを育てるということなのです。このためには、チームメンバー全員が、経歴や立場に関係なく、価値を認められ、尊重されていると感じられるような環境を作らなければなりません。インクルージョンの文化を醸成するための戦略には、以下のようなものがあります。

- チームメンバー全員がさまざまな背景や慣習について理解できるよう、ダイバーシティ&インクルージョン研修を実施します
- オープンなコミュニケーションとフィードバックを推奨します
- すべてのチームメンバーが平等に成長と能力開発の機会を得られるようにします
- さまざまな事情やライフスタイルに合わせた柔軟な勤務形態を提供します

まとめると、効果的なソフトウェアエンジニアリングチームを作るには、3つのことが重要です。それは、適切な人数規模、自分自身もチームも効果的になるように適切に振る舞えるチームメンバー、異なるスキルと経歴を持つ人々です。これらをうまくまとめれば、効果的なチームワークと成功のための土台を作ることができます。

1.3.2　チームスピリットを高める

チームが編成されたら、効果的なチーム作りの次のステップは、チームスピリットを高めることです。**チームスピリット**が感じられるグループとは、同じゴールを達成しようとする気持ちがあり、互いに支え合っているグループのことです。チームスピリットとは、単に仲良くしたり、助け合ったりすることではありません。前述したチームという言葉の定義の通り、チームは責務とゴールを共有することで結びついているものです。メンバーは、問題解決やゴール達成のために協力し、お互いに説明責任を果たします。チームスピリットがあれば、メンバーは一致団結しつつ、互いに助け合って仕事を成し遂げようとします。一致団結して働くグループは、そうでないグ

ループよりも短時間でより多くの成果を生み出すことができます。

チームスピリットを育むということは、Project Aristotle の調査で洗い出された、心理的安全性と相互信頼という効果性にとって鍵となる要因を構築することにほかなりません。

チームスピリットを育むには、コラボレーションとコミュニケーションのための環境を整えることが必要です。そのためには、役割と責務を明確にすることや、目的意識を共有すること、メンバー間の信頼関係を育むことが重要です。

役割と責務の明確化

チーム内の役割と責務を明確にすることは、効果的なコラボレーションを実現するための第一歩です。単にタスクを割り当てれば良いということではありません。チームメンバー一人ひとりに具体的な仕事内容を理解させなければなりません。そうすれば、業務が混乱することや、作業が重複するリスク、フラストレーションなどを最小限に抑えることができます。

ソフトウェアを開発する際の役割には、状況に応じて責務が重なる場合があります。例えば、要件仕様書、テストケース、ユーザーガイド、API ドキュメントなど、さまざまな種類のドキュメントに対する責務を明確にするのは難しいことです。

筆者の友人である Alex は、あるプロジェクトのリーダーを任されたことがあります。そこでは、開発者は効率的にコードを量産していましたが、設計書は更新されていませんでした。同じように、テスターは、ビジネスアナリストとテクニカルライターが共同で作成した要件を理解するのに苦労することがよくありました。一方、テクニカルライター自身は社内業務に追われ、ユーザーマニュアルの作成に十分な時間が取れませんでした。プロジェクトは炎上し、コードは完全に機能しているにもかかわらず、ユーザーは不満を抱いていました。

Alex は問題の原因を知っていました。責任の所在が誤っていたのです。Alex はオーナーシップという考え方を導入しました。開発者は、はっきりとした目標を与えられ、自分たちでドキュメントやユニットテストケースを作成しました。ビジネスアナリストは、プロダクトオーナーと協力して明確な要件を定義しました。テスターは、しっかりとした要件を与えられ、正確なテスト計画の作成と問題点の発見に取り組みました。テクニカルライターは社内業務から解放され、ユーザーフレンドリーなガイド作りに専念しました。

ここで紹介した変革はそれほど大きなものではありませんでしたが、インパクトのあるものでした。非難し合うのではなく、コラボレーションを行うようになったので

す。かつては嫌われがちだったテストフェーズが、今ではコラボレーションを行い、プロダクトを改善するチャンスとして歓迎されるようになったのです。ユーザーマニュアルは情報が豊富でわかりやすいものになりました。Alex は、オーナーシップと役割を明確にすることの重要性を見事に証明してみせたのです。

役割を明確にすることで、一人ひとりの強みやスキルに見合った責務を果たすことができるようになり、チームスピリットや一体感を育むことができます。また、チームメンバーの貢献が互いに関連していることを何度も説明して、コラボレーションという考え方を浸透させることも必要です。このようにすることで、効率を高めるだけでなく、相互支援と達成感を共有する文化を育みます。

さらに、役割を定める際には、プロジェクトの進行に合わせてスキルを開発して適応できるようにする必要があります。チームメンバー一人ひとりの貢献を認め、評価し、チーム内で尊重されるようにすることが重要です。役割と責務を定期的に見直し適応させることで、ニーズの変化や一人ひとりの成長に合わせたものにすることができます。このようなプロセスで役割と責務を定義すれば、明確化を促すだけでなく、チームスピリットを育み、効果性を最大限に引き出せるのです。

目的意識を共有する

ゴールを共有することと同様に、目的意識を共有することは、チームが協力し合い、お互いの差異を乗り越えるための原動力となります。ゴールはチームが達成すべきことを示すものです。これに対して、目的意識は、なぜそのゴールを達成する必要があるのかを明確にするものです。競合する要件に対してバランスを取るのに苦労しているのを、筆者は多くのソフトウェアエンジニアリングチームで見てきました。例えば、アーキテクトはスケーラビリティとパフォーマンスに、開発者は納期とコードの効率に、テスターはエッジケースの問題を特定することに、そしてデザイナーは美的感覚とエクスペリエンスに、などです。それぞれが重要であることは言うまでもありません。しかし、全体として最高のプロダクトを生み出すために、何を優先するのかについて足並みを揃えるには、チームは共通の目的意識が必要となります。優れたプロダクトを作るためには、これらすべてに気を配らなければなりません。しかし、その中で優先順位を決めるには、目的意識を共有することが不可欠です。

高い目標、品質、ユーザーエクスペリエンス、デザインのバランスを取るときには、目的意識を共有しておかなければなりません。目的意識を共有していなければ、チームは技術的負債や、スコープクリープ（スコープが当初の計画よりも拡大していくこと）、使い勝手の問題、チーム内の軋轢といった課題に直面します。

リーダーが目的意識を共有できていれば、さまざまな力を結集して、革新的でユーザーフレンドリーなプラットフォームを高品質かつ効率的に提供することができます。

目的意識を共有するには、次のような方法があります。

プロジェクト全体の目的とゴールを周知する

プロジェクトの目的や、対象とする顧客、期待されるインパクトを明確にします。ペルソナ、モックアップ、競合分析などを共有し、「何をつくるのか」、「なぜ作るのか」について具体的なビジョンを練りましょう。こうすることで、チームメンバー一人ひとりがどのようにプロジェクトに貢献すれば良いのか、という明確な方向性が示されます。

チームメンバーに対してアイデアやフィードバックを共有するよう働きかける

開発者、テスター、デザイナー、アーキテクトが、それぞれの専門知識や懸念事項を自由に共有できる場として、ブレストやワークショップ、定期的な進捗確認などの場を設けましょう。コラボレーション環境が醸成され、多様な視点から物事を見ることができるようになり、ビジョンが深く共有されるようになります。

すべてのチームメンバーが、自分の仕事がチームメイトの仕事とどのように関連しているのか、また、プロジェクトのゴールにどのように貢献するのかを理解できるようにする

一人ひとりのタスクを特定の機能やユーザーストーリーに関連付けます。そして、チームメンバー一人ひとりの貢献が、プロダクト全体の機能やユーザーエクスペリエンスにどのようにインパクトを与えるのかを明確にします。このようにすれば、当事者意識が生まれ、「私たちは一緒にやっている」という意識が強くなります。

このような目標を達成するには、オフィス内外で定期的に知識を共有する場や、チームワークを高めるための活動を行うのが良いでしょう。このような活動を通じて、チームメンバーが一堂に会し、アイデアを交換し、自分の仕事の枠を超えて親交を深める機会を創出します。帰属意識が育まれ、目的意識が深く共有され、自分たちが同じゴールに向かって一丸となって取り組んでいることをあらためて実感することができます。さらに、このような場を設けることで、斬新な視点や革新的な解決策を

見出すことができるかもしれません。これらのステップを踏むことで、チームの熱意を満たしながら、ユーザーのニーズをかなえるようなプロダクトを提供できるようになるでしょう。

チームメンバー間の信頼関係を構築する

チームスピリットの醸成に欠かせないのは、チームメンバー間の信頼関係を築くことです。わかりやすくするために、2つのチームを例にして説明します。2つのチームは、それぞれチーム・オープンドアとチーム・サイロと呼ぶことにします。

チーム・オープンドアは、コラボレーションのチームスピリットとオープンなコミュニケーションを行うチームとして知られています。知識を共有し、自己判断せずに助けを求める文化のおかげで、このチームの問題解決はスピードアップしています。チームメンバーは正しいことをしてくれると信頼することで、ストレスが軽減され士気が高まります。オープンな議論は多様な視点を生み、革新的なアプローチや予想外の結果をもたらします。このチームには優秀な人材が集まり、顧客からも称賛され、経営陣からも重要なプロジェクトを任されます。

一方、チーム・サイロでは、開発者は高いスキルを持ちながらもそれぞれがバラバラに作業しています。コミュニケーションはほとんどありません。コミュニケーションのすれ違いや、コードのコンフリクトや機能の重複による手戻りが頻繁に発生し、作業スピードが低下しています。「自分には関係ない」という態度は、問題の解決をさらに遅らせます。責任のなすりつけ合いが行われる環境では、不満や鬱憤がたまります。信頼関係が欠如しているため、コラボレーションはうまくいかず、結果も芳しくありません。

まとめると、ソフトウェアエンジニアリングチーム内の信頼は、気分を良くするだけでなく、成功をもたらす強力な要因となります。オープンなコミュニケーション、知識の共有、コラボレーションの文化は、個人が集まっただけのチームを結束力のあるチームに変え、卓越した成果を生み出します。また、信頼はチームメンバーのワークライフバランスの向上にもつながります。他のチームメンバーが自分の代わりに仕事をしてくれるという信頼があれば、仕事から少し離れてもリラックスして過ごすことができるからです。

チーム内の信頼を育むには、次のような方法があります。

- オープンなコミュニケーションとフィードバックを励行します。
- チームメンバーがお互いの人柄を知り合う機会を提供します。

- プロジェクトのゴールとスケジュールについて透明性を確保します。
- チームワークとコラボレーションを称賛します。

　自分の背中を押してくれる信頼できる仲間とともに、同じゴールに向かって協力し合うことは、チームを結束させ、チームスピリットを高め、モチベーションを維持し、チームを順調に軌道に乗せてくれます。そのようなチームは、一見、自然とモチベーションが高まっているように見えます。しかし、実際には、障害を取り除き、メンターとなり助言を与えるリーダーが必要です。では、効果的なリーダーになるための条件を見ていくことにしましょう。

1.3.3　効果的にリードする

　効果的なチームを作るには、読者も効果的なリーダーになる必要があります。強力なチームはリーダーがいなくても機能しますが、効果的なリーダーは従業員のパフォーマンスや満足度、意思決定スキル、コラボレーションに影響を与え、良好な職場環境をもたらします[†2]。

　Project Oxygen の調査で浮き彫りになったのは、リーダーシップがチームの効果性に極めて重要な影響を及ぼすということです。読者は、コアとなる責務を果たし、効果的な実践を行い、戦略的可視化を駆使する必要があります。効果的なリーダーとは何か、効果的な実践を行うとはどういうことかについては、次の章で説明します。ここではリーダーのコアとなる責務と戦略的可視化の重要性について紹介します。

効果的なリーダーの責務

　リーダーとしてコアとなる責務は、チームを鼓舞し、影響を与え、同じゴールに向かって導くことです。効果的なリーダーは、これらのコアとなる責務を効果的に実践することで、チームを成功に導きます。例を挙げましょう。

- チームの役割と構成を考える責任があります。
- グループやチームメンバーがゴールや優先順位を設定するのを援助します。
- タスクを効果的に遂行できるように、タスクに必要なもの（ツールやリソース）を全員が利用できるようにします。
- これまでの経験を活かし、問題が発生しそうな場所を察知することで、重大な

---

†2　マネージャーの行動がもたらす効果については、4 章で詳しく説明します。

問題が発生する前に事前に対処します。

● 効果的なコミュニケーションを実現するために、ツールやプロセスを用いてコミュニケーション手段を適切に構築します。

● チームミーティング、状況報告、進捗報告など、定期的にコミュニケーションを行います。コミュニケーションは適切なタイミングで行い、透明性があり、インクルーシブなものでなければなりません。

これらの責務は、効果的なチームに備わる特性に対して、直接的なサポートを行っていることに留意してください。

戦略的可視化

戦略的可視化とは、チームの成果とビジネスへの影響を社内外のステークホルダーに発信することです。チームの仕事が顧客の抱えるニーズにどのように応え、効率を向上させ、より大きなプロダクトビジョンにどのように貢献しているかをアピールする必要があります。説得力のあるストーリーとデータを通じてチームの価値を効果的に示すことで、チームは組織内で認知され、今後のチャンスやリソース、影響力を得られるようになります。

先に述べたように、モチベーションはパフォーマンスをドライブします。人々は自主性、マスタリー、目的意識によってモチベーションを高めることができますが、承認や評価によってもモチベーションを高めることができます。リーダーとして、チームの取り組みを組織内に周知するようにしてください。組織全体で認知され成功が認められることは、チームのモチベーションを高めるだけでなく、チームメンバーの能力をアピールし、将来の成長の機会への扉を開くことにもなります。チームの最高の応援団となり、新たな高みを目指し、ともにゴールを達成するようチームを鼓舞しましょう。

戦略的可視化をわかりやすく説明するために、実例を挙げましょう。筆者は、非常に優秀なエンジニアで構成されるチームをリードしていたことがあります。私たちは常にインパクトのある仕事をしていたにもかかわらず、社内の華やかで注目度の高いプロジェクトの影に隠れ、まったく目立たない存在でした。私たちの成果はプロダクト全体の成功になくてはならないものであった（と私たちは考えていた）にもかかわらず、このような状態だったのです。

まず、チームメンバーの間にフラストレーションがたまっているのに気づきました。彼らはたゆまぬ努力を続け、複雑な問題を解決することも多かったのですが、そ

れにふさわしい評価を受けることができなかったのです。リーダーとして、彼らの仕事を認めるだけでなく、それがより広い組織レベルで評価されるようにすることが重要だと知りました。

ただ一生懸命に働くことではなく、会社の最優先事項と私たちの取り組みを連携させながら、賢く働くことが重要だと気づいたのです。現在のプロジェクトをやめてしまうのではありません。私たちが取り組んでいる仕事を会社の目標という大きな方向性にどう結びつけるのか、ということを考えるようにしたのです。

私たちはまず、その年の会社の主要な目標に直結するプロジェクトを見きわめることから始めました。このプロジェクトは、会社にとって優先順位が高いだけでなく、私たちのチーム特有のスキルや専門知識とも完璧にマッチしていました。

私たちは、ブラウザテクノロジーとプロダクトエンジニアリングに関する豊富な知識を活かしてプロジェクトに取り組みました。プロジェクトをただ完了させるだけでなく、期待以上の成果を上げるために、大きなインパクトを与えるような革新的な機能を追加することを目指しました。

チームには、プロセスと成果を詳細にドキュメント化するよう勧めました。私たちはチーム内だけでなく、他のチームやステークホルダーとも常に最新の状況を共有しました。このような透明性は、単に仕事を可視化するためだけでなく、コラボレーションやフィードバックのためのチャネルを作るためでもありました。

プロジェクトは成功し、会社のゴールに大きなインパクトを与えました。しかし、それ以上に重要だったのは、私たちのチームが脚光を浴びたことです。私たちの仕事は全社的な会議で評価され、チームメンバーは社内の技術講演やカンファレンスに招待されました。このような評価は士気を高め、チームの誇りにもつながりました。

以上が、リーダーシップについて、筆者が経験から学んだことです。リーダーとしてやるべきことは以下の通りです。

より大きな目標と連携する

組織の重要なゴールに即した仕事を行っていれば、そのインパクトは何倍にも膨れ上がります。

チーム特有の強みを活かす

チーム特有のスキルや知識を把握して活用しましょう。

効果的にコミュニケーションする

進捗と成果を常に共有しましょう。透明性を保つことで、評価とコラボレー

ションが促されます。

単に一生懸命働くだけでなく、インパクトを重視する

ただ一生懸命働くのではなく、組織の優先事項に沿った形で具体的なインパクトを生み出すことが重要です。

仕事内容を説明する場を設ける

これまでの活動を記録し共有しましょう。知名度と認知度を高めるために非常に重要です。

このような経験から学んだことをまとめると次のようになります。テック業界では、影に隠れているものだから価値がない、というわけではないということです。自分の価値を示すために、戦略的アプローチが必要な場合があるだけなのです。チームメンバーを積極的にサポートすることで、信頼、忠誠心、相互サポートの文化が培われます。結果としてチームメンバーが能力を高め、チーム全体の成功につながるのです。

1.3.4　効果性を持続させる（成長の文化）

効果的なチームを構築するための最後のステップは、成長を継続し、作り上げたチーム文化を維持することです。目的意識を共有し、オープンなコミュニケーションを確立することでチーム文化が醸成され、やる気のあるモチベーションの高いチームが生まれます。さらに、チームメンバーが自分の功績や成果が組織にとって重要なものであると考えるようになるには、リーダーがチームメンバーのスキルを向上させ、一人ひとりの職務の中で成長する機会を創出する必要があります。長期にわたって効果的なチームを維持する（**図1-3** 参照）には、チームの成功要因の調査で明らかになった、アジリティ（敏捷性）、目的意識、インパクト（影響力）を高めていかなければなりません。

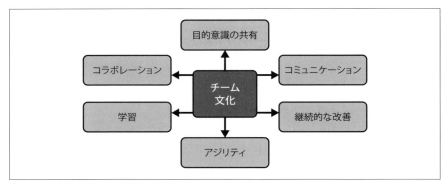

図1-3　効果的なチームの持続：改善と成長

学習と能力開発の機会

　本章で述べたように、成長の機会はチームメンバーのモチベーションの源です。そして、モチベーションはパフォーマンスをドライブします。また、学習や能力開発の機会が不足していると、チームは停滞します。改善する方法を知らないチームは、時代遅れの方法から抜け出せなくなる恐れがあります。例えば、AIツールによるプロセス改善を検討しないチームを想像してみてください。また、チームが停滞すると、無気力やフラストレーションを生み、生産性の低下や人材の流出につながります。

　研修やメンターシップ、コーチングなどで学習の機会を与えれば、成長を促すことができます。

アジリティ

　本章ですでに述べたように、アジリティはチームの効果性を高めるのに不可欠であることが、調査によって明らかになっています。アジリティがあれば、変化しつづけるビジネス要件、顧客のニーズ、市場の動きに、迅速かつ効果的に対応することができるからです。アジャイルチームは、状況の変化への適応性が高く、必要に応じて開発計画を変更することができます。

　ここでは、チームのアジリティを高めるための戦略をいくつか紹介します。

アジャイル手法を採用する

　　アジャイル手法は、柔軟かつ反復的にソフトウェアを提供するためのフレームワークです。スクラムやカンバンなどのアジャイル手法を導入することで、チームは変化しつづける要件や優先事項に対応できます。ただし、アジャイル

プロセスを教科書通りにやみくもに行うのではなく、チームのニーズに合わせてカスタマイズすることが不可欠です。

組織横断的なコラボレーションを推進する

開発者がUI/UXデザイナーと一緒に仕事をするなど、チームメンバーが職務の垣根を越えて仕事をするよう促します。サイロを壊して情報共有や再利用の機会を与え、コラボレーションやコミュニケーションを増やすことで、より効率的で効果的な開発プロセスを作り上げることができます。

コミュニケーションを優先する

アジャイルチームにとって、効果的なコミュニケーションは非常に重要です。チームメンバーが進捗、課題、優先順位について話し合うために、定期的に確認やミーティングを行うようにします。オープンで誠実なコミュニケーションを奨励して、フィードバックが得られる機会を提供しましょう。

柔軟性のある文化を構築する

柔軟性と変化を受け入れる文化を醸成します。実験とリスクテイクを推奨し、状況や顧客ニーズの変化に対応できるチームを評価します。

継続的インテグレーションと継続的デリバリーを導入する

継続的インテグレーションと継続的デリバリーを導入することで、チームはソフトウェアをより迅速かつ安定して提供できるようになります。ビルド、テスト、デプロイのプロセスを自動化することで、チームは新機能やアップデートのリリースに必要な時間と労力を削減することができます。

これらの戦略を実施することで、効果的なチームは、よりアジャイルになり、柔軟性を高め、変化するビジネスニーズや顧客要件に対応できるようになります。

継続的に改善する

効果的なソフトウェアエンジニアリングチームは、継続的な改善に努めます。プロセスや、ツール、スキルを改善する方法を常に模索しています。チームは、定期的に自分たちのパフォーマンスを評価し、改善すべき点を洗い出すべきです。また、他のチームや、ステークホルダー、顧客に対してもフィードバックを求め、改善点を特定すべきです。チームメンバーには継続的な改善に取り組むよう促し、そのために必要なツールやリソースを提供します。提供するものには、新しいテクノロジーを利用で

きる環境、フィードバックループの構築、実験を繰り返す文化などが含まれます。

　継続的な改善には、学習と成長の文化が必要です。次のヒントを参考に、そのような文化を作るようにしてください。

継続的な学習を促す

　　チームメンバーには、新しいスキルやテクノロジーを学ぶことを勧め、専門能力を開発するための機会を提供しましょう。チームメンバーが業界のトレンドやベストプラクティスを常にキャッチアップできるようにします。

パフォーマンスを測定し監視する

　　主要業績評価指標（KPI）を定期的に確認し、チームのパフォーマンスを測定し改善点を見つけます。チームがゴールを達成できるように、データを活用して、意思決定や、仕事の優先順位付け、調整を行います。

　常に変わりつづけるテクノロジー環境の中で、ソフトウェア開発チームは、絶えず変化するユーザーニーズ、ビジネス要件、市場の需要に対応しなければなりません。アジャイル手法は、継続的な学習と改善の文化をチーム内に醸成します。そして、ソフトウェア開発チームは、より効率的かつ効果的にステークホルダーに価値を提供できるようになります。

1.4　まとめ

　効果的なソフトウェアエンジニアリングチームを構築するには、それなりの作業が必要になります。本章で説明したように、ソフトウェアエンジニアリングチームが成功するかどうかは、さまざまな要因によって左右されます。

　本章で紹介した効果的なチームの作り方は、チームの効果性を高める要因調査の結果をもとにしています。強力なチームを構築するには、スキルと考え方を正しく組み合わせられるような土台を築かなければなりません。チームスピリットを高めることで、リスクを恐れず互いを頼る心理的安全性と相互信頼性が育まれます。効果的なリーダーシップは、方向性とサポートを提供します。この方向性とサポートは、チームが最高の仕事をするために必要なものです。そして、成長する文化を維持することで、チームは継続的に改善し、新たな課題に対応できるようになります。

　Project Aristotle などの効果的なチームに関する調査では、心理的安全性や、構造とコミュニケーションの明確化、相互信頼性、意味のある仕事、アジリティを実現

することで、コラボレーションや、イノベーション、成功をもたらす環境を作り出せることが示されています。本章で、これらの要素が繰り返し登場したことからもわかるように、これらの要素が効果的なチーム作りをドライブしてチームを結びつけるのです。

効果的なチームには、効果性を発揮するための特性やチーム力学があります。また、チームのパフォーマンスはモチベーションによって左右されます。効果的なチームを新たに構築したり、既存のチームをより効果的に成長させたりするには、チームを効果的にする要因を十分に考慮しなければなりません。これらの要因として、多様なスキルセットや経歴を持ち、そのプロジェクトにとって適切な規模でチームを構成することが挙げられます。また、チームメンバー一人ひとりに、エンジニアとしてのマインドセットを身につけさせ、コラボレーションと効果的なパフォーマンスを生み出すシナジーを創出することも重要です。そして、チームスピリットによってさらに強固なものにできます。

当たり前に聞こえるかもしれませんが、効果的なチームは効果的なリーダーによってリードされなければなりません。あらゆることに効果的なやり方を取り入れてチームを成功に導きましょう。そして、チームの努力を称えることをためらわないようにしましょう。評価されることは、士気の向上だけでなく、チームのキャリアアップにもつながります。

そして最後になりますが、効果的なチームを作るためには、成長する文化を維持する必要があります。こうすることで、チームはアジリティを持つようになり、常に改善され、どんな事態にも対応できるようになります。

ここで紹介した内容は、最高のアウトカムを生み出すことを目指してチームを構成する際に大いに役立ちます。これらの要因は、いつでも高品質な成果をもたらす、モチベーションと生産性の高いチームを作り上げるのに役立つものです。適切な人材、コミュニケーション、サポートがあれば、どんなに複雑なプロジェクトでも成功をもたらせるようなチームを構築できます。

プロジェクトのライフサイクルを通じて効果性を測定し監視することは、プロジェクトを遂行する上で必要不可欠なことです。効果性を正しく測定するためには、生産性や効率性との違いを理解する必要があります。次の章では、これらの概念の違いと測定方法について説明します。

2章
効率性と効果性と生産性

　1章では、ソフトウェアエンジニアリングチームを効果的にする特性と、その特性をチーム内に醸成する方法について紹介しました。ここまでのところで、読者は「効果的であること」が何を意味するのか理解しているはずです。**効果性**とは、個人またはチームのパフォーマンスを表す指標です。また、従業員やチームのパフォーマンスに関して、**効率性**や**生産性**という言葉を目にしたこともあるかもしれません。これらの言葉は相互に関連しながらも、それぞれ異なる意味を持ちます。これらの違いを理解しておかないと、チームを正確に測定し導くことができません。

　ソフトウェアエンジニアリングチームはコードを作成するので、プロセスに従い、きれいなコードを書き、問題を修正し、期限を守っていれば効率的です。また、コーディング、テスト、修正、コードのリリースといったタスクを素早く完了できれば、生産的です。しかし、効果的であるためには、リリースされたコードがユーザーの問題に対処し、ビジネスに良いインパクトを与えなければなりません。簡単にまとめると以下のようになります。

- 効率性とは、物事を正しく行うことです。
- 効果性とは、正しいことをすることです。
- 生産性とは、インプットに対するアウトプットの割合です。

　チームのパフォーマンスは、これらの考え方のいずれでも測定できます。ただし、それぞれの意味を理解しておくことが重要です。本章では、ソフトウェアエンジニアリングチームの効率性、効果性、生産性の違いを掘り下げて説明します。それぞれに影響を与える要因と、知的作業のもたらしたインパクトを評価する方法を検討します。最後に、アウトプットよりもアウトカムに焦点を当てることの重要性と、効果性

と効率性の間で適切なバランスを取るためにチーム文化を変える方法について説明します。

2.1　効率性、効果性、生産性の違い

効率性、効果性、生産性の違いを理解しやすくするために、それぞれの目的意識や、測定方法、およびそれらに影響を与える要因を比べてみることにしましょう。

2.1.1　ゴール

まず、効率性、効果性、生産性について、それぞれの用語が何を意味するのか、また、ゴールという観点で見たときにどのような違いがあるのかを中心に、定義を詳しく説明します。

効率性

効率性とは、無駄を最小限に抑え、アウトプットを最大化するために**物事を正しく行うこと**を意味します。ソフトウェアエンジニアリングチームは、反復型の方法論を採用したり、継続的インテグレーションとデリバリーパイプラインを実装したり、コードエディターや、デバッガー、パフォーマンスプロファイラーなどのツールを使用したりすることで効率性を向上させます。つまり、ソフトウェアエンジニアリングチームが効率的になるには、与えられたリソースに対して開発する機能の数を増やしていけば良いのです。チームの効率性を測定する指標としては、単位時間当たりに開発・テストした機能の数などが挙げられます。例えば、「今週は3つの機能をリリースしました。それぞれの機能は3日で開発しました」などです。

効果性

効果性とは、**正しいことを行い**、正しいアウトカムを生み出すことを意味します。正しいアウトカムとは、組織とその顧客に価値を提供し、彼らのニーズにピントを合わせたものです。チームは、組織の目標と自らのゴールを整合させたり、明確な戦略を定義したり、アウトカムに集中したりすることで、このようなアウトカムを達成することができます。ソフトウェアエンジニアリングチームは、組織のビジョンに合致する機能や取り組みを優先します。そして、それらの機能のインパクトを測定する指標を導入して、顧客やステークホル

ダーからのフィードバックを参考にすることで、効果性を高めることができます。例えば、ユーザー導入率や顧客満足度などの指標を調査することで、ソフトウェアの効果性を測定することができます。

生産性

生産性は効率性のサブセットです。生産性は、**インプットあたりのアウトプットを測定する**ものです。チームがゴールを達成する速度を指します。ソフトウェアエンジニアリングチームは、スループット、ヴェロシティ、コードのアウトプットを改善することで生産性を向上させることができます。しかし、従来の生産性の定義では、アウトプットの品質やインパクトを考慮していない場合が多いので注意が必要です。生産性は、機械や資本の効率性を測定するために使用されるのが一般的です。人間の知的労働を正確に評価することはできません。

表2-1 は、効率性、効果性、生産性の違いについて簡単にまとめたものです。

表2-1　効率性、効果性、生産性のゴール

	効率性	効果性	生産性
ゴール	物事を正しく行う	正しいことをする	インプットあたりのアウトプット
測定方法	時間 リソースの利用量 品質	顧客満足度 ビジネス価値 ユーザー導入率	コードの行数 ファンクションポイント数 ストーリーポイント数

　効率性、効果性、生産性を高めるためには、エンジニアリングチームはそれぞれ異なるターゲットを定める必要があります。それぞれ意味するところは異なりますが、これらの概念は互いに排他的なものではないことに気を付けてください。わかりやすいように、「Cloudoids」という架空のエンジニアリングチームを例にして説明してみます。この Cloudoids チームは、自社の主力ソフトウェアを、マイクロサービスと Kubernetes へ移行するミッションを課されました。Cloudoids チームは、ビジネス上重要な案件に取り組みながら新しいテクノロジーを学べる、この機会に胸を躍らせていました。

　プロダクトマネージャーはマイグレーション対象の機能一覧を公開し、チームはそれに熱心に取り組みました。チームをリードする Maia は、既存の枠にとらわれない視点を持ち、チームは全力でミッションを遂行しました。チームメンバーは、スプリ

ント毎に、新しいアーキテクチャに機能を追加したり、コードをコミットしたり、問題を修正したり、ビルドをデプロイしたりすることに意欲的に取り組みました。マイルストーンを達成するたびに、バグのないコードを期限内に納品できたことを祝って、ハイタッチとピザが振る舞われました。

　しかし、そのお祭り騒ぎの中で、ユーザーからのフィードバックの中に疑問の声が上がり始めました。パフォーマンスの改善も、ユーザビリティの劇的な向上もなかったからです。Maia は、データを確認して、真実を明らかにしました。測定データからわかったことは、彼らは技術の楽園を構築しただけで、何のインパクトも与えていなかったということです。スケーラビリティは改善され、ビルドのリリースもより迅速に行えるようになりましたが、ユーザーの利便性向上にはテクノロジーを活用できていなかったのです。つまり、ユーザーにとっては、プロダクトはほとんど何も変わっていなかったのです。チームが「なぜ」を無視して「どのように」に重点を置いていたからです。

　このような振り返りから、正しいアウトカムを生み出す方向へと軌道修正がなされました。チームメンバーは、アーキテクチャの変更によってユーザーがどのような恩恵を受けられるかという観点で、これまでの作業を振り返りました。そして徐々に、効率的で直感的で使いやすいデザインへと改善しました。最終的に、正しいアウトカムを達成するために、正しい方法でテクノロジーを利用していることがメトリクスによって証明されました。Cloudoids チームは、効果性とは、スピードや最新テクノロジーだけではないということを学んだのです。効果的なテクノロジーを目的に合わせて活用することこそが効果性なのです。

　このように、ある特定の状況における効率性と生産性に対して、チームがその定義とメトリクスを適切に設定すれば、チーム全体の効果性も同時に高められる場合があります。

2.1.2　測定

　効率性、効果性、生産性はすべてパフォーマンスを測るものです。しかし、それぞれを測定する際には考慮すべき点が変わってきます。生産性と効率性はどちらもある活動のアウトプットを測定するものです。しかし、生産性が生データに基づく測定であるのに対し、効率性はアウトカムに従って測定データを加工します。また、効果性もアウトカムを基にします。アウトプットとアウトカムの違いについては後ほど説明しますが、ここでは従来の効率性、効果性、生産性の測定方法について見てみることにしましょう。

生産性は、インプットあたりのアウトプットで測定されます。ソフトウェアエンジニアリングにおいて、チームの生産性を測定する手法には、以下のようなものがあります。

コード行数

開発者が記述するコード行数を集計する手法です。コードを多く書けば書くほど、より多くの成果が得られるという前提に基づいています。

ファンクションポイント

ソフトウェアが提供する機能に基づいた測定手法です。ソフトウェアが提供する機能の複雑さと数も考慮されます。

ストーリーポイント

アジャイルソフトウェア開発におけるユーザーストーリーの複雑さを測定するものです。ストーリーポイントは、ユーザーストーリーの複雑さと必要な工数に基づいて、それぞれのユーザーストーリーに設定されます。

DevOps メトリクス

リードタイム、デプロイメント頻度、平均復旧時間、変更失敗率などの DevOps メトリクスは、ソフトウェア開発プロセスのスピードに着目した測定手法です。

生産性の高いソフトウェアエンジニアリングは、チームが提供するコード量という観点では、より多くのアウトプットをもたらします。どのメトリクスを使うかにもよりますが、コード行数やファンクションポイントの量が増えるということです。生産性だけに意識を集中させてしまうと、問題が生じる場合があります。この点は、本章で後ほど説明します。

効率性は、以下のような要因も評価に含めることで、生産性の測定方法を変更します。

時間

タスクが速く完了すればするほど、プロセスはより効率的となります。

リソース利用量

効率的なチームは、時間、費用、人材などのリソースをより有効活用します。

バグ修正率

より迅速にバグを特定し修正できるということは、効率的なチームであること
を示しています。

欠陥密度

欠陥密度とは、コード行数あたりの欠陥（バグ）の数を表します。欠陥密度が
低いほど、効率性が高いことになります。

品質

効率的なチームは高品質なプロダクトを生み出します。

効率的なソフトウェアエンジニアリングは、時間や費用などリソースの無駄遣いを
減らすことにつながります。効率的なチームは生産性が高く、リソースの使用方法を
最適化することで、期待通りのアウトプットを生み出します。

効果性とは、開発における最終的なアウトカムを測定するものです。ソフトウェア
エンジニアリングにおいて、チームの効果性を測定するには、以下のような手法が標
準的な方法です。

顧客満足度

チームが構築したソフトウェアプロダクトやサービスが、ユーザーのニーズと
期待にどの程度応えているかを表したものです。

ビジネス価値

組織全体のゴールや目標に対して、ソフトウェアがどの程度貢献しているのか
を表したものです。

ユーザー導入率

ソフトウェアが対象ユーザーにどの程度使われているのかを表したものです。

ROI（**return on investment**、**投資利益率**）

ソフトウェア開発に要した総費用に対して、そのソフトウェアによって得られ
た純利益の割合です。

市場投入までの時間

ソフトウェアの開発と提供プロセスのパフォーマンスを測定します。

効果的なソフトウェアエンジニアリングは、顧客満足度、ビジネス価値（https://oreil.ly/7RRCe）、ユーザー導入率、ROI の向上につながります。また、市場投入までの時間が短縮されると、プロダクトの価値も高まり、より効果的なものとなります。

理解を深めるために、食品配達アプリの MVP（Minimum Viable Product、必要最低限のプロダクト）を開発する 2 つのチーム、チーム A とチーム B を例にして説明していきます。

チーム A には 10 人のエンジニアがいて、新しいアプリの最初の MVP を 30 日で完成させた。チーム B には 8 人のエンジニアがいて、同様の機能を 40 日で完成させた。どちらのチームがより生産的だったか。

チーム A は、時間あたりで見た場合に、より多くのアウトプットを生み出しているので、生産性が高いと言えます。

（1 日 8 時間勤務と仮定すると、チーム A は 2,400 時間、チーム B は 2,560 時間勤務しました。提供された機能はほぼ同じであるため、チーム A の方が生産的です。）

チーム A の MVP には、ユーザビリティ上の問題が 5 つあり、修正のために 5 日間の作業が必要だった。チーム B の MVP には、ユーザビリティ上の問題が 3 つあり、修正のために 2 日間の作業が必要だった。どちらのチームが効率的だったか。

チーム B のほうが効率的でした。より高品質のアウトプットを生み出し、より少ないリソース（時間と人員）しか使わなかったため、コストが低く抑えられたからです。

（すべてのエンジニアが問題の修正に関わったと仮定すると、チーム A は 400 時間を、チーム B は 128 時間を問題の修正に費やしました。したがって、チーム A は合計 2,800 時間、チーム B は合計 2,688 時間働いたことになります。）

リリース後 1 か月間で、チーム A のアプリは 1 万回ダウンロードされ、同じ顧客からのリピート注文は 6,000 件だった。チーム B のアプリも 1 万回ダウンロードされたが、リピート注文は 2,000 件だった。（多くの機能はほぼ同じだが、チーム A のプロダクトマネージャーはエンジニアに対して、MVP にヴィーガン向けの特別なフィルターを追加するよう指示していたとする。）どちらのチームがより効果的だったか。

チーム A の方が効果的です。チーム A にはユーザーにとって便利なフィルタ

リングオプションが用意されているため、ユーザーが利用しやすいからです。このため、ビジネスゴールを達成できる確率も高くなります。

これらのメトリクスは、それぞれがほかのメトリクスと多少なりとも関連していることに注意してください。例えば、効率的にアウトプットを生み出すということは、それ自体が生産性高くアウトプットを創出することと同じ意味になります。同様に、時間の効率的な利用や欠陥密度の低減は、市場投入までの時間の短縮や顧客満足度の向上にもつながります。このように、効率性のメトリクスを改善することで、効果性を向上できます。

2.1.3　影響を与える要因

1章では、多様な経歴を持つ適切な人数のエンジニアでチームを構成したり、コラボレーション、イノベーション、成功へと導く職場環境を育んだりすることで、効果的なチームを構築する方法について説明しました。チームサイズ、多様性、その他のさまざまな要因も、ソフトウェアエンジニアリングチームの効率性、効果性、生産性に影響を与える場合があります。

チームサイズ

ソフトウェアエンジニアリングチームの規模は、その作業量に少なからず関係します。大規模なチームはより迅速にタスクを完了できますが、コミュニケーション、調整、意思決定のマネジメントに手間がかかる恐れがあります。小規模なチームは作業が遅くなるかもしれませんが、コラボレーションを強化し効率的に作業を進めることができます。スクラムのようなアジャイル手法を使えば、コミュニケーションの妨げとなるボトルネックに配慮しながら、チームの作業負荷を適切にマネジメントできます。

多様性

ソフトウェアエンジニアリングチームに多様なスキルを持つ人材が揃っていれば、そのチームの効果性と生産性が高まります。さまざまな経歴や専門知識を持つチームメンバーは、問題に対して複数の角度からアプローチし、斬新なソリューションを開発することができます。しかし、あまりにも多様性が強すぎると、特にチームメンバーが議論にさまざまなアイデアではなく、さまざまな価値観を持ち込む場合には、円滑なコミュニケーションが難しくなり誤解が生じる恐れもあります（https://oreil.ly/c3aNI）。多様な人材という強みを最大

限に活用するには、チームや組織に一体感を持たせる必要があります。

役割の明確化

チームメンバーは、チーム内での自分の役割と責務をはっきりと理解していなければなりません。全員が各自の役割と、それが全体の中でどのような位置付けにあるかを理解していれば、チーム内の混乱や重複作業を減らすことができ、効率性と生産性を向上させることができます。オーナーシップがはっきりしていないと、チームメンバー間の軋轢を生み、時間の無駄や工数の浪費につながります。逆にオーナーシップが明確であれば、チームがより集中して仕事に取り組むことができます。

コミュニケーション

コミュニケーションが良好であれば、メンバーは多くの質問をしたり、議論をしたりするようになります。そして、ミスや誤解が減り、効率性が向上します。また、コラボレーションやアイデアが活発に共有されるようになり効果性も高まります。

職場環境

職場環境は、チームの効率性、効果性、生産性に多大な影響を及ぼします。快適で設備の整った職場環境は集中力と創造性を高めます。一方で、雑音が多く乱雑な職場環境では、気が散ってしまいストレスの原因となります。多くのソフトウェア会社が、エンジニア間のコラボレーションを活発にするために、オープンなオフィス環境（https://oreil.ly/e3H_D）に切り替えています。しかし、電話や突発的な会議、オフィスでの雑談など、絶え間なく聞こえる雑音は、必ずしも生産的なコラボレーションに適しているとは言えないでしょう。このため、エンジニアが邪魔されることなく集中できる静かなエリアを設けることも重要です。

ツールとテクノロジー

ソフトウェアエンジニアリングチームがどのようなツールやテクノロジーを使用するかによって、その効率性や生産性が左右されます。最新の信頼性の高いツールやテクノロジーは、業務の流れを円滑にし、面倒な作業を自動化することで、チームメンバーが重要な作業に集中できるようにしてくれます。それとは対照的に、バグが多く信頼性の低いツールは、フラストレーションの原因となります。貴重な時間を奪い、やる気を削いでしまいます。例えば、テストフ

48 │ 2章　効率性と効果性と生産性

レームワークがエラーを誤検出し、時間のかかる検証を手動で実施しなければ
ならず、納期に間に合わせるために慌てふためく状況を思い浮かべてみてくだ
さい。

コードの健全性

コードの健全性とは、保守性、可読性、安定性、簡潔性の観点からコードの品
質を測定することです。コードの健全性は、ソフトウェアエンジニアリング
チームの効果性と効率性の改善に役立ちます。**技術的負債**とは、長期間にわ
たって蓄積されたコード上の問題のことです。この技術的負債のために、開発
が遅延したり、バグやその他の問題が発生したり、修正に多くの時間と労力を
必要としたりします。コードの健全性を改善するには、チームはクリーンで適
切なコードの作成を心がけ、潜在的な問題が顕在化する前にその問題を洗い出
し、定期的にコードレビューを行う必要があります。

これらの要因は、ソフトウェア開発プロセスをさまざまな方向に向かわせます。ソ
フトウェアエンジニアリングにおいて、より高い効率性と効果性を実現するには、適
切なバランスを保つことが不可欠です。

2.2　アウトプットとアウトカム

「2.1.2　測定」で説明したように、効率性と生産性はアウトプットを測定するのに
対し、効果性はアウトカムを対象とします。重要なのは、良いアウトプットが必ずし
も良いアウトカムにつながるわけではないということです。生産性や効率性の高い
チームでも、効果的であるとは限らないのです。アウトプットとアウトカムの違いを
理解しておくだけでも、自分自身やチームの効率性、効果性、生産性を高めるのに役
立つでしょう。

まず、それぞれの定義を考えてみましょう。

アウトプットとは、エンジニアリング作業の結果として生み出される成果物です。
アウトプットは、何らかのアクションが実行されたこと、つまり、チームが何らかの
作業を行ったことを示すものです。

一方、**アウトカム**とは、作業の結果として実際に得られた成果を指します。アウト
カムは、チームの取り組みがもたらしたポジティブで価値のある変化を表します。

アウトプットとアウトカムの違いをわかりやすく理解できるように、**表2-2**にアウ

トプットとそのアウトカムの例をいくつか示します。**表2-3**では、アウトプットとア
ウトカムのそれぞれのインパクトを比較します。

表2-2 アウトプットとそのアウトカムの例

アウトプット	アウトカム
新アプリをリリース	より多数のユーザーが利用
コードをリファクタリング	コードのパフォーマンス向上
新機能追加	ユーザーエクスペリエンスの向上
設計ドキュメントの公開	開発プロセスを簡略化
新 API をリリース	他ビジネスとの連携を実現

表2-3 アウトプットとアウトカムのインパクト

アウトプット	アウトカム
スループット	ビジネス価値
ヴェロシティ	投資
品質	ユーザー導入率
容量	
コードの健全性	

　アウトプットとは、ある活動やプロジェクトの成果として生み出される具体的なプ
ロダクトやサービスを意味します。アウトプットは必要なものですが、必ずしもプロ
ジェクトの最終的なゴールや目的を実現するものではありません。一方、アウトカム
とは、プロジェクトの結果として生じる変化や利益を意味します。この変化や利益こ
そ、その活動が達成すべき最終的なゴールとなるものです。

2.2.1　アウトプットとアウトカムの測定

　次に、アウトプットとアウトカムの測定方法について見てみましょう。アウトプッ
トとアウトカムのメトリクスが、効率性、効果性、生産性のメトリクスと似ていると
思われるなら、それは間違いではありません。アウトプットとアウトカムのメトリク
スは、効率性、効果性、生産性を測定する際に中心となるものです。

　アウトプットは活動内容によって異なります。アウトプットはほぼすべて定量デー
タであるので、その成果が達成されたかどうかをデータで示すことができます。アウ
トプットは簡単にレポートにまとめたり検証したりできます。アウトプットの測定に
は、以下のメトリクスが使用できます。

スループット

本番環境に配備したアイテム数です。

ヴェロシティ

パイプラインを流れるアイテムのスピードです。

品質

顧客のニーズを満たしていないと指摘された欠陥の数です。

容量

プロジェクトに投入可能なエンジニアの人数です。

コードの健全性

コードレビューで測定された技術的負債の削減量です。

アウトカムは取り組みのインパクトによって異なります。アウトカムは定性的でもあり定量的でもあるため、検証が難しくなります。アウトカムの測定は、サービスを受ける側の主観に大きく左右されます。主観的な評価は測定したりレポートしたりするのが難しく、ユーザーの具体的なニーズや期待によっても異なってきます。アウトカムの測定に役立つメトリクスを以下にいくつか示します。これらは、効果性を測定する際に使用するメトリクスと非常に似ています。

ビジネス価値

ソフトウェアプロダクトを開発したことで、ビジネスに収益がもたらされたり、コスト削減につながったりするなどのアウトカムが生まれることがあります。これはプロダクトが提供するビジネス価値、つまり、プロダクトが作り出すビジネス全体のゴールや目標に対する付加価値（例えば、新機能による収益やプロセス改善によるコスト削減）と解釈することができます。

投資

ターゲットとするアウトカムを達成するために投入された資金です。例えば新製品ローンチに割り当てられた予算などです。プロダクト開発に初期投資として多額の資金を投入すると、達成されたアウトカムの価値が下がります。

ユーザー導入率

作業実施後にユーザー全体に占める新規ユーザーの割合です。ユーザー導入率

が低いよりも高い方が良いアウトカムであり、プロダクトのビジネス価値の向上につながります。

　アウトカムとしてどのようなものを期待するかによって、重要なアウトプットが決まります。ターゲットとするアウトプットを理解することで、そのゴールを達成し、期待されるアウトカムの実現に向けて行動することができます。Siemens Health Services（SHS）（https://oreil.ly/Zfcky）のケーススタディを例に説明します。

　SHS は、当初、パフォーマンスを向上させるためにアジャイル手法を採用したものの、そのアウトプットのメトリクスでは、プロジェクトの状況を正確に把握できていないことに気づきました。計画したユーザーストーリーを、予定された納期までに効果的に完成させることができなかったのです。測定してきたヴェロシティには問題がなかったにもかかわらずです。

　SHS は、完了予定日を予測するために、必要なメトリクスをトラッキングしていました。しかし、それだけでは十分ではないことがわかりました。例えば、スプリントレビューでのヴェロシティは良好に見えても、多くのユーザーストーリーが途中で中断されたり、未完成のままだったりしました。スプリントで計画された機能の多くは、そのスプリント終了時に「作業中」のままになることが多かったのです。

　これを受けて、SHS はアプローチを変更することにしました。まず、SHS チームは、達成したいアウトカム、つまり最終的なゴールを特定することから始めました。このように視点を変えることで、成功の鍵は、自分たちにとって本当に重要なアウトプットを特定するすることだと、彼らは理解しました。そして、作業中のタスクや、サイクル時間、スループットなどの作業に関するメトリクスに目を向けることにしたのです。

　このアウトカム主導のメトリクスをトラッキングすることにより、SHS は変革を遂げました。チームの努力により、サイクルタイムが 42% も短縮され、業務効率、品質、コラボレーションの面で著しい改善が見られました。このように、アウトカムに焦点を当てることで、SHS チームは適切なアウトプットを特定し測定できるようになったのです。

2.2.2　アウトプットよりもアウトカムを重視する

　アウトカムの達成を重視することで、プロジェクトを長期的に成功に導くことができます。アウトプットよりもアウトカムを重視することで、組織や一人ひとりは、単純な作業量ではなく、達成した結果に基づいて自らの成功を測定するようになり

ます。長期的な観点でプロジェクトを成功に導くには、ポジティブな結果が不可欠です。

ソフトウェア開発ライフサイクルにツールを導入することで、生産性、効率性、アウトプットを測定することができます。GitHub、Jira、Trello、Azure DevOps など、一般的に使用されている開発ツールには、コード量、時間、進捗状況、不具合の数をトラッキングしレポートする機能も組み込まれています。

ただし、生産性を測定する際に、アウトプットだけを測定してしまう、という落とし穴にはまらないように注意してください。アウトプットの測定は簡単だからです。このような測定方法には、以下のような理由から問題があります。

正確に測定するのは困難

チームで作成したものを測定することは、多くの人がさまざまな作業を同時に進めるため、不可能である場合がよくあります。例えば、ある人は古いコードのリファクタリングを行っているかもしれません。一方で、他のメンバーは新しい機能の実装や既存機能のバグ修正に取り組んでいるかもしれません。この場合、すべての作業がソフトウェアプロダクトという大きなものを作り上げるのに不可欠であるため、ある作業がほかの作業よりも重要であるかどうかを判断することは困難です。

付加価値のない作業の増大

アウトプットにあまりにも重点を置くと、チームは、アウトプットが有益か（つまり、良いアウトカムを達成できるか）どうかに関わらず、できるだけ多くのアウトプットを生産しなければならないという義務感やプレッシャーを感じてしまうようになります。そして、チームが危険な状況に陥る恐れがあります。Windows Vista（https://oreil.ly/Fxnyb）は典型的な例です。新しい機能の実装に重点を置いた結果、ソフトウェアの肥大化や既存のハードウェアとの互換性の問題を引き起こしました。

無謀な納期

ソフトウェアプロジェクトでは、現実的ではない納期を設定すると、作業が急かされて不完全なものとなります。そして、エラーやバグの発生リスクが高まり、品質の低いものが出来上がるという結果を招いてしまいます。このため、合理的な納期を設定することが重要です。要件の検証は、プロジェクトチームが行うのが最適です。また、納期が達成可能であることを確認するために、ソ

フトウェアの工数見積もりにも携わるべきです。

2013年に米国でHealthCare.gov（https://oreil.ly/lj5py）のローンチが失敗した際には、予定通りのスケジュールで実施しなければならないというプレッシャーが原因として挙げられていました。ローンチ日が医療保険改革法で決まっていたため、米国保健社会福祉省（Health and Human Services）のメンバーは、テストやトラブルシューティングの完了状況や実施量（とその結果）に関わらず、予定通りにローンチしなければならないというプレッシャーを感じていたのです。

燃え尽き症候群

より生産的、効率的であろうとするあまり、疲弊して燃え尽きてしまうことがあります。毎日、より多くの成果を出そうと自分自身や他人と競争ばかりしていると、アウトプットを出しても、ゴールやアウトカムの達成に近づいていない状況を見落としてしまうかもしれません。その結果、精神的、肉体的に疲弊し、単調で長期間続くプロジェクトにうんざりしてしまうかもしれません。

アウトプットのみに焦点を当てることは、**ウォーターメロン効果**に陥る恐れもあります。アウトプットがターゲットを達成し、メトリクス上は「Green（成功）」と見なされるものの、その実態はアウトカムや期待された結果が達成されていないために「Red（失敗）」となる状況を指します。

このようなウォーターメロンメトリクス（https://oreil.ly/pJsSC）は、進捗や成果について誤った印象を与えるため、根本的な問題解決が行われないという事態を招く恐れがあります。このような問題の例をいくつか挙げておきます。

- 記述されたコード行数が多い場合でも、実際には非効率的な方法でコーディングされているため、バグや技術的負債、パフォーマンスの問題につながるかもしれません。
- 修正されたバグの数を、深刻度や再発可能性を考慮せずに数えるだけでは、ソフトウェアの品質を正確に反映してはいないでしょう。
- 提供された機能の数が、数値上は良いように見えたとしても、顧客のニーズを満たさない価値の低い機能であれば、数が多くてもそれは意味がありません。

アウトカムを測定することは、アウトプットを測定するよりも複雑です。収益やビジネス価値を算出したり推定したりするには、ビジネスに関する知見やユーザー調査

データが必要です。エンジニアリングチームをリードする場合、プロジェクトに参画しているプロダクトチームやステークホルダーを通じて、このような調査に常に目を光らせておく必要があります。この点で何らかのズレが生じると、プロジェクトに支障をきたす恐れがあります。ある事例を題材に説明しましょう。

チームの明るいテックリードであるBrianは、担当業務の技術面に対して熱心に取り組んでいました。Brianは、良質なプルリクエスト（PR）、明確な設計ドキュメント、堅牢なセキュリティ、プライバシー、リスク、そのリスク緩和策をしっかりと実現してくれました。彼は自分の業務のアウトプットを熟知しており、PRの数や稼働率、その他のメトリクスについて、すぐに説明することができました。

しかし、Brianは常にアウトカムに悩まされていました。ビジネス的な観点から、このプロジェクトは、ある特定ユーザーの優先事項（アウトカム）に貢献するものでなければなりませんでした。残念ながら、このプロジェクトは、全員が一緒に歩み始めたばかりで、ある意味漠然とした新しい領域でもありました。プロダクトチームが調査に基づいて戦略を調整し、ビジネスや市場のニーズにマッチさせようとすると、Brianはいらだちを募らせました。彼は、こうした調整が本当にプロジェクトのアウトカムにとって望ましいものなのかどうか疑問を抱いていたのです。

Brianは、チームがアウトプットを作り上げた経験から、チームメンバーはユーザーの求めるアウトカムについて理解を深めたものと信じていました。しかし、彼は、ビジネスゴールを全体として最適にすることや、意思決定が長期的に与える影響を十分に理解していませんでした。例えば、現在のアウトプットをリリースしてしまうと、プロジェクトへのコミットを数年間継続しなければならなくなるという認識が彼にはありませんでした。

Brianにこの点を説明しようと試みました。しかし、結局のところ、彼が最も得意とするのは、自ら構築しリードするアウトプットに専念することだとわかりました。プロダクトチームや経営陣など、ビジネスアウトカムを考えるのは他の人々であり、それが正しいことを彼に納得させる、というやり方のほうが彼は好きだったのです。

最終的に、Brianは自身の信念と会社の考えが一致しないため、チームを去ることを決意しました。このような経験から、現在ではプロジェクトの早い段階で、そのプロジェクトがビジネスの望むアウトカムにどうつながるのかを明確にして、関係するエンジニアに繰り返し伝えるようにしています。

読者は、チームリーダーとして、ビジネスが関連するアウトカムを十分に把握し、それをチームに明確に伝える必要があります。アウトカムに重点を置くことで、チームがゴールに向かって確実に前進し、リソースが効果的に使用されていることを確認

できます。また、チームの構造やプロセスで何がうまく機能し、何がうまく機能していないのかを理解し、それに応じて対処しなければなりません。こうして、パフォーマンスの向上、効率の改善、大きなインパクトが実現されます。そして最終的には、組織と個人の両方にとって、より意味のある成功につながります。

　つまり、アウトカムを重視することで、組織や個人は成功をより意味のある形で測定できるようになります。

2.3　効果的な効率性

　物事を正しく行うことと、正しいことを行うことの両方が重要です。理想は、正しいことを正しく行うことです。これは、効果的な効率性ということです。まとめると、効果的な効率性を備えたチームには、次のようなことが必要です。

- 物事を正しく行います。
- 正しいことを行います。
- 理想は、正しく正しいことを行うことです。

　この節では、正しいことを正しく行うために、そして効果的に効率性を高めるために、読者ができることを見ていきます。もちろん、効果性と効率性は異なるものであるため、トレードオフが伴います。この節では、そのトレードオフがどのようなものかを明らかにします。また、トレードオフを理解した上で、バランスを取るのに役立つ方法を説明します。

2.3.1　初心者のための効果的な効率性

　正しいことを正しく行うという理念は、個人から組織まで、すべての人に適用できます。

　インディビジュアルコントリビューター（個人貢献者）は、自分自身の生産性を高めるために、効率性の追求という負のサイクルに陥りがちです。より効率的に作業を進めるために、ツール、技術、パターンに時間を注ぎ込むことでしょう。また、度を過ぎて、読みやすさよりもコードが短くなることを優先した最適化を行う恐れもあります。効率性は高いのかもしれませんが、長い目で見たときに効果的であるとは限りません。要するに、インディビジュアルコントリビューターは効率性が高くなることを追求しますが、それが顧客やビジネスにとってより良いアウトカムになるかどうか

はわからないということです。

　また、この他にもインディビジュアルコントリビューターによく見られるパターンとして、技術的な面に注力しすぎるというものがあります。Chrome でさまざまなチームをリードしてきた間に、技術的には素晴らしいのに、大局を見失うエンジニアを数多く見てきました。

　例えば、Jane は Google の Developer Experience（開発者体験）チームのスターでした。彼女は、優れた設計ドキュメントや PR を作成することで有名でした。しかし、彼女は技術的な面だけに目を向けがちで、全体的なビジネス目標を見失ってしまうことがよくありました。

　その顕著な例は、彼女が Google のプロダクトラインナップに先進的な機能を開発したときのことです。その機能は技術的には革新的でしたが、ユーザーの当面のニーズにはそぐわないものでした。この作業は私たちの今年度の計画には含まれておらず、戦略ともマッチしていないことを説明しましたが、Jane はそれでもその作業を続けました。

　筆者はこのギャップを認識したので、Jane に私たちのプロジェクトにおける全体状況を説明し、サービスインフラチームのプロダクトマネージャーとペアを組むようにしました。このコラボレーションは劇的な変化をもたらしました。Jane は、自分の取り組んでいる作業が実際にどのように役立つのかを理解しはじめ、コードのその先にいるエンドユーザーや私たちの戦略ゴールに与える影響を考えるようになりました。

　また、異なるタイムゾーンにいる、技術には詳しくないステークホルダーに対して、彼女が技術的なソリューションをプレゼンテーションする機会を設けました。これにより、彼女の視点が深まり、彼女の仕事が Google のグローバル目標と一致しているかを確認できるようになりました。Jane の成長は、技術的なスキルを持った上で、ビジネスやユーザーのニーズを深く理解することがいかに重要であるかを証明するものでした。

　エンジニアは、自分が取り組んでいる作業のコンテクストを理解しておく必要があります。そうすることで、コードをそのコンテクストに沿ったものにすることができます。また、可読性や保守性のために、コードの品質や抽象化を妥協すべきかどうかを判断することもできます。同じように、テストエンジニアは、そのコンテクストにおいて、どの機能の優先度が高いかを判断することができます。

　効果的に効率的になるには、より現実的になることと、コンテクストを認識することが必要です。開発者が効果的に効率的になるためには、以下のような方法がありま

す（**図2-1** 参照）。

質問する

インディビジュアルコントリビューターは、コーディングを開始する前に、全体像を理解する必要があります。彼らは、時間をかけて調査を行い、知識を深めたいと考えているでしょう。情報が足りていない場合は、具体的な質問をすることで、ビジネス領域と技術的アーキテクチャに関する知識不足を補うようにしてください。

筆者の同僚のシニアエンジニアリングマネージャーは、チームに対して、20分ルールというルールを勧めています。「行き詰まったときは、まず20分間で問題解決のための調査を行い、その後、チームチャットまたは人に質問して、それまでの調査の結果や見解を知らせる」というものです。こうすることで問題やタスク、関連する要件や制約を十分に理解した上で、質問したり、意思決定を行ったり、品質の高いコードを作成したりすることができます。また、手遅れになる前に質問をすることで、開発者は開発プロセスの初期段階で問題や障害を洗い出しやすくなります。同じように、テスターもテストすべき内容をより深く理解できます。このようにして、遅れを防止するとともに、顧客の期待に応えられるようになります。

標準に準拠する

開発者が（自分の計算機上で）コードが動作することだけを考えてしまうと、開発者は品質の低いコーディングを行ってしまうかもしれません。パラメータをハードコーディングしたり、エッジケースに対応しなかったり、コメントを省略したりするかもしれません。このようなコーディングをすれば、確かにコードを素早く作成できるかもしれませんが、コードレビューや問題の修正に時間を費やすことになり、開発プロセス全体が遅れていくことになります。コーディングのベストプラクティスを初期の段階で取り入れるようにすれば、コードの作成には多少時間がかかっても PR のマージを円滑に進めることができます。

コラボレーションする

開発者やテスターは、定例のチームミーティング以外でも、他のチームメンバーとコミュニケーションを行いコラボレーションすると良いでしょう。このような意見交換は、ゴールに対する理解を深め、ツールや、コード、パターン

を再利用する手法を確立し、効率性と効果性を高めることにつながります。

適切なツールを使用する

開発者は、それぞれのニーズに合った適切なツールを活用すべきです。例えば、現在では多くの開発者が Visual Studio Code（VS Code）を使用してコードの記述や編集を行っています。VS Code は、利用するテクノロジーや開発言語に合わせて、拡張機能やプラグインを導入することで、より効果的に使うことができます。これらの拡張機能を導入することで、開発者はワークフローを最適化し、生産性を向上させながら、高品質でエラーのないコードを作成することができます。

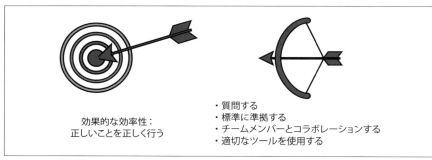

図2-1　効果的な効率性：正しいことを正しく行う

これらの取り組みは、それぞれは取るに足らないものに見えるかもしれません。しかしながら、タイムリーに質問を投げかけたり、コーディング標準を遵守したり、コラボレーションを促進したり、適切なツールを活用したりすることは、開発者が効果的に効率的になる上で大きな助けとなります。このような習慣を身につけることで、適切な作業ペースや考え方を整えることができます。そして、ワークフローを効率化したり、コードの品質を向上させたり、プロジェクトのアウトカムを成功に導いたりすることにつながります。

このように、コラボレーション、標準の遵守、質問などのベストプラクティスに人気があるのは、効率性と効果性を促すからです。

2.3.2　トレードオフのマネジメント

効果性と効率性を向上させることは、ピーナッツバターとジャムのように相性が良さそうに聞こえるかもしれませんが、必ずしもそうとは限りません。良いことでもや

り過ぎは良くない場合もあります。効果性を上げようとすることが、効率性を低下させる場合もあります。次のような状況を考えてみましょう。

テクノロジーの選択

新しい効率的なプログラミング言語やアーキテクチャパターンを試してゴールを達成しようとしても、習得に時間がかかり、未知の障害が発生する恐れもあります。チームが精通している実績のあるテクノロジーの方が、より効果的にゴールを達成できるかもしれません。

テスト

テストをする際に、包括的テストを行うことにすると、効果は高いものの、実行にはより多くの時間とリソースが必要になります。一方、より効率的なテスト方法を選択すると、より迅速に実行できますが、カバレッジは低くなる恐れがあります。

このような状況においては、ソフトウェアエンジニアリングのリーダーとして、効果性と効率性のトレードオフを慎重に検討しなければなりません。これらのトレードオフをマネジメントする際には、以下のようなさまざまな要因が関係してくる可能性があります。

プロジェクトスケジュール

プロジェクトやスプリントを終了するまでに使える時間は開発開始前に見積もられるので、スケジュールはあまり融通がききません。スケジュールに影響を与える可能性のあるもの（例えば、包括的テスト）については、見積もりに織り込む必要があります。それでも納期が厳しい場合は、ユーザーにとって重要な機能を優先し、スプリントで開発する機能のスコープについて調整する必要があります。また、効率性を上げるために、コンポーネントを再利用するように計画したり、可能な場合は稼働時間を増やしたりするという選択肢もあります。

予算

プロジェクトの予算が限られている場合、チームメンバーにさまざまな試行を行わせるための時間やリソースがないかもしれません。チームメンバーは、予算内で効率的に作業を行い、ゴールを効果的に達成しなければなりません。

将来にわたる保守性

開発チームのメンバーは、自分のコードが将来にわたって保守しやすいものにしなければなりません。生産性と、将来発生する恐れのある技術的負債とのトレードオフを考慮しなければならない場合もあるでしょう。将来にわたって保守しやすいコードを開発することの大切さを説いてください。これには、より多くの時間と工数がかかるかもしれませんが、長い目で見れば、その方が効果的です。

ユーザーのニーズ

エンジニアは、たとえ時間がかかったりリソースを多く必要としたりしたとしても、ユーザーにとって不可欠な機能やコンポーネントを考慮し効果性を重視しなければなりません。

トレードオフのマネジメントは難しいかもしれません。プロジェクトを経験するにつれ、トレードオフを適切に処理できるようになっていきます。その結果、ユーザーのニーズを満たし、長期的に保守しやすく、プロジェクトの制約内で納品できるような高品質なコードを開発できるようになります。これから Airbnb の創業期の物語（https://oreil.ly/qy59S）を説明します。トレードオフをどのように効果的にマネジメントしていくかという素晴らしい事例です。

Airbed and Breakfast の創設者たちは、ローンチから 1 年半後には負債を抱えることになりました。1 日あたり約 50 人の訪問者があり、10 件から 20 件の予約があったものの、ビジネスを継続するには十分ではありませんでした。創設者の Brian Chesky 氏（https://mastersofscale.com/brian-chesky）は、限られた予算の中で、ユーザーの不満に対処できるような斬新な方法を見つけなければなりませんでした。

チームメンバーは、ユーザーにとって本当に重要な機能を最優先で実装することにしました。ユーザーからの意見を参考に、写真付きゲストプロフィール、物件リスト、予約システムなどの機能が、Airbnb のホストにとって特に重要であることが分かっていたため、これらの機能を優先しました。高度な検索フィルターやレコメンデーション機能など、ユーザー体験をパーソナライズする機能も魅力的でしたが、当時の Airbnb には、そのような機能に投資する余裕はありませんでした。そのため、これらの機能は保留としました。

この必要最小限の機能に絞ったやり方は、派手なものではなかったかもしれませんが、しっかりとした意味のあるものでした。迅速にローンチしたことで、Airbnb は

アーリーアダプターを獲得し、ユーザーからのフィードバックを数多く集めることができました。Airbnb は、徐々に機能を追加しながら、その強固な基盤を築き上げました。そして、その後の発展はみなさんご存知のとおりです。

常にトレードオフは存在します。そして、そのトレードオフをマネジメントする方法を学ぶことは、効果的に効率的になるために不可欠なことなのです。

2.3.3　チームの生産性を再定義する

効果的な効率性を実現しようとするとき、生産性は効率性のサブセットであるということを忘れてはなりません。チームにとって適切な最新の生産性指標を使うことで、生産性と効率性の間に存在するギャップを埋めることができます。このような指標を使えば、チームの状況に適した生産性を定義することができます。

従来の生産性指標は、データ入力担当者が作成したレコードの数や、コールセンターのスタッフが対応した電話の件数など、繰り返し行われる作業のアウトプットを測定するように設計されていました。これらは簡単に数値化できます。作業の複雑さを考慮する場合でも、考慮に入れるのは少しだけでした。

このように、従来の手法は、問題解決、設計、複雑なソフトウェアシステムの開発といった知的作業を主とするソフトウェアエンジニアリングの生産性を測定するには適していません。ソフトウェアエンジニアリングのアウトプットは無形であることが多く、作業の価値を正確に測定するには時間と手間がかかります。例えば、ソフトウェアシステムの価値は、ソフトウェアの機能性、信頼性、保守性、拡張性、操作性を基準に評価しなければなりません。

さらに、ソフトウェアエンジニアの業務には、数値化が容易ではないものの、チーム全体の生産性に多大な影響を与える要素が数多く含まれています。例えば、ソフトウェアエンジニアの生産性は、会議や、同僚との話し合い、新しい技術やツールの習得に費やす時間によって左右される場合があります。これらの活動はプロジェクト全体のアウトカムの質を高めるものです。しかし、スループットやヴェロシティなどの従来の生産性指標では把握できないものです。

GitHub（https://github.com/）は、ソフトウェアエンジニアリングにおいて、トップクラスのコラボレーションプラットフォームです。開発者に対して最高のエクスペリエンスを提供することが、GitHub にとっての最重要事項です。開発者の生産性は、開発者のエクスペリエンスに直接影響します。開発者の生産性が高くなれば、彼らの満足度も高くなるからです。何かを改善するには、まずそれを測定しなければなりません。このため、GitHub チームにとって重要なことは、コラボレーションの

メトリクスを考慮して、開発者の生産性を正確にトラッキングすることです。開発者の生産性を AI が革命的に向上させる時代が到来しつつある今、この重要性はさらに高まっています。

ドッグフーディングの実践により、GitHub の開発者は、より深いレベルでコラボレーションの測定を望んでいることが明らかになりました。彼らは、Slack、Jira、PR、ドキュメントなど、メッセージングやコラボレーションツールからのデータを活用し、同期および非同期のコミュニケーションの両方を対象とする包括的な測定手法を考案しました。

GitHub における生産性とコラボレーションのメトリクス（https://oreil.ly/uDf8f）は、次のようなものに基づいています。

ユーザーフィードバックの時間

開発者はどれくらいの速さで有用な情報を入手できるのでしょうか。

非同期コミュニケーション

非リアルタイムのチャネルを通じて、どの程度効果的にコラボレーションをしているのでしょうか。

集中時間

どれだけの時間を作業に集中できるのでしょうか。

斬新な問題解決

独自の課題に取り組むためにどれだけの時間が費やされているのでしょうか。

コーディングとバグ修正

構築と修正のバランスはどのくらいでしょうか。

セキュリティと脆弱性

セキュリティ問題はどのくらいの頻度で発生し対処されているのでしょうか。

能力開発

新しいリリースを開発する過程で、学習と（自己と他者の）能力開発にどれだけの時間が費やされているのでしょうか。

自動テスト

自動テストの作成と保守にどれだけの時間を割いているのでしょうか。

2.3 効果的な効率性 | **63**

タスクの切り替え

開発者はどのくらいの頻度でタスクを切り替えるのでしょうか。また、それは生産性にどのような影響を与えるのでしょうか。

主観的なウェルビーイング

開発者はどの程度生産的だと感じているのでしょうか。

会議の文化

開発者は、自分が参加すべき会議にしか出席していないと感じているのでしょうか。

これらの細かいメトリクスは全体像に反映され、GitHub の生産性や、開発者のエクスペリエンス、そして最終的にはプラットフォームを改善するのに役立っています。

このように、ソフトウェアエンジニアリングのリーダーは、時代遅れの従来の測定指標を使うのではなく、自分たちのプロジェクトにおいて生産性とはどういう意味なのかをはっきりと定義しなければなりません。ソフトウェアエンジニアリングの独自性を考慮し、アウトカムや、品質、価値の測定を対象とする、新たな手法で生産性を測定するべきです。新しい生産性メトリクスによって、チームが顧客にとって正しい結果を達成しているのかや、チームメンバーがその作業に満足し健康的に取り組めているのかを判断することができます。

最適な結果を得るには、生産性メトリクスをプロジェクトレベルやチームレベルだけでなく個人レベルでも定義すると良いでしょう。

個人レベルでは、チームは SMART ゴールが使えます。**SMART ゴール**とは、**具体的（specific）**、**測定可能（measurable）**、**達成可能（achievable）**、**関連性がある（relevant）**、**期限がある（time-bound）** ゴールのことです。SMART 方法論が目指しているところは、実行可能で達成可能なゴールを整理して作成するのに役立つテンプレートを提供することです。

チームレベルでは、生産性メトリクスを定義するのに役立つ方法が 2 つあります。

GQM（Goal-question-metric）

GQM 手法は、ソフトウェア組織全体でゴール志向の測定指標を策定するための方法論です。この手法では、プロジェクトの目標を簡潔に表したゴールを定義します。そして、そのゴールに対する進捗を測定するためのメトリクスを

明確にします。このメトリクスは、具体的で測定可能であり、ゴールに関連している必要があります。また、コードの品質、プロセスの効率性、チームのパフォーマンスなど、生産性に関連する要素を含めることもできます。ビジネス上のアウトカムとゴールをデータ主導のメトリクスにマッピングすることで、プロジェクト全体像を把握することができます。以下に、メトリクスや、ゴールに対する問いかけの例を示します。

ゴール（Goal）

ウェブサイトの検索エンジンランキングを改善します。

問いかけ（Questions）

- ウェブサイトの現在のランキングは何位ですか。
- ランキングを上げるにはどうすれば良いですか。

例えば、ランキングがモバイルでのパフォーマンスとユーザーエクスペリエンスに左右されることがわかったとします。その場合、以下のようなメトリクスをトラッキングします。

メトリクス（Metrics）

- モバイルでのページ読み込み速度
- ユーザーエクスペリエンスのメトリクス

OKR（Objectives and Key Results）

OKR は、ゴールを設定するための実践的なフレームワークです[1]。チームや一人ひとりのゴールを組織全体の戦略目標と一致させるために、多くの企業がOKR を採用しています。OKR のフレームワークでは、具体的で測定可能な目標を設定します。ベンチマークすべき鍵となる成果を洗い出します。そして、その目標をどのように達成するのかを監視します。この鍵となる成果としては、具体的で測定可能であり、期限が設定されているものにすべきです。OKR は、組織内のインディビジュアルコントリビューターからチーム、部

---

[1] 例えば、シアーズ・ホールディング（https://oreil.ly/Ww1eO）では、2 万人の従業員に対して OKR を導入した後の業績評価指標を発表しました。OKR を継続的に使用しているチームは、「高い業績」を達成する割合が 11.5% 高いという結果が得られました。また、1 時間あたりの売上高は 8.5% 増加しました。

門に至るまで、さまざまなレベルでの生産性を測定するために使用できます。Google は、高い目標を設定し、進捗状況をトラッキングするために、OKR をよく使用しています（https://oreil.ly/kSxmL）。

　GQM の手法と OKR のフレームワークは、ソフトウェアエンジニアリングのような知的労働独自の特性に合わせて生産性を測定できます。これらの手法は、単なるインプットとアウトプットではなく、アウトカムや、品質、価値を測定することに重きを置いています。また、個人やチームの目標を組織全体の戦略目標と一致させる方法も提供しています。モチベーションや、エンゲージメント、パフォーマンスの向上にも役立ちます。

ベストを尽くす、というゴール

　GQM、OKR、SMART は、ゴール設定の原則に基づいています。American Psychologist 誌に掲載された調査（https://oreil.ly/jO7fu）では、具体的で困難なゴールを継続的に設定することが、ただ単にベストを尽くすよう求めるよりも高い成果に結びつくことが示されています。ベストを尽くすというゴールには具体的な基準がなく、そのため主観的に定義されます。パフォーマンスに対する許容範囲も広くなってしまいます。ゴールを具体的に設定することで、達成すべきことについての曖昧さが減り、パフォーマンスのばらつきが抑えられます。

　生産性のメトリクスを定義しなおすことで、チームはアウトプットベースのゴールではなく、アウトカムベースのゴールを設定できるようになります。チームは正しいことに取り組むようになり、確実に組織に価値を届けられるようになります。こうして、効果的に効率化されます。

2.3.4　効果性と効率性のバランス

　アウトプットの提供とアウトカムの実現のバランスを取るのは難しいことです。しかし、この 2 つのゴールを両立させることは可能です。このスイートスポットを見つけるには、以下の 3 つの重要なことを決めておかなかければなりません。

戦略

　組織ゴールを達成するために、正しいことを正しい方法で改善することが効

果性につながります。まず、正しいこととは何なのかを特定しましょう。そして、それに対応する目標を適切に設定し、その目標を達成するための戦略を策定します。

メトリクス

ゴールを定め戦略を立てたら、次は、計画の成功をどのようにして測定するかを決めなければなりません。この作業の中で、効率性が効果性をドライブするような領域を判定できます。

コミットメント

何をしたいのか、また、自分が正しい道を進んでいるとどうすればわかるのかを決定したなら、次にやるべきことは、それをやり遂げることです。組織ゴールと、それを達成するための各自の役割を全員が理解できるようにコミュニケーションすると良いでしょう。

パフォーマンスのメトリクスをトラッキングするためにデータドリブンの手法を活用したり、効果性と効率性のバランスを取る戦略を実践したりすることで、ソフトウェア開発チームはこの2つをうまく両立させることができます。効率的に運用しながら、ユーザーのニーズを満たす高品質なコードやサービスを提供することができます。Netflix は、この取り組みの好例です。

Netflix（https://oreil.ly/N9dR9）は、ユーザーの動画視聴体験の向上に常に努めてきました。そのゴールは、すべての会員が、あらゆるデバイスで、いつでも高品質の動画を視聴できるようにすることです。また、ユーザー数の増加に応じて、システムが効率的にスケールできるようにすることも目標にしています。Netflix は、このゴールを達成するために、大量のストリーミングデータを利用しました。その戦略は、動画の配信を最適化するために、大量のストリーミングデータを活用してモデルやアルゴリズムを構築し、分析や実験を行う、ということです。Netflix は動画のロード時間、配信された動画の画質とビットレート、動画の中断率などのメトリクスを使用して、これらのモデルの有効性を評価します。これらのメトリクスはユーザー体験の品質に直接関係しており、サービスの効果性を示すものです。このようにして、Netflix は、ユーザーベースの拡大に合わせて、これらのメトリクスを継続的に改善することでゴールへコミットしています。

2.3.5　日頃から効果的に効率的になるためのヒント

　ゴール設定のフレームワークとメトリクスを活用することで、チームを効果的に効率化していくことができます。ここでは、リーダーとチームが正しい方向に進むためのヒントを紹介します。このヒントは、ここまで述べてきたことを踏まえたものです。また、日常的に活用できるものです。

効果性を優先する

　効率性と生産性は確かに重要ですが、効果性を犠牲にしてはなりません。迅速さや効率性よりも、正しいことを行うことを常に優先するようにしましょう。

アウトカムに着目する

　生産性をアウトプットやスループットに基づいて測定するのではなく、アウトカムとビジネス価値に着目するようにしましょう。チームの全員が、自分たちが目指しているゴールと目標や、自分たちの仕事がそれらの目標にどのようなインパクトを与えるかをしっかりと理解できるようにしましょう。

メトリクスを活用する

　正しいことを測定することで、効率性、効果性、生産性のバランスを取ることができます。仕事のアウトカムとビジネス価値を数値化する定量的な評価を使用し、完了した仕事の量だけでなく、仕事のアウトカムとビジネス価値を把握しましょう。

コラボレーションを促す

　コラボレーションにより、チームメンバー間で知識や、スキル、アイデアを共有できます。そして、効率性と効果性が改善されます。チームメンバーが一緒に作業してフィードバックを共有する機会を設けることで、チームワークを育みます。さまざまな場面で効率性と効果性を高めるコラボレーションツールを活用してください。以下はその例です。

- プロジェクトマネジメントには、Asana、Trello、Jira などのツールがあります。
- コミュニケーションには、Slack、Microsoft Teams、Zoom を使用します。
- コードの共同作業やコードレビューのマネジメントには、GitHub、Bitbucket、GitLab を活用します。

チームメンバーに権限を与える

チームメンバーに意思決定の権限を与え、各自の業務にオーナーシップを持たせてください。そうすることで、官僚主義を排除し、ワークフローを合理化し、効率性と生産性を向上させることができます。チームメンバーが自分たちには権限が与えられていると感じれば、率先して効率的に業務に取り組むようになります。この点については、次章でさらに詳しく説明します。

継続的に改善する

効率性、効果性、生産性を改善する機会を日頃から積極的に見つけましょう。ワークフローや、ツール、プロセスを定期的に見直してください。必要に応じて調整し、チームのパフォーマンスを最適化しましょう。

チームメンバーに権限を与えることは、チーム内の心理的安全性も育む素晴らしい方法です。同様に、適切なメトリクスを使用することで、ゴールに向かうための構造と明確さを整えることができます。このように、日々のちょっとした心がけが、効果的なチーム作りという目標に近づく手助けとなるのです。

2.4　まとめ

1章では、効果的なソフトウェアエンジニアリングチームを構築するために不可欠な要素について説明しました。その要素とは、適切なチーム規模、多様性、そしてコミュニケーションを通じて結束と信頼を育むマインドセットなどです。本章では、これらの要素の重要性と、効果性、効率性、生産性の測定に与える影響についてさらに掘り下げました。これらの要素は、ソフトウェアエンジニアリングチームの成功を評価する上で重要なメトリクスです。これらの要素を戦略的にバランスさせることで、組織と顧客の両方にとって価値を生み出すチームを構築することができます。

チームリーダーとして、これらの言葉の微妙な違いを理解するだけでなく、生産性、効率性、効果性を注意深くバランスさせてください。そして、チームが正しいことを行い、正しいリソースを正しく使用し、価値のあるアウトカムを達成できるようにしなければなりません。

このバランスをうまく保つには、明確な戦略と、目標に合うよう適切なメトリクス、そして最後までコミットするという強い意志が必要です。単なるアウトプットよりもアウトカムを優先することで、読者と読者のチームは、プロダクトの品質を真に

高めることができます。コードの健全性や、対応能力、コラボレーションの機会を重視することで、リスクを未然に防ぐことでき、この取り組みをさらに強化することができます。

　以上で、効果性と効率性と生産性についての説明を終わります。次章では、効果的なソフトウェアエンジニアリングのために、筆者が作成した「3つのEのモデル」(enable、empower、expand) を紹介します。このモデルを活用すれば、成長するチームや組織において効果性をスケールさせることができます。

3章
効果的なエンジニアリングのための3つのEのモデル

　ここまでのところで、チームの効果性について、基本的なことを説明しました。また、効率性、生産性、効果性を測定するために用いられるさまざまメトリクスについて検討してきました。ソフトウェア開発組織がビジネスの変化に後れを取らないよう努力する中で、チームもまた変化し、進化して、より効率的かつ効果的になります。組織、チーム、そしてチームメンバーは、成長と変容のサイクルを絶え間なく繰り返します。チームやチームリーダーがさまざまな成長段階を切り抜けていけるよう、効果的なエンジニアリングについて確固たるモデルが必要です。

　本章では、効果的なエンジニアリングのために、3つのEのモデルを紹介します。このスケーラブルなモデルは、エンジニアリングリーダーがチームに効果性を浸透させる際に役立つでしょう（**図3-1** 参照）。

　3つのEのモデルでは、効果的なエンジニアリングは、次のような段階を経て構築されます。

1. 実行可能にする（Enable）

　まず、チームや組織にとっての効果性とは何かを定義することで、効果性を実現できるようにします。この効果性の定義の中には、ビジネス領域において意味のある方法で効果性を測定するにはどのような方法が最適なのかを含めるようにします。効果性が定義できたら、チーム内の他のメンバーとビジョンや戦略を共有することで、効果性の達成に向けて積極的に取り組めます。

2. 力を与える（Empower）

　効果性を実現するための戦略を策定した後、リーダーはチームにその戦略を実践するだけの力を与えなければなりません。力を与えるとは支援するという

ことです。つまり、チームが効果的にビジネスゴールを達成できるように、邪魔になりそうなことやそのほかの複雑な問題をリーダーとして排除していきます。

3. 拡大する（Expand）

拡大とは、より大きな全体像に対して効果性をスケールさせることです。まず、チームのことはチームでできるようにします。そして、リーダーは、この成功パターンを応用し、より大きなチームや組織レベルでの課題にも対処できるようにしていきます。

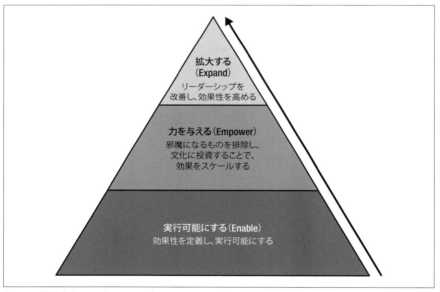

図3-1　効果的なエンジニアリングのための3つのEのモデル

本章では、それぞれの段階に対して、チームとチームリーダーという観点から詳しく説明します。ただし、このモデルは、組織など大規模なチームにも適用できることを覚えておいてください。複数のチームをリードしている場合は、一つのチームで試して効果を確かめたら、そのパターンが他のチームにも適用できます。チームが異なる場合や、より大きなチームの場合は、パターンを微調整する必要があるかもしれません。ただし、組織のタイプに合わせた戦略は、基本的には同じままで問題がないでしょう。また、チームのゴールは組織のゴールと整合していなければなりません。こ

のため、筆者が効果性を達成しようとする際には、チームと組織の目標の両方に言及するようにしています。

3.1　実行可能にする（Enable）

　成功するためには、組織にとっての成功とはどのようなものであるべきかを把握しておかなければなりません。また、何を目指して取り組むのかを理解しなければなりません。したがって、効果的なエンジニアリングを実践するにあたって、まず行うべきことは、自社のビジネス領域において、効果性とは何を意味するのかを定義することです。効果性を**実行可能に**なるようにしなければならないのです

　Cambridge Dictionary（https://oreil.ly/Nf_YP）では、**enablement（実行可能にすること）**を「誰かに何かを実行できるようにするプロセス、または何かを実行可能にすること」と定義しています。チーム内で効果性を実行可能にしたいのであれば、まずチームにとって効果性とは何を定義し、効果性を重視する文化を醸成する必要があります。チームメンバーが効果性を理解し実践できるようにするために、知識や、サポート、ツールを戦略的かつ計画的に提供しなければなりません。

　効果性を定義する際には、ビジネス領域や組織のタイプ・規模において、効果性を実行可能にするとはどういうことなのかを考えるようにしてください。

3.1.1　ビジネスタイプとチームサイズに合わせて効果性を定義する

　2章では、効果性とは正しいことを行い、正しいアウトカムを創出することであると定義しました。正しいこととは、組織によって異なります。主に、ゴールや目標、またビジネス領域や対象とするユーザー層などによって変わってきます

　効果性の定義は組織やチームのゴールによって異なる場合があるため、ビジネス領域の観点から効果性を定義するようにしてください。画一的な定義を押し付けるべきではありません。そのような定義は使いものにならないばかりか、良い結果よりも悪い結果をもたらす恐れがあるからです。

　読者がチームをリードするときには、大規模な組織で小規模なチームをリードする場合や、スタートアップ企業でかなり大規模なチームをリードする場合もあるでしょう。いずれの場合も、チームのゴールは組織のゴールに整合したものや、組織のゴールから派生したものを設定するべきです。例えば、顧客満足度を向上させるというゴールを掲げているソフトウェア開発会社において、エンジニアリングチームをリー

ドする場合を考えてみてください。このような場合、そのチームのゴールは、顧客満足度向上という組織のゴールに合うように、高品質なソフトウェアをタイムリーに納品することになるでしょう。

チームにとっての効果性を定義する場合は、以下のような手順が一般的です。

チームのゴールと目標を明確にする

まず、チームが何を達成しようとしているのかを明確にします。チームのゴールは、組織のゴールに寄与するものでなければなりません。例えば、売上増加、顧客満足度の向上、社会的なインパクトの拡大などが考えられます。ゴールと目標の策定には、SMART フレームワークが使用できます。

Google は、ゴールを設定する際に、組織レベルとチームレベルの両方で OKR フレームワーク（Objectives and Key Results、2 章を参照）を採用し良い結果を得てきました。組織の OKR のすべてがチームの OKR に反映されている必要はありませんが、チームの OKR は、組織の OKR の少なくとも 1 つには関連があるべきです。

何をメトリクスとして使用すれば成果を測定できるのかを決定する

組織のゴールと目標を明確にした後は、何をメトリクスとして用いて成果を測定するかを決定する必要があります。例えば、売上を伸ばすことがゴールであれば、収益の増加、顧客獲得率、コンバージョンレートなどのメトリクスをトラッキングすることになるでしょう。同じく 2 章で説明したように、開発者とプロダクトマネージャー間のコラボレーションを改善することがゴールであれば、フィードバックに要した時間や、開発中に明らかになった要件のギャップ数をトラッキングすれば良いでしょう。

メトリクスごとにターゲットを設定する

トラッキングしたいメトリクスを明確にしたら、それぞれのメトリクスについてターゲットを設定します。これは組織がゴールを達成したかどうかを判断するためです。例えば、年間収益成長率の目標が 10% ならば、そのターゲットに向けた進捗状況をトラッキングすることになります。そして、このターゲットを達成することが、組織にとって求められるアウトカムになるのです。

アウトカムの観点から効果性を定義する

最終的にターゲットを決定すれば、組織やチームにとっての効果性とはどのよ

うなものかをよりはっきりと理解できるようになります。チームが効果的であるということは、チームが設定したアウトカムを達成しているということです。これらのターゲットに向かって前進するような取り組みにより、組織は効果的なものになっていきます。

このような手順に従うことで、読者のチームにとっての効果性が定義できます。また、ゴール達成に向けたロードマップも作成できます。この他にも、読者のチームや組織の効果性を定義する際に参考となるヒントがあります。以下に挙げておきます。

効果性を定義する際に主要なステークホルダーを巻き込むようにする
組織とそのステークホルダーのニーズに整合して効果性が定義されるようになります。

効果性を定義するときに、その定義を裏付けるためにデータとエビデンスを使用する
効果性の定義がさらに信頼できるようになり説得力が増します。例えば、アプリのパフォーマンスが低いとアプリの利用状況に影響が出ることを示せれば、アプリのパフォーマンスを向上させることが効果性の定義に含められるでしょう。

効果性の定義はシンプルでわかりやすいものにする
組織内の全員が、効果的であるとはどういうことかを理解できるようになります。

効果性の定義を定期的に見直し、必要に応じて変更を加える
定義が常に妥当で効果的なものになります。

組織によっては、生産性や効率性という観点から効果性を定義している場合もあります。また、インパクトやアウトカムに重きを置く組織もあります。ソフトウェアエンジニアリング組織やチームの場合、その規模やタイプに応じて、効果性の定義や測定方法にはさまざまなものが考えられます。

利益追求型のビジネスでは、効果性は収益性と投資収益率を最大にするという観点で定義されるでしょう。では、読者が社会的な取り組みのために資金を集めるような、クラウドファンディングプラットフォームのエンジニアリングチームをリードしている場合はどのようにすれば良いのでしょうか。このような組織のミッションは、社会的なインパクトを最大にすることや、問題に対する意識を高めることでしょう。

76 │ 3章　効果的なエンジニアリングのための 3 つの E のモデル

このような場合、効果性は、サービスを受けた人数、組織の提供するサービスのインパクト、そして実現した社会参画のレベルなど、非財務的な観点で測定すると良いでしょう。

　同じ組織内でも、部署間のターゲットが互いに相反するような場合もあります。The Telegraph は、英国最大のオンライン新聞の一つです（https://www.telegraph.co.uk/）。この The Telegraph の広告チームは、組織により多くの収益をもたらすために、ウェブサイト上のサードパーティ広告の数を増やしたいと考えていました。しかし、広告はウェブサイトのパフォーマンスやユーザーエクスペリエンスに悪影響を与える恐れがあり、それは本業やエンジニアリングチームの目標にとってはマイナスのインパクトを与えます。最終的に The Telegraph は妥協点（https://oreil.ly/YBioq）を見つけましたが、このようなトレードオフは、同じようなビジネスであればどこでも起こりえます。

　このような例から、効果性の持つ意味は、組織やチームによって異なることがわかります。このため、自分の組織やチームにとって効果性とは何を意味するのかを読者が定義しなければなりません。**表3-1** を参考に、効果性の定義についてよく理解するようにしてください。この表には、ソフトウェア組織の一般的なタイプと、それぞれの効果性の定義としてどのようなものが考えられるのかをまとめています。また、効果性を測定するためのメトリクスも挙げておきます。

表3-1　チームや組織のタイプ別の効果性とメトリクスの定義

チーム/組織のタイプ	効果性の定義例	測定対象となるメトリクス
スタートアッププロジェクトチーム	市場での将来性をテストし、ユーザーからのフィードバックを得るために、必要最低限の機能を備えた製品（MVP）を迅速に提供する	MVP の市場投入までの時間
	限られたリソースを効率的に活用し、ビジネス上のマイルストーンを達成する	バーンレートとリソース配分の効率性
	プロダクトとしての将来性と市場での注目度をもとに、資金調達や投資獲得に成功する	調達した資金や投資の額

表3-1　チームや組織のタイプ別の効果性とメトリクスの定義（続き）

チーム/組織のタイプ	効果性の定義例	測定対象となるメトリクス
中規模ソフトウェア開発会社の社内チーム	予算の範囲内で、顧客の要件を満たす高品質なソフトウェアプロジェクトを納期通りに提供する	予定通りのプロジェクト完了率
	生産性とプロジェクト成功率を最大化するための効果的なプロジェクトマネジメントとリソースの割り当て	予算遵守とプロジェクトの収益性
	顧客満足度の向上と長期的な取引関係の構築	顧客満足度調査と顧客維持率
オープンソースコミュニティプロジェクト	コミュニティメンバーからの貢献、フィードバック、コラボレーションなどコミュニティへの関与と参加	アクティブなコントリビューターと貢献の数
	対象ユーザー層においてソフトウェアが広く導入され使われる	ユーザー導入率とダウンロード統計
	コミュニティ主導のフィードバックと貢献による継続的な開発と改善	リリース頻度とコミュニティからの要望による機能実装

3.1.2　効果性を立ち上げる

　チームにとっての効果性を定義したら、それをチームメンバーにしっかりと共有します。そして、効果的に仕事をしてほしい、というのはどういう意味なのかを、チームメンバーにはっきりと理解させます。

　効果性の定義を共有して、チームメンバーに理解し遵守してもらうようにする方法はいくつかあります。その中でも特に役立つ方法を以下に挙げます。

コミュニケーション

　　チームミーティングやメールなど、さまざまなチャネルを通じて、チームメンバーに効果性の定義を伝えてください。特に、定義が適用されるエンジニアに対しては、効果性の定義をはっきりと簡潔に伝えるようにして、理解しやすくしてください。

トレーニング

　　チームメンバーに対して、効果性の定義に関するトレーニングを施します。こ

のトレーニングでは、効果性の定義の意味と、それを業務に適用する方法を説明します。組織レベルでトレーニングを利用できる場合は、チームを参加させてください。チームリーダーは、チームに対して、これらのトレーニングに参加するように促します。

測定

チームメンバーの進捗を、効果の定義と照らし合わせてトラッキングします。各自が自分のパフォーマンスを自覚し、組織やチームのゴールに向かって取り組めるようにします。

フィードバック

チームメンバーに対して、効果性の定義に基づいて各自のパフォーマンスに関するフィードバックを提供します。このフィードバックは建設的で役に立つものでなければなりません。また、タイムリーに伝えなければなりません。

報酬と称賛

効果性の定義を達成したチームメンバーを称賛します。こうすることで、高いレベルでのパフォーマンスを継続しよう、というモチベーションを高めることができます。

ここに挙げたような方法を用いることで、リーダーは自らのビジョンとゴールをチーム全員に浸透させることができます。そして、チームメンバー一人ひとりは、ビジョンやゴールの達成に向けて意欲的に取り組むようになります。ソフトウェアエンジニアリングチームのメンバーは、効果的に働くこととはどういうことかを正しく認識しておかなければなりません。それは、新しい技術やアプローチを使うことばかりに夢中になることではなく、顧客にどのような価値がもたらされるかを考えることです。効果的に働くということは、解決しようとしている問題を理解した上で、顧客を満足させられるようなソリューションの構築に尽力するということです。

効果性を立ち上げる手順をここまで説明してきました。この他にも、ガートナー社の 2020 年 Software Engineering Team Effectiveness Survey（ソフトウェアエンジニアリングチームの効果性に関する調査、https://oreil.ly/mWUjs）では、ステークホルダーの価値とゴールを効果的に達成するために、ソフトウェアエンジニアリングの開発チームが備えておくべき 3 つの重要な要素が示されています。この調査では、チームのパフォーマンスを大幅に向上させるには、力を与えること、必須スキル、

サーバントリーダーシップに注力することが重要であるとされています。読者のチームにおいても、これらの 3 つの要素を育むことを検討してみてください。

チームに権限を与え標準を策定させる

ソフトウェアエンジニアリングの標準は制限が多くなってしまうことがあり、チームがビジネス目標を達成できなくなってしまう場合があります。Gartner 社は、メリットを最大限に引き出し、制限を最小限にする方法を推奨しています。その方法とは、リーダーがソフトウェアエンジニアリングチームを標準の策定に参画させ、自分たちにとって最適な標準を策定させることです。このようにすることで、標準策定に参加しなかったチームよりも 23% も効果性が向上します。また、テクノロジーやビジネス要件の変化に応じて標準を進化させたり、標準が適用できない場合の対応策を提示したりすることも必要です。ユーザーエクスペリエンスや、アーキテクチャ、データベース設計、インテグレーション標準は、チームの効果性に大きな影響を与えるため、これらの問題にも適切に対処しなければなりません。

必須スキルの習得を促す

効果的なソフトウェアエンジニアリングリーダーは、チームが目標を達成するために必要なスキルと能力を各自に身につけさせることで、アウトカムを向上したり、スケジュール遅延を防止したりします。また、日々の業務を実行するのに必要なスキルと能力の習得を優先させながら、チームメンバーのさまざまな能力を伸ばし、その能力をさまざまな活動に活かせるようにします。Gartner 社によれば、さまざまな能力を持つメンバーで構成されたチームは、特定の専門領域に特化したメンバーのみで構成されたチームよりも 18% 効果的です（https://oreil.ly/cC1vW）。チームメンバーに対して、現在の専門領域以外の新たな役割を担うよう働きかけることで、さまざまな能力を育むことができます。

サーバントリーダーシップを実践する

チームメンバーが事務作業に時間を取られていると、付加価値を生み出す本来の業務に集中できなくなります。リーダーがこうした業務を担うことで、チームがより効果的に業務遂行できるようになります。例えば、リーダーが障害を事前に特定し対処することで、チームの効果性は 16% 向上します（https://oreil.ly/skeX5）。さらに、リーダーがプロジェクトマネージャーや事業パートナーなどのステークホルダーと調整を行うことで、チームの効果性はさらに 11% 向上します。

このように、リーダーはチームメンバーの妨げとなる障害を排除したり、さまざまな能力を身につけるようチームメンバーに促したり、プロジェクトの標準をチームメンバー自身に委ねたりすることで、より一層大きな成果を達成できます。

前章までに共有したアドバイス（心理的安全性とチームスピリットを基盤とした強力なチームの構築など）と組み合わせて、効果性の定義と立ち上げを行うことで、効果性に関する3つのEのモデルにおける最初のE（enable、実行可能にする）を実現できます。それでは、チーム内の効果性に力を与える方法を見ていきましょう。

3.2　力を与える（Empower）

効果的になるためには何をすべきかを特定し、それを立ち上げることが「実行可能にする」ことであるとすれば、「力を与えること」はさらに一歩進んだものです。効果性に**力を与える**には、必要なサポート、リソース、自主性、成長と能力開発の機会を提供することが必要です。力を与えるということは、個人やチームに、自分の仕事のオーナーシップを持たせることです。つまり、意思決定を行うための権限や、独立性、信頼を与えることです。一人ひとりが独立して行動し、自分の行動とアウトカムに責任を持てるようにするために、権限、自信、自由を与えるようにします。力を与えることとは、自信を培い、成長を促し、オーナーシップを持たせることです。

この節では、力を与える方法について説明していきたいと思います（**図3-2**参照）。これらの方法は、筆者が長年かけて開発したり他者から学んだりしたものです。

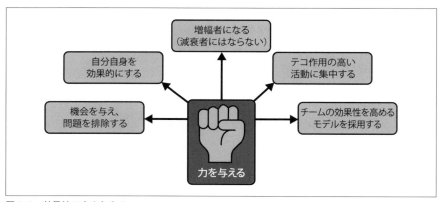

図3-2　効果性に力を与える

3.2.1 機会を与え、問題を排除する

効果性に力を与えるための原則の中で、筆者がコアとしているものは、機会を与えることと、問題を排除することです。

機会を与えることとは、個人やチームに対して、成長と成功に必要なリソース、サポート、機会を提供することで、彼らが成長できる環境を作り出すことを意味します。潜在能力を最大限に引き出し、それぞれがその能力を最大限に発揮できるようにします。例えば、一人ひとりの強みや関心に合った活動、プロジェクト、役割に従事できるようにすることなどです。機会を与えることの例としては、以下のようなものがあります。

- 細部にこだわる人材を品質保証の仕事に割り当てたり、創造的な思考力を持つ人材をデザイン関連の仕事に割り当てたりします。
- 技術スキル、リーダーシップ能力開発、専門知識など、一人ひとりが強みを強化するためのトレーニング、ワークショップ、メンターシッププログラムを提供します。
- チームメンバーが互いの強みを活用できるように、相補的な強みを持つメンバーでクロスファンクションチームを編成し、プロジェクトに取り組ませます。

問題を排除することとは、効果性を損なう恐れのある障害、課題、非効率性の影響を最小限に抑えることを意味します。生産性と前向きな姿勢を維持するために、問題への対処と解決を迅速に行います。問題を排除しなければならない状況としては、以下のような場合が考えられます。

- 定期的なプロセス監査、チームメンバーからのフィードバック、そしてそれらの結果に基づく改善策の実施により、既存のプロセスにおけるボトルネックや非効率性を洗い出し対処します。
- チーム内の対立や問題を迅速に解決し、その悪影響を最小限に抑えます。
- チームがタスクを効率的に完了するために必要なリソース（適切な人員配置、ツール、テクノロジーなど）を確保します。無用な遅延やストレスを防ぎます。

ソフトウェアエンジニアリングのリーダーが機会を与えたり、問題を排除したりする際に、役立つ技術を紹介します。

3章　効果的なエンジニアリングのための3つのEのモデル

継続的デリバリーとフィードバックループ

チームが継続的デリバリーパイプラインを導入していれば、より短いサイクルでコードや機能をリリースできます。したがって、より迅速なフィードバックループが作成され、実世界のユーザーデータや知見が提供される機会が多くなります。問題の特定や対処が迅速に行えるようになるため、より効果的になります。

カンバンボード

ソフトウェアプロジェクトではカンバンボードを活用することで、作業の流れが視覚化されます。カンバンは、「ジャストインタイム」（必要な時にのみ）と「プル」（後工程引き取り）の原則に基づいています。つまり、タスクは実行の要求がある場合にのみ実行されるということです。カンバンボードを使用すると、タスクをいくつかの段階に分けることができ、視覚的に進捗状況を把握することができます。仕掛かり中（WIP、work-in-progress）のタスクを制限し、新しいタスクに取り掛かる前に既存のタスクを完了させるようにします。カンバンボードを使用することで、チームメンバーの過負荷や未完了作業などの問題を効果的に「排除する」ことができます。先行きが不透明で予測が難しいプロジェクト環境においては非常に優れた方法です。

委譲と権限付与

効果的にタスクを委譲してチームに意思決定の権限を与えるマネージャーは、一人ひとりに対して、オーナーシップと成長の機会を「与えている」ことになります。チームメンバーのモチベーションが高まり、マイクロマネジメントによるボトルネックが解消されます。集中管理と意思決定の問題を「排除する」ことで、マネージャーはチームの潜在能力を最大限に引き出し、より良い結果を達成できます。

エンジニアリングチームは、成長や、イノベーション、ポジティブなインパクトが期待できる領域に力を注ぐのが得策です。例えば、ウェブアプリケーションのユーザーが、あるウェブページでパフォーマンスの問題に直面したとします。チームは、その問題がデータベースクエリによって引き起こされていることを突き止めました。チームメンバーは、クエリで参照されているテーブルのインデックスを作成し、クエリ実行方法を改善して、ウェブアプリケーションのパフォーマンスを最適化します。そして、変更をテストし本番環境に適用します。パフォーマンスの問題は解決し、誰

もが満足します。

しかし、これはフィードバックを求める絶好の機会です。同じ最適化方法が、他の
ウェブページ上の他のクエリにも使用できるかもしれないからです。もしも、使用で
きたら、システムの全体的なパフォーマンスを向上させるのに役立つことでしょう。
アプリケーションのパフォーマンスを最大限に引き出すためにリソースや、時間、開
発者の意識を割り当てることで、既存の問題に対処できるだけでなく、将来的な成果
も見込めます。これは、問題（パフォーマンスの低下）を解決するだけでなく、機
会（パフォーマンスの最適化）を活かすという考え方にマッチした先見性のあるアプ
ローチです。

リーダーは機会を与え問題を排除することで、成長や、能力開発、高いレベルでの
効果性を促す環境を作り出すことができます。一人ひとりの潜在能力を育みながら進
捗を妨げる障害に対処することで、最終的にはアウトカムの改善や成功につながって
いきます。

3.2.2　一人ひとりの効果性を高めるために努力する

効果性とは、長時間働くことでより多くのことを成し遂げることではありません。
効果的なエンジニアリングチームとは、効率的に物事を成し遂げ、限られた時間の中
で最大限の価値を創出するチームです。そのためには、リーダーシップを担う人々も
含めて、チームの全員が、まず自分自身を効果的にすることが必要です。チームが
効果的になるように力を与えるには、読者も効果的にリードしなければなりません。
リーダーとして効果性を高める方法については、1章で戦略をいくつか紹介しまし
た。それを踏まえて、ある事例を使って、一人ひとりの効果性がなぜ重要なのかを説
明していきます。

筆者は、チームのスケールにまつわるさまざま課題を何度も乗り越えてきました。
転機となったのは、チームが大きくなり、あらゆる事柄を細部までマネジメントする
ことが不可能になったときでした。まず、筆者がリードするプロジェクトと人員の数
が大幅に増えました。そして、調整の負担が増大しただけでなく、コンテクストの切
り替えや知識の習得が多大となり、それらをすべて頭の中に留めておくことが次第に
難しくなっていきました。

チームが大きくなり始めたときは、受信トレイには、筆者の判断を待つ案件が後を
絶ちませんでした。この大量の案件は、ただ疲れるだけのものではありませんでし
た。生産性を落としてしまっていたのです。自分自身がボトルネックとなり、業務を
遅らせていることに気づきました。問題解決の第一歩は、この状況を認めることでし

た。そして、筆者は実際に認めることにしたのです。その後は、以下のような戦略を駆使して打開策を考えていきました。

権限委譲を逃げではなく、ツールとして活用する

権限委譲は、単に仕事を押し付けることではなかったのです。他のメンバーに権限を与えるということでした。筆者は、唯一人の意思決定者から、メンターや指導者へと役割を転換することができました。まず、チームリーダーが担当できるような日常的な意思決定を洗い出すことから始めました。これは、一度やれば終わりという作業ではありませんでした。全員が新しい役割に慣れ効果的に遂行できるよう、定期的に確認し調整する必要がありました。筆者は、リーダーたちと協力して、意思決定の権限委譲計画をまとめました。この際に、RACIマトリックス（4章参照）を頻繁に活用しました。

信頼と透明性の文化を構築する

権限委譲は、周囲のサポートなしには機能しません。そのためには、協力的な環境が必要です。私たちは、透明性を何よりも重視する企業文化を育んできました。定期的なオープンフォーラムやチームミーティングにより、全員が足並みを揃え、進行中のプロジェクトや課題を把握できるようにしました。信頼も重要な要素でした。筆者はチームメンバーが意思決定をすることに信頼を置き、彼らも筆者がサポートしてくれると信頼してくれました。この相互の信頼は、私たちの成長にとって不可欠なものでした。

指揮命令型モデルを脱してプロセスを最適化する

従来の指揮命令型モデルは、私たちの変化の激しい環境には適していませんでした。そこで、柔軟性と継続的な改善を重視したアジャイル手法を採用しました。また、リモートでのコラボレーションのためのツールや手法も取り入れました。これは、私たちのように、世界中に分散したチームにとっては欠かせないものでした。

この転換による最大のインパクトは、チーム全体のリーダーシップ能力が向上したことでした。チームメンバーが意思決定に自信を持つにつれ、ビジネス全体もより深く理解するようになりました。

チームの自主性が高まるにつれ、筆者の役割も進化しました。筆者は、日々の問題への対処から、戦略目標に専念するようになりました。新しいテクノロジーの調査

や、パートナーシップの構築、長期的なプロダクトロードマップの計画などです。筆者の役割は、チームのタスクを細かくマネジメントすることではなく、チームの成功を後押しすることに比重が移りました。

この変革には困難も伴いましたが、その転換の成果は目覚ましいものでした。筆者のチームは、権限がトップに集中していた体制から、よりレジリエンスがありダイナミックな体制へと進化しました。チームのアジリティや、急速に移り変わる市場への対応能力は大幅に向上しました。そして何よりも重要なのは、それぞれの領域でイノベーションと卓越性の原動力となるリーダー世代を育てることができたことです。

この筆者の実体験は、特定の状況における効果的なリーダーシップについて、ある程度のヒントを教えてくれます。しかし、Peter Drucker 著『The Effective Executive』（Harper Business Essentials, 2006、邦訳『経営者の条件』ダイヤモンド社）では、どのような仕事をするかに関わらず、自らが効果的に行動するための方法について多くを学ぶことができます。この本では、ソフトウェアエンジニアリングチームをはじめ、ほとんどの組織で実践できる、以下のような習慣（https://oreil.ly/mvscQ）を推奨しています。

自分の時間の使い方を知る

マネージャーとして、自分がどのように時間を費やしているかを理解しておくことは重要です。そして、それが自分のゴールや業務に影響を及ぼす領域とマッチしているかどうかを把握しておかなければなりません。メールの処理や会議への出席は仕事をする上で必要ですが、あまりにも多くの時間を費やすべきではありません。自分の本来の業務に大きく貢献すると思われる業務や、自分が成果を残したいと思う領域をはっきりさせましょう。このような意識を持つことで、優先順位を効果的に決められるようになります。他の人に任せられる仕事は任せたり、インパクトの大きい取り組みに時間とリソースを割り当てたりできるようになります。自分の仕事のやり方を理解し、スケジュールを最適化して、最も生産性の高い時間帯に作業を集中させましょう。自分の時間が、チームや組織にとって本当に価値の大きい活動に費やされているかどうかを定期的に確認するようにしましょう。

組織に対して自分がどのように貢献できるかに着目する

エンジニアやリーダーとして、自身の専門性やスキル、知識をはっきりと認識しておく必要があります。自分が最も価値を提供できる領域を特定し、そこに

時間とエネルギーを割り当てましょう。例えば、フロントエンド開発やユーザーエクスペリエンス設計に秀でているのであれば、その専門性を活かして、組織のソフトウェアプロダクトのユーザーインターフェースやユーザーエクスペリエンスを向上させることに貢献しましょう。自分の強みを活かし、専門領域に関する有益な知見を提供することで、最大のインパクトを創出しましょう。自分らしい存在でいてください。無理に何かになろうとするのはやめましょう。これまでのパフォーマンスから自分がどういう行動をしてきたのかを振り返りましょう。「自分には比較的簡単にできることだが、他の人にとっては難しいことは何か」と自問してみましょう。

自分の強み、同僚の強み、チームの強みを活かす

効果的なソフトウェアエンジニアリングとリーダーシップには、個人とチームの強みを活かしたコラボレーションが欠かせないことを認識しましょう。リーダーであるならば、自分の強みを活かしてリードしましょう。できないことに気をとられず、できることに全力を注ぎましょう。同僚やチームメンバーの強みを把握し、その強みを伸ばし活かすよう働きかけましょう。知識の共有や、コラボレーション、継続的な学習を促す文化を作りましょう。

パフォーマンスが優れている領域をいくつか絞り込み、そこで卓越した成果を出すことに集中する

効果的であるための秘訣は、集中することです。つまり、重要なことを一つずつこなすことです。ソフトウェアエンジニアリングの領域は、変化が速くダイナミックなため、自分の専門知識が最大の効果を上げられるような重点領域を認識しておくことが不可欠です。優れたパフォーマンスが卓越した成果につながるように、重要な領域に集中しましょう。組織のゴールや目標に沿った重要なプロジェクト、テクノロジー、プロセスに集中することも必要でしょう。例えば、読者の組織が新しいモバイルアプリケーションをローンチする場合、鍵となる機能の設計と実装を行うことで、優れたパフォーマンスの提供に専念します。その結果、素晴らしいユーザーエクスペリエンスを実現するのです。これらの重点領域に集中することで、プロジェクトの成功に貢献し、素晴らしい成果を達成することができます。同時に、うまくいくはずなのに、何らかの理由でうまくいかない取り組みは思い切って切り捨てましょう。

効果的な意思決定を行う

意思決定とトレードオフのマネジメントは、ソフトウェアエンジニアリングとリーダーシップに本質的に必要とされるものです。関連情報を収集し、選択肢を分析し、潜在的なリスクを考慮し、さまざまな情報を踏まえた上で意思決定を行うようにしてください。必要に応じてチームメンバーやステークホルダーからの意見を求め、データドリブンで分析的なアプローチを採用してください。そして、アウトカムを継続的に評価し、そこから学び、意思決定プロセスを改善してください。例えば、あるプロジェクトで使用するテクノロジーを決定する際には、関連情報を収集し、それぞれの選択肢のメリットとデメリットを評価し、スケーラビリティや、保守性、互換性などの要素を考慮します。分析結果とプロジェクトの要件に基づいて、十分な情報を得た上で意思決定を行います。

戦略的に時間をマネジメントし、強みとコラボレーションに注力し、組織のゴールに則した意思決定を行うことで、ソフトウェアエンジニアやリーダーは、その効果性を向上させ、インパクトのあるアウトカムをドライブし、組織の成功に貢献することができます。

『The Effective Executive』から得られた、これらの知見は、個人の効果性を高めるための確かな手引きとなるでしょう。それでは、チームの効果性を高めるのに役立つモデルを見ていきましょう。

3.2.3 チームの効果性モデルに従う

チームの効果性モデルとは、パフォーマンスの高いチームに寄与する要因を理解し評価するためのフレームワークや理論です。このフレームワークにより、チーム内で何がうまくいっているのか（あるいはうまくいっていないのか）、チームメンバーがどのような経験をしているのか、そしてどのようにすればチームの最高のパフォーマンスを引き出せるのかを理解することができます。これらのモデルは、チームの効果性を高め、ゴールを達成するためのガイドとなります。これらのモデルのいずれかに従うことで、チームの効果性をトラッキングし改善できるようになり、チームに力を与えられるようになります。それでは、これらのモデルについて詳しく見ていきましょう。

Lencioni モデル

Patrick Lencioni 氏のモデル（https://oreil.ly/LUUhC）は、チームの効果性を阻害する 5 つの機能不全に注目しています。Lencioni モデルは、組織の機能不全を診断し治療するためのフレームワークです。2002 年に『The Five Dysfunctions of a Team』（Jossey-Bass、邦訳『あなたのチームは機能してますか？』翔泳社）という書籍で初めて発表されました。Lencioni モデルはピラミッド型になっており、ピラミッドの底辺に「信頼の欠如」、頂点に「成果への無関心」が位置しています（**図3-3**参照）。

このモデルにおいて、チームを悩ませる機能不全を以下に挙げます。

信頼の欠如
　チームメンバー間の信頼が欠如している場合、互いに弱音を吐いたり、弱さを示したりできません。その結果、チームメンバーはミスを認めなくなり、他人に助けを求めることもありません。

対立への恐れ
　チーム内に信頼関係が欠如している場合、チームメンバーは対立を恐れ、議論の際に口をつぐんでしまいます。その結果、チームメンバーの考えがオープン

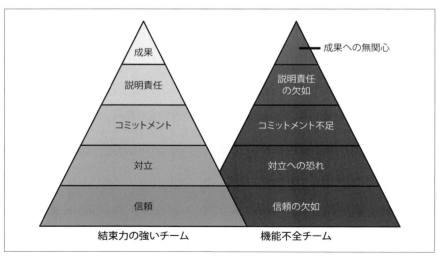

図3-3　Lencioni モデル

に示されず、意思決定がうまくできなくなります。

コミットメント不足

対立への恐れは、チームメンバーの間で意思決定が先延ばしにされたり、まとまりを欠いたりすることにつながります。その結果、意思決定へのコミットメントが少なくなり混沌とした環境が生まれます。

説明責任の欠如

コミットメントが不足すると、チームメンバー間での説明責任が果たされない状態につながります。もし誰かがその意思決定に納得していない場合、その人はチームメンバーの行動に対して説明責任を問うこともしないでしょう。

成果への無関心

チームメンバーが自分たちの行動やゴールに対して責任を感じていない場合、彼らはグループよりも個人のニーズを優先しがちです。チーム内のコミュニケーショントラブルが発生し、企業全体のパフォーマンス低下にもつながります。

ソフトウェアエンジニアリングチームなど、多くの組織では、チームメンバー間の権力闘争や信頼の欠如といった機能不全がよく見られます。例えば、開発者とテスターのグループがチームとしてではなく、バグ発見競争のライバルとして行動していることがよくあります。その結果、テスターから不適切なバグが報告されたり、開発者がその場しのぎの修正を施したりといったことが起こります。

Lencioni 氏に言わせると、信頼の欠如を克服するには、チームが弱さをさらけ出し、自ら進んでリスクを取る姿勢を示すことが必要です。リーダーは機能不全を認めた上で、その根本原因を理解しようとすべきです。そして、他のリーダーたちと協力して、より生産的なチームを実現するために対応策を練るべきです。先ほど挙げた開発者とテスターの対立という状況で言えば、テストケースと修正についてピアレビューを実施し、チームの全員が自分たちの思い込みよりも顧客要件に目を向けるようにします。

Lencioni モデルは、組織内で何が起こっているかを把握するのに非常に役立ちます。このモデルを使用することで、読者と読者のチームがより効果的に協力し合う方法を見出せるでしょう。現状と目指す姿の間にギャップがある場合は、その問題に正面から取り組むことが重要です。

Tuckman モデル

Tuckman モデルは、1965 年に Bruce Tuckman 氏により開発されたチーム開発モデル（https://oreil.ly/Xae9N）です（**図3-4** 参照）。Tuckman モデルは、チームが成長し成熟するにつれて、一般的に経験する段階を表したものです。

形成期

まだチームが結成されたばかりの段階です。この段階では、チームメンバーがチームの働き方を理解するために様子をうかがっています。

混乱期

チームはまだお互いをよりよく知ろうと努力している段階です。ただし、お互いのことをよりよく知るようになると、権力闘争や人間関係が問題となってくることがあります。

統一期

チームは比較的うまくやっていけるようになります。チームの仕組み（そしてチームリーダーである読者がチームをどのようにマネジメントしているのか）をよりしっかりと理解できるようになっています。

機能期

この機能期の段階こそが、まさに魔法が生まれる段階です。この段階では、チームメンバーは互いに信頼し尊敬し合っています。

散開期

最終段階は、チームが目標を達成した後にチームが解散する段階です。この段階では、チームメンバーは自分たちの成果を振り返り、学んだ教訓を共有します。そして、解散したり新しいプロジェクトに異動したりする前に自分たちの成果を称賛します。リーダーは、円滑に引き継ぎを行い、知識の移転をしっかりと行い、そしてチームメンバーに区切りをつけさせるようにしてください。

ソフトウェアエンジニアリングチームが新しいプロジェクトに取り組みはじめると、一般的には、これらの段階をすべて経験することになります。チームメンバーがお互いをよりよく知り、信頼するようになると、各段階を経て成長し、その過程でより強固で効果的なチームになっていきます。ただし、Tuckman のチーム開発モデルは必ずしもこの順序で進むとは限りません。各段階を行き来する場合もあります。例

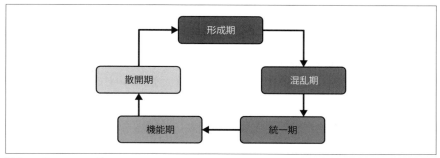

図3-4 Tuckman モデル

えば、チームに新しいメンバーを迎え入れた後、機能期の段階から混乱期の段階へと後退してしまうことがあります。読者がチームリーダーとして自分自身とチームの力を強化しようと奮闘している場合は、各段階で何が起こるかを予測し、チームをガイドする準備をしておく必要があります。例えば、混乱期の段階が予想される場合、チームビルディングのミーティングを企画し、チームメンバー同士や新メンバーが互いに知り合う機会を設けることで、混乱期に対してうまく対応できます。

Lencioni モデルは、チームの効果性を損なうような機能不全をいかに克服するかに焦点を当てています。一方、Tuckman モデルはチームの成長段階を表しています。両モデルとも、チーム力学を理解し改善するために、貴重な知見を提供します。そして、チームに力を与えて、より高いレベルの効果性を実現し目標を達成できるようにしてくれます。

チームの効果性モデルは便利なツールです。しかし、チームを変えるにはしばらく時間がかかります。これらのモデルは万能薬ではありません。モデルを採用したら、根気よく適用していかなければなりません。自分自身とチームに対して我慢強くなってください。**モデルを選び、それを継続する**ことが重要です。これらのモデル以外に、チームの効果性に関する考え方をいくつか見てみましょう。ここで紹介する考え方はあらゆるチームに役立つでしょう。

3.2.4 効果性の増幅

Taylor Murphy 氏が、GitLab（https://about.gitlab.com/）でデータチームのマネジメントを始めたとき、スタートアップ企業でこれほど急速な成長に直面するとは予想もしていませんでした。ビジネスに遅れを取らないよう、データチームとその効果性を向上させる必要がありました。つまり、Murphy 氏は自身の効果性を向上

させなければならなかったのです。以下に挙げるものは、効果性向上に役立った戦略（https://oreil.ly/mBFgc）です。

適切なツールとプロセスを使用する

チームに最適なツールを探してチームを強化します。例えば、Murphy 氏は、データサイズが大きくなるにつれ、データウェアハウスと分析ソリューションをアップグレードしなければならなかった事例を語っています。その事例で非常に有益であった変更は、以下のようなものでした。

dbt の採用

このデータ構築ツールは、データワークフローを効率化し、繰り返し作業を削減してくれました。これにより、チームがより少ない工数でより多くのことを実現できるようになりました。

Snowflake への移行

Postgres から、よりスケーラブルなデータウェアハウスにアップグレードしました。これにより、大規模データセットを効率的に処理できるようになりました。

ドキュメント作成への投資

プロセスとオンボーディングに関する資料を充実させました。この結果、新メンバーはすぐに業務に慣れてスムーズに業務をスタートすることができました。

会議を減らしチームを守る

チーム内の連携を保つために必要な会議もあれば、チームから 1 人か 2 人の代表者が参加すればよい会議もあります。Murphy 氏は、部下の生産的な時間を確保するために、部下を不要な会議からできるだけ遠ざけるようにしていました。

経営陣の賛同とリソースの確保

特定の機能を担当するチームリーダーやマネージャーの場合、その機能の価値を理解している経営陣のサポートがあれば、チームにとって大きな追い風となります。このような支持が得られてはじめて、リソースが承認されるからで

す。Murphy 氏は、自身の経験に基づき、少なくともディレクターレベルの
リーダーには、読者の担当している機能について支持してくれるよう働きかけ
ることを勧めています。

そのほかのヒント

GitLab で効果性を改善するために役立った、そのほかのヒントを紹介します。

- 適切な人材を採用し、社員の能力開発に投資する
- 成長に向けた計画を行い、チームの効果性をスケールする
- 基本ツールの作り直しではなく、コアビジネスの価値に注力する
- 自身のキャリアパスと優先事項を常に意識する

これらの戦略を実践することで、Murphy 氏は小規模なデータチームの効果性を増
幅し、成長著しい会社のニーズにチームが対応できるようにしました。彼の経験は、
データチームをマネジメントしている人や、チームの生産性を全般的に向上させたい
と考えている人にとって、貴重な知見を提供してくれます。

Murphy 氏と同じように、リーダーはチーム力学を形作る上で重要な役割を果たし
ます。うまく行けば、チームに力を与え、チームの効果性を何倍にもできます。

リーダーの中には、効果性を高める人もいれば、低下させる人もいます。この考
え方は、Liz Wiseman 著の『Multipliers: How the Best Leaders Make Everyone
Smarter』（HarperBusiness、邦訳『メンバーの才能を開花させる技法』海と月社）
という本にうまくまとめられています。

『Multipliers』では、一部のリーダーは「増幅者」として行動するのに対し、一部
のリーダーは無意識のうちに「減衰者」として振る舞うという考え方を紹介していま
す。**増幅者**とは、チームメンバーの知性や、能力、貢献をさらに高めるリーダーです。
チームメンバーが優れた成果をあげることを後押しし、力を与える環境を作り、人々
の能力を最大限に引き出します。このようなリーダーは、チームの集合知を効果的に
活用し、学習を促し、成長を後押しします。つまり、増幅者は、チームメンバーが互
いに協力しながら潜在能力を最大限に発揮し、効果性を増幅させることができるよう
に、その基盤を提供するリーダーなのです。

一方、**減衰者**とは、知らず知らずのうちにチームメンバーの能力や可能性を潰して
しまうリーダーのことです。彼らは権力を独占し、すべての意思決定を自分だけで行
い、チームの信頼や自主性を台無しにしてしまうのです。減衰者は、知らず知らずの
うちに依存する文化を生み出し、チームメンバーの成長やパフォーマンスを損なう恐

94 │ 3 章　効果的なエンジニアリングのための 3 つの E のモデル

れがあります。

　ソフトウェアエンジニアリングのリーダーの中から増幅者を見つけるのは簡単です。そのようなリーダーは、自分の責務の一部をチームメンバーに任せることで信頼を示します。例えば、リーダーがステークホルダーと要件について話し合う際に、チームメンバーを参加させたり、会議を彼らに任せたりします。このような増幅者のもとで働くチームメンバーは、安心してアイデアを提案したり、自分が担当しているプロジェクトについて質問したりすることができます。また、チーム内で学習し成長していくことを後押しされていると実感します。そして、自分の仕事にオーナーシップを感じ、効果的に仕事を進める意欲が湧いてきます。徐々に、チームは正しいアウトカムを達成する能力が強化されていきます。

3.2.5　テコ作用の高い活動を見つける

　数年前、YouTube とコラボレーションをしていたときのことです。同社のプロダクトのアクセシビリティを向上させる取り組みを行っていた際、Google チームは大きなハードルに直面しました。それは、視覚障害を持つユーザーにとってウェブサイトが問題なく使えるようにすることでした。このようなユーザーにとって、スクリーンリーダーは不可欠です。しかし、デスクトップとモバイルデバイスで動作が異なるため、テストが非常に困難になることがわかったのです。

　私たちが行っていた従来のテスト方法ではうまくいきませんでした。問題を完全に理解するために、さまざまなデバイスにおけるスクリーンリーダーの挙動について徹底的に調査しました。この調査により、ブレークスルーとでも呼ぶべき包括的テストフレームワークが誕生しました。

　このフレームワークには、独自にカスタマイズした自動テストライブラリや、スクリーンリーダーの微妙な差異を気づきやすくする機能が含まれており、リリースワークフローが劇的に変化しました。その後のリリースは大幅に高速化され、アクセシビリティの問題も大幅に減少しました。一つの問題に焦点を絞って取り組んだことで、繰り返し発生していたアクセシビリティの問題を解決できただけでなく、全体的な生産性も向上しました。このプロジェクトは、一般的にマネージャーが**テコ作用の高い活動**と呼ぶものの好例です。

　Intel の元 CEO である Andy Grove 氏は、著書『High Output Management』（Vintage, 1995、邦訳『HIGH OUTPUT MANAGEMENT』日経 BP）で、自身の経営観を述べています。同氏は、リーダーが、テコ作用を最大限に活用して、チームをより効率的にマネジメントする方法について説明しています。

Grove がこの本で定義したように、**テコ作用**とは、ある業務活動によって生み出されるアウトプットのことです。つまり、テコ作用が高い活動とは、高いレベルのアウトプットを生み出す活動のことです。逆に、高いレベルのアウトプットを生み出すものは、テコ作用が高い活動と言えます。テコ作用が高いとは、少ない工数や、時間、資金でより多くを成し遂げることを意味します。

テコ作用には、個人的なものと組織的なものの2種類があります。

個人的なテコ作用とは、少ない工数でより多くのことを実現できるツールや、技術、知識のことを指します。**組織的なテコ作用**とは、少ない時間や費用でより多くのことを達成できるチームや構造を指します。組織的なテコ作用は見落とされがちですが、アウトプットの大きいチームを構築する上で非常に重要です。

個人の効果性を高めることができれば、物事を 10% 改善できるかもしれません。もし、30 人の組織の効果性を 10% 改善できれば、それは実質的に 3 人のソフトウェアエンジニアを追加したのと同じ意味になります。

ソフトウェアエンジニアリングチームのリーダーは、『High Output Management』のテコ作用の原則を活用して効果性を高め、チームの生産性をドライブします。リーダーは、チームメンバーのパフォーマンスを向上させる活動を優先すべきです。まずは、プロジェクトに必要なスキルや能力を向上させるために、メンターシップや、コーチング、スキル開発の機会を提供することから始めるとよいでしょう。タスクと責務をチームメンバーに委譲することで、メンバーはそれらのタスクに対して権限が与えられオーナーシップを持つことができます。また、チームがプロジェクトに大きなインパクトを与える作業を特定したり、優先順位付けしたりするのを助けることで、リーダーはチームの生産性と効果性を高めることができます。

3.2.6　Google から学んだ教訓

Google では、エンジニアリング文化が Googler（Google 社員）に力を与え、Googler を効果的にしています。組織レベルにおいて、チームが価値を認めていて、それを守ろうとする文化を持つことが必要不可欠です。イノベーションや、コラボレーション、品質に重点的に取り組む姿勢が、Google のエンジニアリング文化の特徴です。Google のエンジニアには大きな裁量が与えられており、リスクを恐れず、さまざまな試みを積極的に行うことが推奨されています。また、エンジニアが最新のテクノロジーに追随できるよう、トレーニングや能力開発にも多額の投資を行っています。効果性を醸成する Google のエンジニアリング文化の特徴は以下の通りです。

標準化し共有する

問題を一度うまく解決したら、社内全体にそれを浸透させることで、Google では大きなメリットが得られました。私たちは、ツールや、抽象化、標準を共有するようにしています。初期の頃から、Google は共有ライブラリや、ツール、プロトコルバッファ、MapReduce、Bigtable など、エンジニアリング組織全体で使用されるツールや抽象化機能に多額の投資を行っています。チームはどのツールを使用すべきかに頭を悩ませる時間が減ります。そして、ツール専任チームはエンジニアリングの生産性向上に集中できます。改善を行えば、すでにそのツールやサービスを使用している全員に速やかに波及します。また、それぞれのチームがまったく異なるツール群を使用しているようなエンジニアリング組織と比べると、基本的な構成要素を学ぶだけで、多くのプロジェクトの裏側にある設計思想を理解しやすくなるというメリットもあります。

再利用

Google のチームが短期間で生産性を高めることができた理由の一つは、多くのリソースを投入して、再利用可能なトレーニング教材を作成してきたことです。これらのリソースは、筆者のチームの場合、Go や、TypeScript、社内フレームワークを習得するときに役立ちました。トレーニング教材では、Google のコアとなる抽象化機能を取り上げていました。一方で、コードラボでは、コードベースの関連する部分や学習した内容をわかりやすく説明してくれました。これらのトレーニング教材がなければ、多くのテクノロジーを習得してチームが効果的に業務を行うのに、もっと時間がかかっていたことでしょう。また、チームメンバーが筆者にそれらのテクノロジーを説明するのにも、より多くの時間を費やす必要があったでしょう。

正しいことを自動化する

自動化は万能薬ではありませんが、強力な武器です。自動化は、効率性の向上や、コストの削減、品質の改善、安全性の向上を実現してくれるので、Googler をより効果的にしてくれます。自動化は、品質管理からデータセンターまで、Google の多くの領域で活用されています。Google のデータセンターは世界最大級で最も複雑なものです。その運用には膨大なエネルギーとリソースが必要です。Google は自動化を活用してデータセンターのマネジメントを行い、コスト削減と効率性向上を実現しています。

これらは、Google の企業文化により、その効果性がスケールしていることの、ほんの一例です。Google では、標準化や、共有、再利用、自動化に重点的に取り組むことで、エンジニアが効果的に働けるような職場環境が整えられてきました。

まとめると、チームの効果性に力を与えるためには、リーダーは信頼とコラボレーションを育む文化を築き、チームが効果性を発揮できるプラットフォームを提供してください。同時に、チームメンバー一人ひとりも、時間を賢く使い、チームの最も重要なゴールに集中することで、日々の業務において効果性を発揮する必要があります。チームが成功を収めると、組織のリーダーがその成功を他のチームにも適用し、組織全体に効果性を拡大していくことができます。

3.3　拡大する（Expand）

効果性の拡大とは、組織のさまざまな部門や、チーム、役職が自主的に行動することで、組織全体の効果性、効率性、成果を改善していくことです。ここで重要なのは、組織内のリーダーを育成することです。そして、このリーダーがチームを強化して、より効果的にしていくのです。プロジェクトが成功し、チームサイズが大きくなるにつれ、リーダーの責任範囲も広がります。一つのチームをマネジメントしていたリーダーが、やがて複数のチームや部署をリードする立場になることもあります。このようなリーダーは、成長するチーム全体や複数のチーム全体に対して、成功を収めた効果的なパターンを適用する必要があります。そうしないと、筆者の同僚である Cathy のように、経験豊富なマネージャーがスケールできないという事態を招く恐れがあります。

Cathy は数年前から Google に勤務し、Chrome 内のさまざまなチームをマネジメントしてきました。彼女は尊敬を集め、知識も豊富で、多くの部下を直接管理していました。しかし、彼女の責任範囲が広がるにつれ、Cathy はマネジメントの効果性をスケールするのに苦戦するようになりました。

この問題は、ある大規模なプロジェクトを刷新する際に明らかになりました。Cathy は、詳細なコードレビューから戦略的なプランニング会議まで、チームのあらゆる仕事に深く関与しようとしていました。彼女のこのような姿勢は良いものだったのですが、このレベルの深い関与は長続きせず、やがてはボトルネックになりました。

筆者は、Cathy のマネージャーとして彼女と協力し、以下の方法で状況に対処しました。

信頼して権限付与する

まず最初に取り組んだのは、Cathy がチームをもっと信頼するように働きかけることでした。つまり、部下たちにプロジェクトのオーナーシップを委ねるようにしたのです。Cathy は、すべての意思決定に深く関わることを止めて、指導や助言に時間を割くようにする必要がありました。

効果的に委譲する

筆者は Cathy と協力し、どのタスクをチームリーダーに任せられるかを洗い出しました。このプロセスでは、どの意思決定に Cathy の専門知識が必要なのか、どの意思決定がチームでも効果的に処理できるのかを見きわめました。

コミュニケーションの改善

レポートが多すぎるため、コミュニケーションが課題となっていました。私たちは、Cathy のチーム内にコミュニケーションの仕組みを構築し、定期的に簡潔な進捗報告会議を設けることにしました。このやり方により、Cathy は細部に時間を取られることなく、常に最新情報を把握できるようになりました。

自主性の文化を育む

Cathy は、チームメンバーが各自の担当領域において権限が与えられ意思決定が行えるような文化を醸成しはじめました。この変化は、彼女の業務量を減らしただけでなく、チームの自信とオーナーシップ意識を高めることにもつながりました。

優先順位と境界線を定める

私たちは Cathy の優先順位を見直すのを手伝いました。Cathy は、戦略的プランニングに重点を置き、業務の細部にはあまり時間をかけないようにしました。さまざまなプロジェクトへの関与について境界線をはっきりさせることで、より効果的にタイムマネジメントできるようになりました。

リーダーのメンタリングと育成を行う

Cathy はチームの潜在能力を十分に理解していたため、部下をメンタリングすることに時間を費やしました。彼らを育成し、より責任あるリーダーシップを担えるようにしたのです。この取り組みにより、彼女はチーム内に強力な次世代リーダーシップ層を構築できました。

内省の実践

Cathy は、自身のマネジメントスタイルについて定期的に内省し、チームや同僚からフィードバックを求めるようになりました。この内省から得た気づきは、彼女がリーダーとして成長しつづける上で極めて重要なものになりました。

時が経つにつれ、Cathy の新しい取り組みは成果を上げはじめました。チームはより効果的に業務を遂行し、彼女が細部に直接関与することは少なくなりました。この変革により、彼女はより大局的な戦略ゴールに注力できるようになり、プロジェクトの成功にこれまで以上に貢献できるようになりました。

筆者にとって、この出来事は、ソフトウェアエンジニアリングのリーダーシップ、特にダイナミックで変化の速い環境におけるリーダーシップについて、重要な学びとなりました。経験豊富なマネージャーであっても、どれだけ優秀であっても、チームやプロジェクトのニーズの変化に合わせて、リーダーシップのスタイルを絶えず適応させていかなければならないのです。

自分自身をスケールさせるということは、単に多くの仕事をこなすということではありません。チームがより賢く、より自主的に仕事ができるようにすることなのです。効果性を拡大するための筆者の戦略については後ほどお話しますが、その前に、リーダーが成長する過程で直面する課題についてお話しましょう。

3.3.1　リーダーシップの課題

リーダーの役割は、担当業務の拡大につれて変化します。そして、リーダーは新たな課題に直面します（**図3-5** 参照）。大いなる力には大いなる責任が伴うだけでなく、より複雑な状況にも対応しなければならないのです。リーダーとして成長するにつれ、その焦点は個々の技術的専門知識から、人材や組織全体での検討事項へとシフトしていきます。リーダーとして成長すると、以下のようなことが起こります。

人に関することの方が重要となる

担当領域が広がるにつれ、ますます人に目を向けるようにしなければなりません。効果的なリーダーシップには、高い成果をあげるチームを育成・維持したり、ポジティブな職場文化を創出したり、ビジョンを共有したり、コラボレーションを育成したりすることが不可欠です。リーダーは、強固な人間関係を構築したり、チームメンバーのニーズに対して理解と対応を行ったり、潜在能力

を最大限に引き出すよう彼らの支援を行ったりしなければなりません。リーダーは、タレントマネジメントや、コーチング、適材適所の人材配置に、より深く取り組むようになります。

技術的な専門知識は重要ではなくなる

キャリアの早い段階では、成果を上げるために技術的な知識や実践的な業務に重点を置きがちです。しかし、責任が大きくなるにつれ、個人の技術的な熟練から焦点を移さなければならなくなります。そのかわりに、技術的な責務をその領域の専門家たちに委ねて、そのチームメンバーの能力を信頼するようにしなければなりません。効果的なリーダーは、自らの役割は指導を行い、方向性を定め、他の人々が優れた成果を上げられるような環境を作り出すことであると心得ています。

担当領域が広くなり、日常的な業務からは遠ざかる

担当領域が拡大するにつれ、責務も広範かつ複雑になります。複数の業務、部門、チームを監督し、共通のゴールに向けてそれぞれの取り組みを整合させることが求められます。こうした広範な領域においては、より戦略的かつ先見性のあるリーダーシップが必要とされます。リーダーは、組織全体の健全性、財務の持続可能性、市場でのポジショニング、長期的な成長を考慮した上で意思決定を行わなければなりません。日常的な業務の細部にまで立ち入ることは少なくなるかもしれませんが、組織の成功に対する責任は変わりません。

多くの障害や複雑な問題が生じる

成長に伴って、リーダーにはより多くの障害や複雑な問題が生じます。組織が複雑になることへの対応、市場動向への適応、法規制への準拠、ステークホルダーからの期待への対処など、さまざまな課題に直面することになります。効果的なタイムマネジメントスキルや、権限委譲を身につけなければなりません。また、組織の成功に多大な影響を及ぼす業務を適切に優先順位付けを行う力が求められます。はっきりとしない状況への対処や、難しい意思決定、相反する要望のバランスをうまく調整する能力も必要です。

つまり、リーダーとして直面するであろう課題は、組織内で自分が成長するにつれて、より大きなものになっていくということです。しかし、よく言われるように、リーダーシップとは芸術です。この芸術をきわめるために必要なことを見ていきま

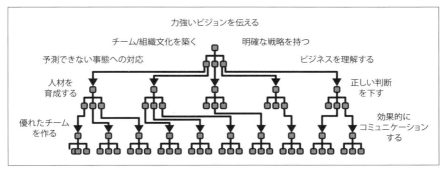

図3-5 担当領域が拡大するにつれリーダーとしての役割が変化し、障害や複雑さが増える

しょう。

3.3.2 リーダーシップの3つのいつでも

　リーダーシップには、戦略的思考や、感情的知性、効果的なコミュニケーション、困難な意思決定を行う能力が求められることがよくあります。これらの要素をバランスよくうまく調整することは、まさに芸術です。『Software Engineering at Google』（O'Reilly、2020、邦訳『Googleのソフトウェアエンジニアリング』オライリー・ジャパン）の6章で、Ben Collins-Sussman氏は、一つのチームを率いることから、関連する複数のチームをリードすることへの自然の流れについて説明し、エンジニアリングリーダーとして成長を続ける中で効果的に行動するための手法を紹介しています。これらの手法は「リーダーシップの3つのいつでも」と呼ばれる原則です（**図3-6**参照）。

　「いつでも決定せよ、いつでも立ち去れ、いつでもスケールせよ」という標語は、リーダーシップとは常に変化と適応を続けるプロセスであることを思い出させてくれます。リーダーは、必要な情報がすべて揃っていなくても、迅速に意思決定を行う必要があります。また、他の人ができる仕事は喜んで手放すことも必要です。そして、成長する組織を効果的に導くために、常に自己をスケールさせる必要があります。この標語について、これから詳しく見ていきましょう。

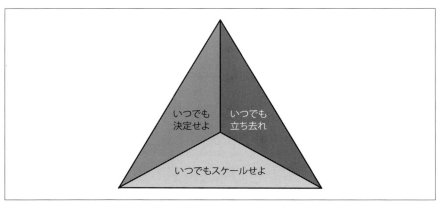

図3-6 リーダーシップの3つのいつでも

いつでも決定せよ

リーダーとしての責務が増すにつれ、意思決定を行う範囲も広がり、そのインパクトも大きくなっていきます。意思決定を行う内容は、高度に戦略的なものや、トレードオフの適切なバランスを見つけることなどが多くなります。そして、個々のエンジニアリング上の課題を解決するものは少なくなっていきます。

「いつでも決定せよ」は、リーダーシップにおける重要な役割が意思決定であることを意味しています。効果的なリーダーは、タイムリーで十分な情報に基づいた意思決定の価値をよく理解しています。関連情報を収集し、トレードオフを考慮し、組織のゴールや価値観にマッチした選択をします。難しい決断を迫られた際には、それぞれの選択肢のメリットとデメリットを比較検討し、組織にとって最善の決断を下さなければなりません。トレードオフの中には明白なもの（例えば、プロジェクトにリソースを割り当てることで、組織により多くの価値をもたらすこと）もあれば、曖昧で判断に迷う場合もあります。効果的なリーダーは、いずれの場合もいつでもタイムリーに決断しなければなりません。

『Software Engineering at Google』の執筆者である Ben Collins-Sussman 氏は、問題が発生した際には、以下の3つのステップで意思決定を行うことを推奨しています。

目隠しを特定する

　　目隠しとは、問題に対してすべての解決策を検討できないようにする心理的障

壁のことです。バイアスや、経験、入手可能な情報などのために、目隠しが生まれます、私たちの考え方は、その問題を解こうとしている人々の経験に影響を受けます。目隠ししたまま問題解決に取り組むと、問題や解決策に対する考え方を狭めてしまいます。目隠しをしていると、関連情報を見落としたり、独創的な解決策を軽視したり、一つのやり方に固執したりする恐れがあります。リーダーに就任したら、まずこうした目隠しを洗い出し、問題を新たな視点でとらえるようにしてください。そして、解決策やさらなる質問という形で、目隠しを取り除いて、前へ進む方法を考えてください。

鍵となるトレードオフを特定する

リーダーシップレベルでの問題は、微妙なものが多く単純なイエス/ノーで答えられるものではありません。さまざまなゴール間のトレードオフを考慮しなければならないこともよくあるでしょう。例えば、簡単に実行できるソリューションと、効果性は高いが時間と工数がかかるソリューションのどちらかを選択しなければならない場合などです。読者の役割は、リーダーとして、問題の解決方法についてチームが十分な情報を得た上で意思決定ができるようにすることです。つまり、さまざまなソリューションに含まれるトレードオフを指摘し、そのトレードオフをチームに説明し、チームがそのトレードオフのバランスをどのように取るかを決定する手助けをするのです。

決定し、それから反復する

チームが意思決定を行い、それに基づいて行動したら、その結果を評価し、次の段階に向けてトレードオフの再調整を行う必要があります。この作業こそ、エンジニアリングプロセスを改善するために、読者がいつでも決定を行い責任を負うべき部分なのです。完璧なソリューションが存在せず、最善策や理想的なソリューションに最も近いものを発見するために、チーム全体でさまざまな試行錯誤を繰り返さなければならない場合、その旨をチームに説明する必要があります。完璧なソリューションを求めつづけると、分析に時間をかけすぎてしまい、結果として意思決定できなくなることがあります。このような状況では、メリットとデメリットを十分に理解した上で、しっかりとした決断を行うことが求められます。

多くのテックチームリーダーが直面するものとして、ある問題に対して、内製するのか、それとも市販の既製ソリューションを採用してカスタマイズするのかというも

のがあります。これは、小さなユーティリティライブラリの場合も、エンドツーエンドのプロダクトの場合もあります。例として、組織の顧客管理（CRM）システムの開発を担当するエンジニアリングリーダーが行うべき意思決定について考えてみましょう。このような場合、意思決定の3ステップは以下のようになります。

目隠しを特定する

内製で CRM システムを構築することにこだわってしまうのは、カスタマイズしやすく組織内の既存システムとの統合が容易なのではないか、というバイアスがあるからかもしれません。しかし、このようなバイアスは、プロジェクトに必要となる時間や、リソース、専門知識を軽視してしまう恐れがあります。

鍵となるトレードオフを特定する

CRM システムを内製するか、開発をサードパーティベンダーに委託するか、それとも市販の CRM ソリューションをカスタマイズするか、それぞれのトレードオフを分析する必要があります。コストや、導入までの時間、スケーラビリティ、カスタマイズ機能、今後のメンテナンスとサポートなどの要因を考慮する必要があります。内製すれば、カスタマイズの自由度は最大になりますが、膨大な時間や、リソース、専門知識が必要になります。一方、既存のプロダクトをカスタマイズする方法は、既存のソフトウェアを特定のニーズに合わせて柔軟にカスタマイズできるのであれば、柔軟性と開発期間のバランスを取ることができます。しかし、すべての要件を完全に満たすことはできず、人材の育成のためにトレーニングが必要になることもあり、コストも高くなる恐れがあります。

決定し、それから反復する

トレードオフを考慮した結果、開発時間とコストを最小限に抑えながら当面のニーズを満たすために、市販の CRM ソリューションをカスタマイズするほうがよいと決定したとします。しかし、ビジネスが成長し要件が変化したときには、この決定を再検討できるようにしておきましょう。将来的には、変化するニーズや優先事項に対応するために、特定の機能を内製で構築するほうがよいと判断するときが来るかもしれないと認識しておくべきです。

このように、3つのステップで、複雑な場面での意思決定を行うことができます。バイアスを認識し、トレードオフを評価し、変化する状況に適応しつづけるようにし

3.3 拡大する（Expand） **105**

てください。

　このように、目隠しと鍵となるトレードオフを特定し、新たな視点と情報に基づいて適切に対処することで、読者自身と読者のチームはタイムリーに意思決定できるようになるでしょう。どのように問題に取り組むかを決めることが、問題解決の第一歩です。

いつでも立ち去れ

　「いつでも」標語の2つ目は「いつでも立ち去れ」です。この言葉は、チームを見捨てるように聞こえるかもしれません。そういう話ではなく、チームがすべての意思決定を読者に依存しないようにするのです。読者はチームを自立できるように指導し、安全に手綱を緩めて次の課題に挑めるようにします。

　読者が不在でも問題を解決できるチームは、真に自立していると言えます。読者が不在でもエンジニアリングプロセスが崩壊しないということは、チームが強固になっているということです。Googler は、チームや組織を離れたり、不在になったりする人々について語る際に、「バスに轢かれる」という比喩を使います。「バス係数」という言葉は、何人の人がバスに轢かれてしまうと、プロジェクトが破綻してしまうのかを表したものです。バス係数が小さな値になっている場合、その組織は人材が失われるとすぐに破綻するという意味になります。一方、バス係数が大きな値になっている場合は、その組織がレジリエントであることを意味します。

　リーダーとして読者の組織のバス係数を大きな値にするだけでなく、読者が単一障害点（SPOF、single point of failure）にならないようにする必要があります。読者不在ではチームが作業を進められないのであれば、読者はチームにとっての SPOF です。これはまさに、「いつでも立ち去れ」という標語の通り、読者が避けなければならない状況です。読者は、チームが自立した組織になることを望んでいるはずです。では、この自立した組織をどのように構築すればよいのか見ていきましょう。

1. 問題空間を分割する

　　　読者が、複数のチームから構成されるチームや、さまざまな課題を抱える大規模なプロジェクトをリードしているのであれば、問題空間をいくつかの部分問題に分割すべきです。例えば、読者の組織がプロダクトの概念実証（POC）を構築しているとします。このプロダクトは、データを扱う複数のシステムと接続し、ユーザーの自然言語による問い合わせに対して、グラフを使って応答するようなものです。このプロジェクトでは、さまざまなコンポーネントが連携

する必要があります。問題領域は大まかに、さまざまなインターフェースや、グラフのフロントエンド設計、ユーザーのクエリを処理するための言語モデルなどのモジュールに分割できます。また、構造に柔軟性があれば、サブチームを随時編成しなおすこともできます。

2. 将来のリーダーに部分問題を任せる

権限委譲は、自立した組織を構築する上で不可欠なものです。権限委譲により、読者は、より重要な業務に時間を割くことができるようになります。また、強固なチームを育成することができます。読者が得意な業務も存在するでしょう。しかし、他の人も同じ業務をこなせるかどうか、自問してみてください。最初は学習コストが発生するかも知れません。しかし、徐々に、読者の持つ知識がコピーされていき、読者はその業務における単一障害点（SPOF）ではなくなるでしょう。逆に、自分にしかできない仕事もあります。仕事を委任することで、自分にしかできない仕事に集中できます。

3. 調整と反復

自立したチームができあがれば、読者は彼らから距離を置き、マクロ的なマネジメントのみをすればよいのです。細かい調整をしながら、チームを正しい方向に導き、チームを健全に保ちましょう。これは、前のステップで選んだリーダーたちに対して、彼らのキャリアを成長させる機会にもなります。そうしている間に、読者は別の類似した問題領域や、組織のまったく異なる部分へと目を向けることができます。つまり、この時点で、読者は、いつでも立ち去れる自由を手に入れたのです。

このように、3つのステップで自立したチームを構築すれば、「次は何をしようか」と自問自答する余裕が生まれます。「いつでも立ち去れ」という考え方を採り入れることで、新たな機会を生み出す余地が生まれ、リソースをより効果的に割り当てることができるようになります。

いつでもスケールせよ

3つ目の標語である「いつでもスケールせよ」は、単に成長を追い求めることを意味するものではありません。**限られた時間、注意力、エネルギー**という貴重なリソースを最大限に活用しながら、積極的に成長しつづけることを意味します。これを怠ると、自分自身の成長に悪影響を及ぼす恐れがあります。組織が成長し、さまざまな問

題を解決していく中で、責務が増大しても処理できるように、効果的に自己をスケールさせなければなりません。

　読者と読者のチームが問題をうまく解決すると、称賛や感謝の言葉とともに、より多くの仕事と責務が与えられます。しかし、貴重なリソースの量は変わりません。読者がスケールするのと同じペースで、採用や権限委譲を行うことはできないからです。ここで重要なのは、問題をより小さなものに圧縮して、より重要な問題に取り組めるようにすることです。問題を実際に圧縮することはできませんが、以下のような方法でその影響を軽減することはできます。

先回りして行動するようにする

　シニアリーダーシップの役割を務める場合、すべてが失敗して問題が最悪の形になったときにはじめて、読者の目の前に現れるようなことがよくあります。エスカレーションが矢継ぎ早に寄せられ、そのすべてが緊急事態であることもあります。このような状況では、どうしても対応に追われ、一見したところでは重要ではないのに緊急を要するかもしれない問題に時間を割かざるを得なくなります。もし読者が重大な問題に対処するために、戦略を事前に練っていたならば、その問題が緊急の問題として降りかからなかったかもしれません。リーダーとして、重要ながら緊急ではないタスクに毎日数時間を充てたり、緊急のタスクの一部を人に任せたりして、本質的なことに集中しなければなりません。

成功と失敗のサイクルを受け入れる

　どんなに頑張っても、おそらくすべてを満足いくように終わらせることはできないでしょう。このジレンマに負けずに、手放せるものを判断するようにしましょう。また、近藤麻理恵氏の断捨離の考え方（https://oreil.ly/94DcF）を、自分の仕事の取り組み方に適用するのも良いでしょう。もし、やるべきことを3つのカテゴリーに分けると、次のようなことに気づくでしょう。

- 下位20%のものは、緊急でも重要でもなく、問題なく削除したり無視したりできるものです。
- 真ん中の60%には、緊急性や重要性の高い内容が含まれている場合もありますが、さまざまなものが混在しています。
- 上位20%のものは、間違いなく極めて重要です。

成功と失敗のサイクルを受け入れるということは、自分だけにしかできない重

要な仕事（リストの上位 20%）を洗い出し、その仕事にだけ専念し、残りは無視するということです。

エネルギーをマネジメントする

自分の時間と注意力を大事にするだけでなく、長期にわたって仕事を続けるには、エネルギーをマネジメントする必要があります。エネルギーを与えてくれるもの、エネルギーを消耗させるものを意識することは重要です。自分自身を活気付けやる気を起こさせる活動・仕事・状況と、エネルギーを消耗させる活動・仕事・状況を特定することが大切です。こうした浮き沈みを認識することで、やる気を起こさせる活動を優先し、エネルギーを消耗させる仕事を他の人に任せたり、最小限に抑えたりすることができます。さらに、セルフケアを優先し、定期的にエネルギーを補給しましょう。例えば、完全に仕事から離れてリフレッシュするために、長期休暇をきちんと取るのも良いでしょう。計画的にリラックスして、個人的な活動のために週末を過ごしましょう。また、仕事中に定期的に休憩をはさみ、気分転換をしましょう。さらに、メンタルヘルスを優先し、必要に応じてメンタルヘルス休暇をためらわずに取得することも重要です。

読者もよく考えてみれば、読者の身近にいる効果的なリーダーたちは、いつでも決定し、いつでもスケールし、いつでも立ち去るという原則を習得しているのではないでしょうか。筆者が思い浮かべる著名な例は、Amazon のリーダーシップです。

Amazon の創設者である Jeff Bezos 氏は、「Day 2 の企業は質の高い意思決定を行いますが、その意思決定は時間をかけてゆっくりと行われます。Day 1 のエネルギーとダイナミズムを維持するには、質の高い意思決定を迅速に行わなければなりません」と述べています。迅速な意思決定は、Amazon の素早い実験、反復、イノベーションを支えています。リーダーは、反対意見を述べ、責任を持ってコミットすることが奨励されています。リーダーは、反対意見がある場合には、その意思決定に敬意を払いつつ異議を唱えなければなりません。彼らは、自らの意思決定に伴うリスクを十分に考慮しておく必要があります。しかし、いったん決断が下されたら、たとえリスクが伴うとしても、参加メンバーは全面的にコミットします。高速な意思決定を行うために、リーダーはいつでも決定しなければなりません。

Amazon がスケールに徹底的にこだわることは、よく知られています。Bezos 氏の「何でも揃う店」という構想は、ほぼあらゆる種類の商品を世界中で販売する店と

いうものです。この構想に向け、長年にわたって積極的にインフラを拡張し自動化を進めてきました。Amazon は常にスケールし、テクノロジー企業がどこまで大きく効率的になれるのかという限界に挑みつづけています。

また、Amazon の有名な原則には「2枚のピザでまかなえる規模のチーム」というものもあります。これは、チームの規模を2枚のピザでまかなえる人数に制限するという、シンプルですが効果的な経営原則です。チームを小規模かつ俊敏にしておくことで、Amazon は素早く行動し、顧客のニーズにリアルタイムで対応することができます。2枚のピザの原則は、ニーズの変化に応じて人々がチームやプロジェクト間を簡単に異動できる（つまり、定期的に立ち去ることができる）という、ダイナミックな環境を醸成します。

いつでも決定し、立ち去り、スケールするという標語は、一度成功を経験したときから始まります。この標語は、複雑性の増大、プロジェクト数の増加、責務の拡大に直面しているときに、成功の歩みを続けていくための重要なヒントを与えてくれます。この標語は、仕事の量が倍増しても、効果的にリーダーシップを発揮すれば、2倍の努力をする必要はないと示唆してくれています。この標語に従うことで、すべてのチームに対して効果的なモデルを展開しつづけることができます。

3.4 まとめ

効果性の3つのEのモデルは、読者や読者のチーム、さらには組織全体が変化に追随できるようになることを手助けします。このモデルは、成長のさまざまな段階をサポートします。まず、ビジネス領域における効果性の意味を定義し、それをチーム内でどのように立ち上げるかを明確にすることから始めます。次に、個人レベルとチームレベルで、既知のパラダイムやモデルを活用してチームの効果性に力を与える方法を説明します。最後に、3つのEのモデルは、これらのモデルの一つが読者の会社でうまく使えることを踏まえた上で、読者の責任範囲が拡大するのに合わせて効果性を維持していくための事前対策を提示します。

以上で、ソフトウェアエンジニアリングチームの効果性に関する導入は終わりです。ソフトウェアエンジニアリングチームを効果的にする条件は何かを説明しました。また、効果性、生産性、効率性はどのように違うのかや、それぞれどのように測定するかについても紹介しました。さらに、アウトプットよりもアウトカムに焦点を当てることの重要性を示しました。そして、3つのEのモデルを使用して、成長中の組織で持続的に効果性を実現する方法について解説しました。本書の後半では、これ

まで取り上げてきた内容を裏付ける具体的な事例を取り上げます。引きつづき後半を
お楽しみください。

4章
効果的なマネジメント：
Googleの調査

1 章では、Google の Project Oxygen と Project Aristotle の調査の中で明らかに
された、チームを効果的にする重要な要素について紹介しました。本章では、これら
の調査プロジェクトについてさらに深く掘り下げていきます。ただし、優れたエンジ
ニアリングマネージャーの条件とは何か、という観点から説明します。

この調査を考察することで、効果的なエンジニアリングリーダーシップに特有の振
る舞いや実践を理解することができます。そして、私たちはこれらの振る舞いを自ら
採用し発展させることで、あらゆる規模の組織において、高いパフォーマンスを発揮
できるようにチームをリードすることができるのです。

本章では、Project Oxygen によって明らかにされた、エンジニアリングマネー
ジャーにとって不可欠な要素について、順を追って説明します。それぞれの要素に対
して、どうすればそれらを身につけることができるかも説明します。また、Project
Aristotle の調査により明らかになった、チームの効果性に寄与すると考えられる要
因について、その要因はマネージャーにとってどういう意味を持つものなのかについ
ても説明します。

4.1 Project Oxygen

Project Oxygen は、Google が 2008 年に立ち上げた調査プロジェクトです。そ
の目的は、Google における優れたマネージャーの特性を明らかにすることでした。
このプロジェクトは、People Analytics チームが主導しました。People Analytics
チームは、従業員のデータを分析する研究者のチームです。彼らの仕事は、Google
における優れた職場環境の創出とそれを維持する方法を見出すことです。このプロ
ジェクトの詳しい内容に触れる前に、プロジェクトが開始される前の Google の状況

についてお話しましょう。

4.1.1　簡単な歴史

　過去に、非常にモチベーションの高いエンジニアリングチームの中に、マネージャーの必要性を疑問視するチームがありました。彼らは、自分たちの仕事は自分たちでマネジメントできると信じていたのです。Google は創業当初に、中間管理職を排除した完全フラットな組織構造を試したこともありました。しかし、会社の成長に伴い、チームがパフォーマンスを発揮するには、優秀なマネージャーが不可欠であることが明らかになりました。

　2007 年、Google は従業員のウェルビーイングと生産性向上の問題に取り組むために、人事部門の業務の一環として、新たに People Analytics チームを立ち上げました。

　このチームは、マネージャーがチームに与える効果について調査を始めました。「マネージャーは重要ではない」という仮説を証明しようとしたのです。このチームは、パフォーマンス評価と退職者インタビューのデータを使用して、優れたマネジメントが離職率の低下や従業員の満足度の向上につながるかどうかを検証しました。データからは、優れたマネージャーがいるチームは、より幸福で生産性が高いことが明らかになりました。マネージャーの責務は、日々の業務の管理だけではありません。従業員の個人的なニーズや、能力開発、キャリア形成のサポートも含まれます。従業員のウェルビーイングと生産性はマネージャーが優れているかどうかに左右されることがわかりました。つまり、マネージャーは重要**である**と証明されたのです。この後、チームは Project Oxygen を立ち上げ、**Google における優れたマネージャーの条件**をはっきりさせようとしました。

4.1.2　調査プロセス

　「**Google における優れたマネージャーの条件とは何か**」という問いに答えるため、People Analytics の調査チームは従業員に対して詳細なアンケートを実施しました。アンケートの対象は、マネージャーの特性に関するものです。従業員に対してはマネージャーについて尋ね、マネージャーに対しては「直属の部下とキャリア開発について話し合う頻度はどの程度ですか」や「チームビジョンを策定するためにどのようなことをしていますか」といった質問を投げかけ、二重匿名化による定性的なインタビューを行いました。

　調査チームは、アンケートへの回答や、パフォーマンス評価、Google の Great

Manager Award への応募状況などをもとに、Google における最高のマネージャーと最低のマネージャーも特定しました。この調査には、あらゆるレベルと地域のマネージャーや、Google の3つの主要部門（エンジニアリング、グローバルビジネス、総務）のマネージャーが参加しました。

定性的なインタビューデータと最高のマネージャーと最低のマネージャーに関する情報を組み合わせることで、効果的なマネジメントスタイルと効果的でないマネジメントスタイルの具体例が明らかになりました。

この調査により、Google においてパフォーマンスの高いマネージャーに共通する、8つの鍵となる振る舞いが明らかになりました。その後、これらの要素は Google のマネージャー育成プログラムに組み込まれ、さらに 10 の鍵となる振る舞いに改訂されました。次の項で、これらの振る舞いを詳しく説明していきます。

4.1.3　パフォーマンスの高いマネージャーの振る舞い

Project Oxygen が定義した、パフォーマンスの高いマネージャーの振る舞いが 8 から 10 に増えたことからわかるように、人々は常に学んでいます。これらの振る舞いは Google のマネージャー研修で教えられるものですが、あらゆる組織で活用することができます。

10 の鍵となる振る舞いを**図4-1**にまとめておきます。

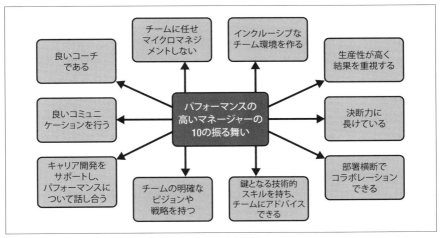

図4-1　パフォーマンスの高いマネージャーの 10 の振る舞い

コーチングやフィードバックの提供などは、これまでの章でも効果的なリーダーシップというコンテクストで取り上げてきたものです。これらの振る舞いはすべて、優れたマネージャーの特性として相互に結びついています。それでは、一つずつ詳しく見ていきましょう。

良いコーチである

優れたマネージャーは、チームメンバーのスキルを伸ばし、コーチングを行って潜在能力を最大限に引き出します。良いコーチは、忍耐強く、共感力があり、協力的です。自己分析力が優れ、傾聴力があり、建設的なフィードバックを与えることができます。都合の良いときや、コーチング相手から何かしてもらうときだけコーチとして振る舞うのではありません。相手の成功を心から祈ってコーチングします。

良いコーチになるためには、以下のようなことを行うべきです。

- 思慮深く、具体的で、適切にバランスが取れた建設的なフィードバックをタイムリーに行いましょう。
- 指導を行い期待することを明確に伝え、相手が実行できるようなメッセージを伝えるようにします。
- 直属の部下と定期的に 1on1 ミーティングを行い、彼らのパフォーマンスについてコーチングし、キャリア上のゴールについて話し合います。
- 一人ひとりの強みや、モチベーション、能力を伸ばしたい領域に合わせて指導を行います。
- 良い質問をして相手を助けて、どのような選択を望んでいるのかを考えさせましょう。また、相手の答えを傾聴し、相手の考えていることを理解しましょう。
- 共感を示すことで、コーチングを受ける人が安心して自分自身をさらけ出し、課題について指導を求めることができるような、安全で協力的な環境を作りましょう。
- ポジティブな働きかけ、高い目標設定、成功の称賛、成長を促すマインドセットの育成など、さまざまなテクニックを用いて、モチベーションを高めたり、やる気を引き出せたりできるようになりましょう。
- 自らが手本となるように、チームに定着させたい特性や振る舞いを自ら行いましょう。このような行動を通じて、誠実さ、レジリエンス、コミットメント、そして成長するマインドセットを身をもって示しましょう。

チームに任せマイクロマネジメントしない

　良いマネージャーは、チームメンバーに権限を与え、チームメンバー自ら意思決定を行い問題を解決できるようにします。チームメンバーが最高の仕事ができるようサポートします。マイクロマネジメントをせずに力を与えることが重要なのです。これからチームに力を与える方法を紹介しましょう。

ストレッチアサインメントを提供する

　チームメンバーに、現在の知識やスキルレベルを超えるような仕事に取り組む余裕があるかどうか尋ねてみましょう。このような課題（ストレッチアサインメント（https://oreil.ly/5Z49b）とも呼ばれます）を与えて、チームメンバーをやりがいのあるポジションに置きます。学習や成長の機会を与えることで、彼ら自身を「ストレッチ」できます。

適切かつ軽い感じで関与する

　チームメンバーに自主性を与えることと、アドバイスが必要な場合にいつでも相談できる存在であることのバランスを取ります。例えば、5日間かかるようなタスクを割り当てた場合、筆者はチームに毎日の進捗報告を求めません。ただし、何らかの理由で作業が先に進まなくなった場合は、すぐに報告するように指示します。

自主性を高める

　チームメンバーが自ら解決策を見つけられるようにして、必要な場合にのみ正しい方向へ導くようにします。以前、Googler が、上司への感謝の気持ちを込めて、次のようなことを話しているのを耳にしたことがあります。「上司は、私がゴールに向かって自由に仕事ができるようにしてくれます。それでも、状況に応じて適切なタイミングで関与してくれ、うまくいっていない問題を不必要に深追いしないようアドバイスしてくれます」

イノベーションと、熟考した上でのリスクテイクを奨励する

　チームメンバーに、自分のアイデアをより深く分析したり試したりする時間を与えることで、型にはまらない考え方を促しましょう。信頼を築くために、成功した取り組みを評価しましょう。

チームのサポーターになる

チーム外の人々（上級管理職や、他のチーム、エンドユーザーなど）に対して、チームをサポートするように振る舞ってください。チームの功績を周囲に伝え、チームが相応の評価を得られるようにしてください。功績を正当に評価することは、チームメンバー（や読者自身）のモチベーションを高める上で重要なことなのです。

建設的なフィードバックを提供する

チームメンバーの成長に役立つフィードバックを提供しましょう。成果について話し合うだけでなく、改善の余地がある部分を指摘してサポートすることも重要です。

チームメンバーに力を与え自主性を持たせるということは、個人として、また、専門家として成長できる環境を与えるということです。優れたマネージャーは、このような方法が自分自身やチームのメンバーが専門性を高めるのに最適な方法であることを理解しています。また、このような成長は決して止めてはならないということも理解しています。

成功とウェルビーイングを重視する、インクルーシブなチーム環境を作り出す

良いマネージャーは、チームにインクルーシブな環境を作り出すには、成功とウェルビーイングに気を配らなければならないことを理解しています。チームメンバーがアイデアや意見を共有できるような安全な空間を作ります。チームメンバーが創造的に考えて問題を解決するよう促し、個人的な問題を抱えている場合にはサポートを提供することで同僚の健康を気遣います。そして、チームメンバーが非難されることなく失敗から学ぶよう働きかけ、チームメンバー一人ひとりと個人的に親しくなるための時間を設けます。

インクルーシブなチーム環境を構築するには、以下のようなことを定期的に行うようにしてください。

新しくチームに加わったメンバーを快く迎え入れる

新しいチームメンバーを快く迎え入れ、チームに溶け込めるよう手助けしましょう。新メンバーにバディやメンターを割り当てたり、チームメンバーを紹介したり、必要なリソースや情報を提供したりすることで、オンボーディング

プロセスを円滑に実行します。新しいチームメンバーは、入社当初からチームに大切にされていると実感し、チームの一員であると自覚することができます。

チーム内で信頼関係を築く

チームビルディングを奨励し、チームメンバー同士が交流し親睦を深める機会を設けることで、チーム内の信頼関係を築くことができます。チームランチや、ソーシャルイベント、チームビルディング活動により、ポジティブな関係を育み、オープンなコミュニケーションチャネルを構築できます。

チームを支援する熱狂的なサポーターになる

マネージャーは、チームメンバーのやる気を引き出しサポートするという重要な役割を担います。チームの成功を祝し、一人ひとりの功績を認め、称賛とポジティブなフィードバックを提供しましょう。熱狂的なサポーターとなることで、士気を高め、自信を植え付けます。そして、チームメンバーが大切にされていると実感し、優れた成果を上げようというモチベーションを生むような、前向きで活気のある環境を作り出すことができます。

手本となるような礼儀正しさ

マネージャーは、自ら手本を示し、プロフェッショナルとしての姿勢を実践し、チームメンバーに敬意を持ち、インクルーシブな環境を育む必要があります。マネージャーがさまざまな考え方を尊重していることを示せれば、チームもそれに倣い、誰もが歓迎され尊重されていると感じられるような環境作りを行うようになります。

チームメンバーのウェルビーイングを積極的に気遣い、理解し、支援する

チームメンバーのウェルビーイングを積極的に気遣うには、定期的に一人ひとりのメンバーと話し合い、仕事量について尋ねたり、必要に応じてリソースやサポートを提供したりすることが必要です。積極的に耳を傾け、共感を示し、心配事に配慮することで、チームメンバーがサポートされていると感じられるような環境を作り出せます。

良いときも悪いときもサポートする

サポーターは、挫折や失敗など困難な時期にもチームを支援しなければなりません。困難な時には、励まし支援してください。そして、非難するのではな

く、失敗から学べるような文化を育んでください。揺るぎないサポートを提供することで、チーム内に信頼と忠誠の意識を育むことができます。

チームに心理的安全性を作り出す

オープンな対話を心がけ、さまざまな考え方に対して積極的に耳を傾け、対立や問題には迅速かつ敬意を持って対応します。チームメンバーが心理的に安全だと感じると（1 章参照）、より貢献しようという気持ちになり、独自の知見を寄せ合い、イノベーションとコラボレーションが育まれます。

良いマネージャーは、チームメンバーから進んで学び、彼らとコラボレーションします。良いマネージャーは、うまくいかない場合は柔軟にやり方を変えることができます。自分の考えを他人に押し付けるのは本当にそれが必要なときだけです。

Google のマネージャーは、One Simple Thing（https://oreil.ly/a56hr）と呼ばれるテクニックを使って、チームメンバーのウェルビーイングに配慮することが求められています。チームメンバー自身のウェルビーイングやワークライフバランスに役立つ **1 つのシンプルなもの（one simple thing）** を特定する、という考え方です。仕事とは関係のない、簡単に達成できるものを設定します。例えば、「週に 3 回、1 時間の休憩を取って運動する」や、「今期の 1 週間の休暇では完全に仕事を忘れる」などです。読者のチームでも、このような取り組みを始めてみてはいかがでしょうか。

生産性が高く結果を重視する

生産性を高め結果を出すには、結果を重視して、設定したゴールに向かって効果的にマネジメントする必要があります。これは、ただ単にハードルを高く設定するということではありません。アウトカムを重視するということです。チームと協力し、成功とはどのようなもので、そしてどのようにすればそれを達成できるのかを理解することです。はっきりとしたゴールと目標を定め、定期的にミーティングを行って進捗状況をトラッキングし、必要に応じて調整を行います。また、読者のチームの結果に対しては、読者が責任を持つようにします。

以下に挙げるものは、チームがゴールを達成し素晴らしいアウトカムを生み出すための方法です。

多様性のあるチームを編成する

多様性のあるチームは、さまざまな文化的な背景を持ち、多様なスキルや、多様な経験レベル、多様な視点を持つメンバーで構成されます。成果を重視する

マネージャーは、多様性の価値を理解しています。多様な人材と多様な視点を組み合わせることで、創造性や、イノベーション、問題解決力を育み、素晴らしいアウトカムを創出することができます。

ビジョンや戦略を測定可能なゴールに変換する

効果的なマネージャーは、大局的なビジョンや戦略を、はっきりと測定可能なチームゴールに変換します。大きな目標を、より小さな実行可能なマイルストーンに分解することで、チームメンバーがゴールを理解して取り組めるようにします。具体的で測定可能なゴールを設定することで、チームに明確な方向性と目的意識を植え付け、取り組みが全体的なビジョンと一致するようになります。

チームを編成し、ゴール達成のためにリソースを割り当てる

結果を重視するマネージャーは、効率性と生産性を最適化するためには、チーム編成が重要であることを理解しています。チームメンバーのスキルと専門知識を調査し、それに応じてタスクと責務を割り当てます。さらに、チームがゴールを効果的に達成するために必要なリソース（予算や、テクノロジー、トレーニングなど）を用意します。

誰がどの部分のオーナーシップを保持しているのかを明確にする

ゴールを重視するマネージャーは、チーム内でオーナーシップと説明責任の所在を明確にします。また、チームメンバーに対して役割と責務を定義し、各自がどの部分のオーナーシップを保持しているのか理解させます。このように、はっきりと線引きすることで、チーム内の混乱や作業の重複を防ぎます。そして、チーム全体の成功に一人ひとりがどのように貢献しているのかを説明します。

チームが直面している障害を取り除く

ゴールを重視するマネージャーは、進捗を妨げるような障害や原因を積極的に洗い出し取り除きます。内部プロセスや、リソースの制約、外部要因などから生じる課題には、先回りして取り除くようにしてください。問題解決を促し、指導を行い、影響力を活用することで、ゴールを重視するマネージャーはチームが障害を乗り越えられるようにサポートし、ゴール達成に向けて正しい軌道を走りつづけられるようにします。

先見の明を持ち、潜在リスクを想定して計画を立てる

結果に重点を置いていれば、変化を予測し、それに対応する計画を立て、チームを成功へと導くことができるでしょう。課題に備えるために、業界のトレンドや、市場の変化、社内の組織変更について情報を収集し、事前にこのような変化に対して計画を立てるようにします。不測の事態に備えた計画を立て、変化に対応する戦略を実行すれば、チームは俊敏性を失うことなく、予測不可能な状況を成功へと導くことができるでしょう。

良いコミュニケーションを行う（傾聴し情報を共有する）

コミュニケーションはあらゆる領域において重要です。マネジメントにおいても例外ではありません。マネージャーは、メールや、メッセンジャー、会議、コミュニケーションツールなど、さまざまな方法でチームとコミュニケーションを取ります。6章では、これらの効果的な使い方を詳しく説明します。一般的に、コミュニケーション能力を高めるには、以下のようなことを行うべきです。

- オープンな議論を促します。
- 常に迅速な対応を心がけましょう。
- リーダーからの情報を共有し、そのコンテクストを説明しましょう。
- たとえそれが耳の痛いことであっても、正直になりましょう。
- プレッシャーに負けず、落ち着いて対応しましょう。
- 他のチームメンバーの話に耳をよく傾けましょう。

良いマネージャーは、コミュニケーション能力が高いだけでなく、チームメンバーと情報を共有することにも前向きです。チームの全員が重要な意思決定に貢献し参画する機会をきちんと確保します。

チームメンバーが読者に話しかけるときには、注意深く耳を傾けましょう。彼らの言うことに必ずしもすべて同意する必要はありません。チームメンバーにとって、非難したりバイアスを持ったりせずに耳を傾けてくれる人は、貴重な存在なのです。

チームメンバー一人ひとりとの 1on1 ミーティングは、チームメンバーと直接コミュニケーションを取り、個々のメンバーに気を配る良い機会となります。ミーティングを効率的に進め十分に話し合いが行えるよう、アジェンダのテンプレートを使うと良いでしょう。

効果的な1on1ミーティングのテンプレート

以下は、効果的な1on1ミーティングのテンプレートの例です。

マネージャー：

- 休暇：チームのおすすめのレストランがどうだったかを話します。[気遣いを示す]
- プロジェクトXのインパクトについて、ディレクターのスタッフミーティングで褒め称えられたことを共有します。[全体像]
- 最近どうしてますか。[近況確認]
- 何かお手伝いできることはありますか。[障害の除去]
- 他には何かありますか。[話を広げる]
- 私がすべきことで、まだ行っていないことはありますか。[効果性を確認]

チームメンバー：

- 先週の私の行動：プロジェクトYの進捗状況
- 今週の予定：プロジェクトXのv2.0の設計書提出
- プロジェクトYのサブプロジェクトに遅延の可能性があることを報告します。
- 先週の1on1のABCに関する議論のフォローアップ。
- チームCとプロジェクトを行うことに興味があるかどうかを話し合います。

定期的な1on1では、プロジェクトの進捗状況の確認を行うことが多いです。しかし、キャリア形成や、モチベーション、一般的なウェルビーイングなど、より大きな視点での話題も取り上げるようにしてください。チームメンバー一人ひとりと接し、彼らをどのようにサポートするのが最善かを理解することがゴールです。

良いマネージャーは、質問するのもためらいません。何か曖昧な部分があったり、誤解しそうな部分があったりする場合には、発言内容やその意図について思い込むのではなく、はっきりと説明を求めましょう。知らないことを知っているふりをする（それが誤った判断につながる恐れもあります）よりも、わからないことはわからないと認める方が良いでしょう。もちろん、これは全力を尽くさないという意味ではあ

りません。何も問題がなかったふりをするのではなく、時間をかけて、より良い結果を得るようにしましょう。

キャリア開発をサポートし、パフォーマンスについて話し合う

　良いマネージャーは、期待していることを包み隠さず正直に伝え、チームメンバーが成長できるよう多くのフィードバックを提供します。また、チームメンバーが挑戦することをあきらめてしまうような非難ではなく、成長を促すような建設的な意見を述べます。フィードバックするときには、パフォーマンス評価まで待つのではなく、年間を通じて定期的にフィードバックします。良いマネージャーは、チームメンバーに成長の機会も与えます。新しいスキルを習得できるよう手助けし、キャリア開発のために必要なリソースを提供します。

　良いキャリア育成者になるためには、以下のようなことを行うべきです。

パフォーマンスに対する期待を伝える

　チームメンバーに期待するパフォーマンスをはっきりと伝えてください。明確なゴール、マイルストーン、パフォーマンス標準を定め、チームメンバーが何を期待されているかを理解できるようにします。期待をはっきりさせることで、チームメンバーは組織の目標に沿って業務やパフォーマンスを遂行できるようになります。

チームメンバーに公正なパフォーマンス評価を行う

　公平かつ客観的にパフォーマンを評価します。チームメンバーの強みや、改善すべき点、成長の可能性を中心に、タイムリーで建設的なフィードバックを提供します。誠実に評価することで、チームメンバーのプロフェッショナルとしての成長を促し、キャリアパスに関して、チームメンバーが十分な情報を得た上で意思決定できるようにします。

パフォーマンスと報酬の関係について説明する

　チームメンバーは、自分の報酬が自分のパフォーマンスとどのように関係してしているかを理解しておかなければなりません。昇給、ボーナス、その他の報酬を決定する際に使用される基準など、パフォーマンスに基づいた報酬体系を説明してください。この関係をはっきりさせることで、透明性が高く公平な報酬制度を提供できます。

チームメンバーのキャリア形成について昇進以外の道をアドバイスする

キャリア形成とは、必ずしも組織内の昇進だけを意味するものではありません。組織内の別のキャリアパス（例えば、部署異動や、特別プロジェクト、部署横断的な業務など）について、チームメンバーにアドバイスしましょう。チームメンバーが自身のキャリアについて理解を深めることで、チームメンバーがさまざまな成長と昇進の道を模索できるよう手助けできます。

チームメンバーが社内で成長し、自らを変えていく方法を模索する手助けをする

社内での成長機会を提示し、その機会を活かすようチームメンバーを積極的に支援します。チームメンバーが自分の興味やキャリアの目標に合わせて、専門能力開発プログラムや、研修制度、資格取得、チャレンジングな業務に挑戦するよう促します。こうして、チームメンバーの成長を支援し、継続的な学習と能力開発の文化を育むことができます。

Google では、GROW（Goal、Reality、Options、Will）モデルを活用して、マネージャーと直属の部下との間でキャリア開発に関する話し合いを行うようにしています。このモデルは、次の 4 つの鍵となる質問から構成されます。

Goal（目標の明確化）

求めるものは何ですか。この質問により、キャリアに対する希望や、理想の役割、モチベーション、価値観を把握しましょう。

Reality（現状の把握）

何が起こっているのでしょうか。現在の役割についてどう感じているのかを理解しましょう。やりがいを感じているのか、それともフラストレーションを感じているのかなどです。

Options（選択肢の検討）

何ができますか。現在の状態（現実）からゴールに近づくために、どのような選択肢があるか話し合ってみましょう。

Will（意志の確認）

何をしますか。その道を歩み始めるのに最適な選択肢とステップをはっきりとさせましょう。

直属の部下とのパフォーマンス評価やキャリアアップの話し合いを行う際にも、このモデルを用いることができるでしょう。

チームの明確なビジョンや戦略を持つ

良いマネージャーは、明確なビジョンと戦略をチームに効果的に伝えなければならないことを理解しています。また、チーム活動の背景にある「理由」をチームに理解させます。良いマネージャーは、自ら模範を示してチームをリードします。そして、会社のミッションとビジョンに対して情熱を持って取り組み、チームメンバーのモチベーションを高めます。また、チームメンバーとの定期的なミーティングや 1on1 を行い、ゴールや、計画、優先順位について話し合い、全員が同じ方向を向いて仕事を行うようにします。

明確なビジョンを持つマネージャーは、組織ゴール達成に向けてチームメンバーを鼓舞し方向性を合わせることができます。以下に、読者にも実践できる方法を紹介します。

ビジョンや戦略を策定しチームメンバーを鼓舞する

チームメンバーを鼓舞しモチベーションを高められるように、説得力のあるストーリーを構築します。チームの将来の成功を活き活きと描いたビジョンを策定し、その仕事がもたらすインパクトと価値を表現します。このようにして、目標に対する熱意とコミットメントを喚起することができます。

チームのビジョンと戦略を会社のものと合わせる

会社のミッションや、価値観、戦略目標を理解した上で、それらをチームの目的意識に沿ったビジョンに変換します。こうして、チームの目的意識と方向性が定まり、一丸となって目標に向かう原動力となります。

チームを巻き込んで、納得のいくビジョンを作成する

できるだけ、チームメンバーから意見や、アイデア、考えを募り、オーナーシップと権限付与の意識を育むようにします。チームを意思決定プロセスに関与させることで、さまざまな専門知識を活かし、コラボレーションを促すことができます。そして、チームの集合知を結集したビジョンを創造できます。

ビジョンをはっきりと伝え、チームが理解できるように支援し質問を促す

わかりやすい簡潔な言葉を使い、業界スラングは使わないようにして、誰もが

簡単に理解できるようなメッセージを伝えるようにします。コンテクストを伝え、ビジョンに込められた意図を説明し、チームメンバーが質問することを促して、はっきりと理解してもらうようにします。

全体的な戦略がどのように業務に反映されているのかをチームに理解させる

全体的な戦略とチームメンバーの日々の業務の間に存在するギャップをどのように埋めるかを考えましょう。チームメンバーに対して、メンバー自身の貢献が、全体的な戦略の枠組みにどのように位置付けられるのかを納得してもらいしましょう。チームの業務が戦略ゴール達成に与えるインパクトを説明することで、チームメンバーのエンゲージメントや、モチベーション、目的意識を高めることができます。

Google では、以下のようなステップを踏むことを推奨しています（**図4-2** 参照）。チームが価値観を定義し、それを短期ゴールに結びつけることができるように支援します。

コアバリュー

チームの深い信念

目的意識

チームが存在する理由

ミッション

チームが達成しようとしていること

戦略

チームがミッションを実現する方法

ゴール

戦略を実行するために短期間で達成する目標

コアバリューと目的意識は、ミッションを決定するのに役立ちます。ミッションがわかれば、それを達成するための長期的な戦略を立てることができます。そして、戦略を確実に実行するために、各段階で達成すべき短期的なゴールを明確にできます。

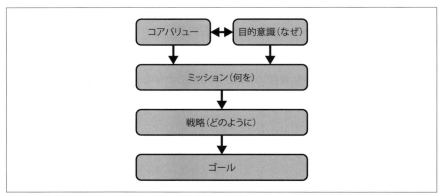

図4-2　価値観からゴールまで

鍵となる技術的なスキルを持ち、チームにアドバイスできる

マネージャーは、技術的な知識と経験を活かして、以下のような方法でチームにアドバイスを与えることができます。

チームが技術的に難しい状況を切り抜けられるよう支援する

チームが抱える技術的な課題を理解できる必要があります。プロジェクトの複雑さについてよく理解し、チームメンバーが課題や障害を克服できるようサポートしてください。はっきりとした指示とサポートを行い、複雑な技術的問題に適切に対処し、現実的な解決策を見つけられるようチームを導いてください。

業務における課題を理解する

テックチームのマネージャーは、チームが担当する技術領域について、十分な知識と経験を持っているべきです。チームメンバーの業務における課題や難しさを理解しておく必要があります。その業務に関わるツールや、プロセス、方法論なども含めてです。このような知識があれば、チームに寄り添って障害となり得る問題を予測し、適切に指導やサポートを行うことができます。

技術的なスキルを活かして問題解決に貢献する

専門知識を活かして問題解決に貢献できるはずです。チームと協力してトラブルシューティングを行い、革新的なソリューションを見つけてください。技術的な知識や知見を共有することで、チームは技術的な問題を乗り越え、プロ

ジェクトの目標達成に貢献できます。

新しいスキルを習得してビジネスニーズに備える

変化の激しい環境においては、最新のトレンドや、ツール、テクノロジーに常に目を向けるようにしてください。ビジネスニーズの変化に対応するために、技術スキルの習得や向上に努めるのも良いでしょう。業界の進歩に追随することで、十分な情報に基づいて意思決定が行え、チームに対してガイドの役目を果たすことができます。そして、技術戦略を組織の目標と整合させられます。

技術的なステークホルダーと非技術的なステークホルダーの間のギャップを埋める

技術的なステークホルダーと非技術的なステークホルダーの間のギャップを効果的に埋められるように、コミュニケーションスキルを身につけましょう。このようなスキルを身につければ、技術的な専門知識に詳しくないステークホルダーにも、わかりやすい言葉で専門的な概念を説明できるようになります。そして、わかりやすいコミュニケーションを行って理解を深めることで、技術的なソリューションとビジネス目標を合わせることができます。

決断力に長けている

マネージャーにとって不可欠な資質として、重要な決断を下す能力があります。この能力は、テックチームのマネージャーにとっては特に重要です。チームや会社の方向性に関する決断を求められることが多いからです。テクノロジーや、ビジネスニーズ、ゴールに関する知識に照らし合わせ、さまざまな選択肢を検討し、最善の選択を行う能力が求められます。

優れたマネージャーは、あらゆる角度から問題を検討し、情報に照らして意思決定を行うことができます。また、固定観念にとらわれることもありません。さまざまな視点が必要な複雑な問題に対処する際には、このような能力が不可欠です。

以下のような戦略を活用すれば、優れた決断を下せるようになります。

ビジネスにとって最も有益なことを念頭に置きながら、効率的に意思決定する

必要に応じて危機感を適切に示し、迅速な意思決定を行えるようにします。意思決定を行う際には、個人的なバイアスや主観によるものではなく、ファクトや、データ、論理的推論に基づいて客観的に判断します。

目の前の状況をよく見て意思決定を行う

それぞれの状況の独自性やコンテクストを考慮した上で意思決定を行います。

問題の性質、投入可能なリソース、想定されるリスク、期待される成果など、具体的な状況を分析してください。状況の複雑さ、緊急性、想定されるインパクトに基づいて意思決定するようにします。

意思決定の理由をはっきりと伝える

自分がどうしてこのような意思決定を行ったのか、その理由をはっきりと透明性をもって伝えることができるはずです。意思決定を正しいと認めてもらうためには、考慮した要因、実施した分析、そして意思決定の理由を説明する必要があります。どのように考えたかを伝えることで、他者もその決断の理由を理解し、期待する結果と一致しているかどうかを判断できます。このような透明性により信頼が深まり、曖昧な部分は減ります。そして、ステークホルダーがその決断を効果的にサポートし実行できるようになります。

部署横断でコラボレーションする

優れたマネージャーは、チームが効果的に協力し合えるよう、部署横断的にコラボレーションを行います。彼らは自分の部署やチームだけに目を向けるのではなく、全社的な視点で物事を考えます。また、プロジェクトの成功にはさまざまなグループ間の協力が欠かせないことを理解しており、そうした連携を促すために努力します。

部署間の連携をうまく行うためには、常日頃から以下のようなことを実践すべきです。

部署横断的なコラボレーションが必要になるとしても、全体的なビジネス目標に沿った全社的なゴールとアウトカムを最優先する

自分のチームの成果だけに集中するのではなく、会社にとってベストな結果をもたらすために、他のチームと協力する機会を率先して模索してください。「私たちはみんなでこの状況を一緒に乗り越えようとしている」という意識を育み、全社の利益を優先して意思決定を行うことが重要です。

ビジネス全体にとってベストな結果を達成できるように他のチームとの連携の機会を模索する

部署間の連携が指示されたり義務付けられたりするのを待つのではなく、自発的に、チームの取り組みを全社ゴールや戦略に整合させる機会を模索しましょう。

さまざまなチームや部署を横断し、見本となるようなコラボレーションを行う

自ら手本を示し、さまざまなチームや部署間のコラボレーションを積極的に推進します。オープンなコミュニケーション、情報共有、知識の交換を促します。さまざまな部署のステークホルダーとあらかじめ関係を構築しておき、共通のゴールを達成するためにコラボレーションします。コラボレーションのメリットを示していくことで、他のメンバーにも同じ行動を取るよう促し、部署横断的なチームワークの文化を醸成できます。

チームに対して会社の規範やポリシーに則した責任ある行動を求める

チームに対して会社の規範やポリシーを遵守させてください。はっきりとした要望を伝え、チームメンバーが定められたガイドラインや手続きに従うよう求めましょう。コンプライアンスを徹底することで、働きやすい環境を築きます。また、組織の価値や標準に対する読者のコミットメントをはっきりと示すことにもつながります。

企業文化やコミュニティに参画する

全社的なイベント、取り組み、ソーシャル活動に積極的に参加し、会社の文化やコミュニティに積極的に関わります。帰属意識を育み、さまざまなチーム間でのコラボレーションを促すことで、建設的でインクルーシブな職場作りに貢献できます。多様性を尊重し、チームメンバー全員が尊重されるようなインクルーシブな環境を作り、誰もが働きやすい職場を目指しましょう。

4.1.4　アウトカム

Project Oxygen はプロジェクトで掲げた目標を達成し、マネージャーが重要であることが証明されました。そこで、さらに一歩踏み込んで、優れたマネージャーに不可欠な特性を定量的に定義し、それを体系化しました。データドリブンによる継続的な改善という考え方を掲げ、リーダーシップ、コミュニケーション、コラボレーション、そしてマネジメントなど、いわゆるソフトスキルにうまく適用しました。

このプロジェクトで明らかにされた振る舞いは、Google 社員のパフォーマンスや、満足度、離職率にプラスの影響を及ぼしました。また、このプロジェクトは、Google がより効果的で効率的なマネジメントチームを構築する上でも役立ちました。この調査結果は、Google のマネージャー育成プログラムに組み込まれています。これらのプログラムは、新任および現職のマネージャーに対して、Google において優れたマネージャーとなるために必要なスキルと振る舞いを学ぶ機会となります。実際

に、Google は、毎年開催される「Great Manager Award」の選考基準を、Project Oxygen で明らかにされた振る舞いを基準に見直しました。

Project Oxygen の取り組みは広く浸透しました。その結果、Google 社員のコラボレーションレベルに対する評価や、パフォーマンス評価の透明性、グループのイノベーションやリスクテイクに対する取り組みに多大な影響を及ぼしました。これらの要因は、以下のような結果をもたらしました。

- 従業員のパフォーマンス向上
- 従業員満足度の向上
- 従業員の離職率の低下
- 決断力の向上
- コラボレーションの強化
- 働きやすい職場環境

Project Oxygen の調査結果から得られた知見は、チームマネジメントを改善したいと考えるあらゆる組織にとって貴重なものです。このプロジェクトで明らかにされた振る舞いは、マネージャーとして活躍したい人にとって不可欠なものです。Google にとってどのような意味があったかを見ていくことで、組織のサイズやタイプに関係なく、他の組織でも同様の戦略を実行できることがわかるでしょう。

4.1.5　Project Oxygen の調査結果の活用

イノベーションを重視し、ユーザーエクスペリエンスと従業員のウェルビーイングにしっかりと取り組むことで、Google は、その創設以来独自の発展を遂げてきました。また、プロダクト提供や人々の文化において多様性を実践する大規模組織でもあります。Project Oxygen からの知見は貴重であり、Google での職場環境に大きな変化をもたらしました。それでは、ソフトウェアエンジニアリングマネージャーである読者にとって、この知見はどのように役立つのでしょうか。

この話題には鍵となる視点が2つあります。

読者の現在の経歴とスキルセット

Project Oxygen の調査結果に照らして、自分の経歴や現在のスキルセットを内省することができます。その方法として、調査結果をチェックリストとして使用すれば、自分のスキルセットが満たしている部分や不足している部分を特

定することができます。例を以下に示します。

- 読者は、効果的なコーチングについてもっと経験を積む必要があると感じるかもしれません。この場合、積極的にコーチングスキルを磨く機会を探しましょう。まず、読者の指導が役立ちそうな人をチーム内で見つけ出します。その人のニーズに合わせて行動計画を立てて話し合いましょう。その際には、コーチとして成長していくために、フィードバックを大歓迎していることを伝えてください。
- 1on1 のやり方を改善する必要があるかもしれません。その場合は、1on1 ミーティング用にテンプレートを用意し、試行錯誤しながらカスタマイズすることで、スキルを高めることができます。この場合、チームメンバーからの率直なフィードバックが役に立つでしょう。

また、マネージャー向けの研修や能力開発の機会を求めることで、スキル不足に事前に対処することもできます。Project Oxygen で明らかにされた振る舞いや資質に対応したワークショップ、ウェビナー、講座を探しましょう。このような方法で、自分の能力を調査結果と合うように戦略的に開発できます。

組織におけるマネージャー評価の実践

読者の組織でマネージャー評価の方法が確立されていれば、チームが読者をリーダーとしてどう評価しているのか（読者のマネジメントスタイル、強み、改善が必要な領域など）、貴重な知見を得ることができます。例えば、コミュニケーションが明確ではないというフィードバックがあれば、この点を重点的に改善できます。

正式な評価の場を持っていない場合でも、話し合いや傾聴を通じて知見を得ることができます。チームが何を伝えようとしているのかを理解しましょう。「与えられた機会に満足しているのか、もっと成長する機会が欲しいのか」などの質問をしてみましょう。このような質問は、マネージャーとしてどのように成長すれば良いのか、その方向性を探るのに役立つはずです。このような質問を行う場合、Google のマネージャーフィードバックアンケート（https://oreil.ly/xJ_hU）が役に立つでしょう。

Project Oxygen で得られた知見と、それに基づいて Google が開発したツールは、改善を進める組織やチームにとって非常に参考になるものです。

次の節では、Google のもう一つの調査プロジェクト（Project Aristotle）につい

て見てみましょう。

4.2 Project Aristotle

1章で、Project Aristotleの調査結果を紹介しました。この調査では、Googleにおいてチームの効果性を向上させる、鍵となる要因を明らかにしました。成功するチームを構築するためには、**図4-3**に示された5つの力学が重要であることがわかりました。

1章では、チームを効果的にする条件は何かという観点からこれらの要因を検討し、高いパフォーマンスを発揮するチームを構築するために、このような特性をどのように育むべきかについて考察しました。

それでは、マネージャーは、このような力学をチームの中でどのように育めば良いのかに話を移しましょう。読者はマネージャーとして、このような効果を生み出す鍵となる要素をサポートし育む、という重要な役割があります。

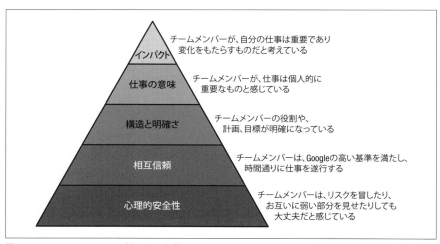

図4-3　Project Aristotleの鍵となる力学

4.2.1　心理的安全性

1章で述べたように、**心理的安全性**とは、チームが対人関係においてリスクを取っても安全であるという認識を持つことです。Project Aristotleの調査で示されたよ

うに、これはチームの効果性において最も重要な要因です。

　チームにおける心理的安全性という考え方は、Amy Edmondson 氏が「Psychological Safety and Learning Behavior in Work Teams」（https://oreil.ly/WXzka）という論文の中で初めて提唱したものです。Edmondson 氏は、チームにおける心理的安全性を「チームが対人的なリスクテイクに対して安全であるという共通の信念」と定義しています。また、彼女は、これが「集団の結束力」とどう違うかについても語っています。**集団の結束力**とは、集団として互いにうまくやっていくことです。これに対して、チームにおける心理的安全性とは、チームの中で、悪者扱いされたり、他人の感情を傷つけたりすることを恐れずに、安心して発言したり、リスクテイクしたりできることです。誰もが尊重され信頼されていると感じられるような場所で、オープンで正直な議論をしながら仲良くやっていくことなのです。

　チーム内の結束力が強まると、チームメンバーと意見を異にしたり、他人の意見に異議を唱えたりすることが難しくなります。心理的安全性は、チームメンバーがチーム内で他者と話をするときに、あまりにも軽率でもなく、あまりにも寛大すぎでもないようにすることを意味しています。チームメンバーが発言する際に恥をかいたり、全面的に否定されたりすることを恐れない環境を作り出します。また、基本的な質問であっても無知だと思われることを心配することなく、気軽に質問できるようになります。チームメンバーには相互尊重と信頼感が生まれ、誰もが自分らしくいられます。

> **ノート**　心理的安全性は、直接的には顧客の要件を満たすものではありませんが、チーム全体がゴールを達成するために適切に行動できるようにするものです。

　一部のチームメンバーが発言しないのは、恥ずかしがり屋だったり内向的だったりするために、チームの前に立って自分の意見をはっきり言うことができないからではないか、と主張する人もいるかもしれません。Harvard Business Review 誌に掲載された調査（https://oreil.ly/1smQm）によると、確かにこのような性格的な面もあるのかもしれませんが、状況的なパースペクティブの方がより重要であることが示されています。**状況的なパースペクティブ**とは、職場の環境が発言を促していないと感じてしまうために、チームメンバーが発言できなくなるというものです（https://oreil.ly/6NPbA）。この調査によると、従業員が職場で発言しようとする際には、個人の性格よりも環境の方が影響が大きいということがわかりました。

　Edmondson 氏は、チームの心理的安全性が組織の学習やパフォーマンスにどのよ

うな影響を与えるかについて調査した際に、参加者に対して「このチームでミスを犯すと、自分にとって不利になることが多いですか」や、「このチームでは、誰ひとりとして私の取り組みをわざと台無しにするような振る舞いをしませんか」といった質問を行いました。この調査の実践的な応用例として、Google はワークショップを開催しました。心理的安全性をサポートする振る舞いや、その反対に毀損する振る舞いをわかりやすく説明するために、いくつかのシナリオをロールプレイしました。これらのワークショップを通じて、私たちは、他者から能力、意識、積極性について否定的に評価されるかもしれない振る舞いを普段から行わないようにすることで、自分自身を守ろうとしていることを理解できました。しかし、このような振る舞いは効果的なチームワークにとって有害です。チームメンバーがお互いを安全だと感じれば感じるほど、間違いを認めたり、パートナーを組んだり、新しい役割を担ったりする可能性が高まります。

　マネージャーとしてチームの心理的安全性を高めたいと考える場合、そのためにパフォーマンス標準を引き下げても良いわけではないということを理解しなければなりません。チームメンバーが安全だと感じられるようにするからといって、不適切な行動を許容することはできません。パフォーマンス標準と心理的安全性の両方を高く保つ必要があります。そうしなければ、人々は懸念を口にし、声を上げることができません。チームに心理的安全性を作り出すために、マネージャーが実行できるステップを以下に示します。

敵となるのではなく、協力者として対立に臨む

対立は成長と学習の機会として前向きに考えましょう。対立を争いに発展させる必要はありません。マネージャーは、どちらかの味方をしたり、責任を負わせたりするのではなく、関係者全員がそれぞれの見解を表明できるように、オープンで敬意に基づいた話し合いを行うべきです。そして、解決策を見出し、理解を深めるという共通のゴールに集中するよう、チームに働きかけるべきです。

人間らしく話し合う

心理的安全性を確立するには、効果的なコミュニケーションが不可欠です。マネージャーは、親しみやすく共感を呼ぶような態度でチームメンバーとコミュニケーションを行うようにしてください。難解な専門用語や堅苦しすぎる言葉は使わないようにしましょう。明確で簡潔、そして相手の意見を取り入れるよ

うなコミュニケーションスタイルを用いてください。人間らしく話し合うことで、マネージャーは人とのつながりを育み、信頼を築き、一人ひとりが自分の考えや懸念を表明しやすい環境を構築できます。

反応を先読みし、対応策を考えておく

マネージャーは、特に慎重に扱うべきことや、難しい話題について話し合うときには、チームメンバーからの反応や抵抗を想定しておく必要があります。さまざまな考え方や、ありうる反応を事前に考慮することで、マネージャーは適切に対応できるよう準備しておきます。そして、チームメンバーの懸念や恐れに対して、協力的で理解ある態度で対処します。このように、先読みした対応を行うことで、マネージャーは気配りや共感を示すことができます。その結果、心理的安全性の文化が醸成されます。

非難を探究心に置き換える

ミスが起きたり、何か問題が起きたりしたときに、責任をなすりつけてはなりません。そうではなく、マネージャーはいつでも探究心を持って行動するようにしてください。チームメンバーに、根本的な理由や、その要因、そこから得られた教訓について尋ねるようにしましょう。非難から探究心へ発想を転換することで、ミスを罰や恥ずべきものではなく、成長や学習の機会ととらえる環境が作られます。

自分の行動に対してフィードバックを求める

マネージャーは、自分のコミュニケーション方法やリーダーシップについて、チームメンバーからのフィードバックを積極的に求めるべきです。メッセージの伝え方についてフィードバックを求めることで、マネージャーは改善への意欲と心理的に安全な環境作りへの取り組みをアピールすることができます。このようなフィードバックループにより、マネージャーは自分のコミュニケーションがチームメンバーにどのような影響を与えているのかを理解し、それに応じて調整することができます。

心理的安全性を測定する

マネージャーは、チーム内の心理的安全性のレベルを定期的に測定するようにしてください。匿名のアンケートや、フォーカスグループ、1on1 ミーティングなどを活用します。フィードバックを集めることで、マネージャーは改善が必要な領域を把握し、心理的安全性を高めるために的確な対策を講じることが

できます。また、定期的に測定することで、継続的な改善への取り組みを示すことにもなり、心理的安全性がいかに重要であるかをチームに浸透させることにもなります。

チーム内の心理的安全性と対人関係を強固にしたいと考えているのであれば、Googleが提供するマネージャー向けガイド（https://oreil.ly/A_Xfo）を利用したりカスタマイズしたりするのも良いでしょう。

4.2.2 相互信頼

チームが個人の力以上の成果を上げるためには、チームメンバーが互いを信頼し、協力し合えるようにしなければなりません。チームメンバーがさまざまな面でお互いを頼り合えれば、チーム内の相互信頼は高くなります。相互信頼はチームへの貢献を高めます。チームメンバーは正しいことを行うために、お互いに、そしてリーダーを頼りにできるべきです。

チームミーティングに時間厳守で参加するといった単純なことでも、信頼性を高めることができます。1人が時間を守らないと、チーム全体の不満につながります。さらに、誰かが遅刻しても問題ないと思ってしまうと、時間を守ることを軽視するようになるでしょう。

チームメンバーを信頼できるかどうか一目で見分けるのは簡単ではありませんが、些細な行動の積み重ねが、信頼できる人、あるいは信頼できない人という評価につながります。信頼できるチームメンバーやリーダーは、以下のような重要な特性を備えています。

純粋な気持ち

信頼できるチームメンバーは、しっかりとした倫理観を備えており、その真意も純粋です。個人的な目標よりもチーム全体のゴールを優先し、チームとチームメンバーの利益のために行動します。彼らは誠実さや、正直さ、公平さという意識によってドライブされており、それが同僚からの信頼と尊敬を育みます。

説明責任

説明責任は、チームメンバーを信頼するための基本となる特性です。任された仕事に対してオーナーシップを持ち、自分の行動とアウトカムに説明責任を持ちます。期限を守り、約束を果たし、質の高い仕事をすることの重要性を理解

しています。責任感のあるチームメンバーは、率先して課題に取り組み、問題の解決策を模索し、チーム全体の成功に貢献します。

健全な考え方

信頼できるチームメンバーは、批判的かつ分析的な思考力を備えています。彼らは、論理的かつ思慮深い姿勢で問題や意思決定に取り組みます。関連情報を考慮し、さまざまな視点から評価を行い、起こりうる影響を踏まえて、十分な情報を得た上で選択を行います。健全な思考力により、チームメンバーは貴重な知見を提供し、チームの目標にポジティブな影響を与えるような信頼性の高い意思決定を行うことができます。

継続的な貢献

信頼できるチームメンバーは、常にチームの取り組みに貢献します。彼らはチームのディスカッションや、ミーティング、プロジェクトに積極的に参加し、自分のアイデアや知見を提供します。常に高い水準で業務を遂行し、定められた期限を守ります。信頼性が高く、確実に責務を果たすことができるため、チーム全体のパフォーマンスが向上し、彼らの能力に対する信頼が高まります。

読者はマネージャーとして、チーム内の相互信頼と、外部のステークホルダーから見たチームの信頼性を確保する責任を負います。このような観点から、以下のような問いを自問するようにしてください。

- リーダーとして、チーム内でどのような振る舞いが求められるのか、その方向性を示していますか。
- 他のチームや、内外のステークホルダーは、読者のチームが約束や期限を守ると信頼していますか。

チーム内に相互信頼を育むことで、期限や約束を守ることも容易になります。個人の特性とはいえ、チーム内で相互信頼を育むには、次のようなステップを踏めばよいでしょう。

模範を示す

マネージャーとチームリーダーは、自らの行動や振る舞いにおいて、信頼のお手本を示すべきです。リーダーは、常に約束を守り、約束を最後までやり遂

げ、課題について透明性を保つことで、チームに同じように行動するよう促す
お手本となります。

コラボレーションと相互信頼を促す

チームワークとチーム内の相互信頼の重要性を強く訴えます。チームメンバー
が共通のゴールを達成するために、お互いをサポートし助け合いながらコラボ
レーションを行うよう働きかけます。こうすることで、チームとしての責任感
が育まれ、相互信頼はチームによる努力の賜物であるという考え方が深まり
ます。

役割と期待を明確に定義する

チーム内の各自の役割、説明責任、期待されるパフォーマンスをはっきりと伝
えます。チームメンバーが、自分のタスクと、自分のタスクに対して期待され
るものについてはっきりと理解することで、責任感が生まれ、仕事を効果的に
優先順位付けすることができます。

オープンなコミュニケーションを促す

チームメンバーが仕事量や、課題、今後起こりうる障害について気軽に話し合
える環境を醸成します。オープンなコミュニケーションを奨励することで、必
要なときには問題を未然に解決したり、サポートを求めたりすることができま
す。そして、期限や約束を守ることができるようになります。

サポートとなるようなフィードバックを提供する

チームメンバーのパフォーマンスについて建設的なフィードバックを与え、相
互信頼に関連する強みと改善点を指摘します。信頼性を高めるために、個人的
なゴールを設定するよう奨励し、彼らの能力開発をサポートするためのリソー
スやガイダンスを提供します。

相互信頼は、チームの効果性にとって不可欠です。相互信頼は、信頼関係を築き、
コラボレーションを深め、生産性をドライブします。役割を明確に定義したり、オー
プンなコミュニケーションを奨励したり、建設的なフィードバックを提供したり、コ
ラボレーションを促したり、模範を示してリードしたりすることで、チームは相互
信頼の文化を育むことができます。そして、アウトカムと成功を高めることができ
ます。

4.2.3 構造と明確さ

Project Aristotle の結論の一つは、「Google では、チームメンバーが誰であるかということよりも、チームメンバーがどのように相互作用したり、どのように仕事を構成したり、自分の貢献をどのようにとらえたりしているかのほうがはるかに重要である」というものです。チームメンバーが自分に何が期待されているかを理解するためには、構造を確立することが不可欠です。同時に、ゴールと計画を明確にすることは、正しい方向に向かって仕事を進めるのに役立ちます。チームメンバーは、全体的な構造とプロセス、そしてその中で自分はどのような位置付けにあるかを明確に理解しておくべきです。

組織内が大きく変わりやすく、ハイブリッドワークやリモートワークが一般的になったポスト COVID の世界では、構造と一人ひとりの役割の明確化がこれまで以上に重要になっています。誰がプロジェクトのどの部分を担当しているのか、そして彼らに何が期待されているのかがわかっていれば、エンジニアは他のメンバーに何度も確認することなく、自分自身だけで独立して正しい方向に作業を進めることができます。一方、組織や一人ひとりの責務が曖昧だと、ストレスや混乱が生じます。

OKR（Objectives and Key Results、目標と鍵となる成果）

2 章で、OKR を紹介しました。OKR は、Google をはじめとする多くの組織で使われているフレームワークです。ゴールを明確化し、整合させるために使われています。OKR は、何を達成すべきか、どのように成功を測定するかを定義することで、構造とプロセスを構築するのに役立ちます。

3 章では、チームのゴールを伝えて、自分の仕事がどのように全体計画に貢献しているかを全員に理解させるというコンテキストで、OKR について再び触れました。では、チームと組織の目標間の整合性を高めるために、OKR がどのように活用できるのか、もう少し掘り下げてみましょう。

Google では、チームの OKR を会社の全体ゴールと整合させることが推奨されています。組織のすべての OKR が、チームの OKR に直接リンクしている必要はありません。しかし、各チームの目標と、会社の上位目標のうち少なくとも一つの目標との間にははっきりとしたつながりがあるべきです。こうすることで、各チームの活動が、組織の重要な優先事項に貢献していることが保証されます。

四半期ごとの OKR を設定する際には、Google のチームは、関連する組織の OKR の達成に非常に大きなインパクトを与えるであろう成果をまず洗い出します。このよ

うな成果が、その四半期のチームの最優先事項となります。これらの成果を達成することが、会社の目標を達成することにつながるからです。

チームと個人の OKR の例

- 目標：[プロダクト]の収益の伸びを加速する
- 鍵となる成果：
    - 全ユーザーに対して X 機能をローンチする。
    - ユーザー 1 人当たりの収益を XX ％増加させる X 施策を実施する。
    - 収益に関連した 3 つの実証実験を開始し、何が収益拡大の要因となるかを明らかにする。
    - 第 1 四半期に XX 機能を構築するための技術的サポートを確保する。
- 目標：[プロダクト]の評判を高める
- 鍵となる成果：
    - 3 つの業界イベントで講演し、[プロダクト]の優位性を復活させる。
    - トップ XX ユーザーを見つけ出し、直接アプローチする。
    - ユーザーから指摘されたエラーに対する応答時間を XX% 短縮する

　OKR は、四半期あたり数回の頻度で再考し見直すようにしてください。これは強制ではありませんが、OKR は調整ツールとしても便利だからです。チームメンバーが新しい情報に適応したり、明らかに達成不可能な目標を放棄したり、追加のリソースがあれば達成する可能性のある目標への意識を高めたりするのに、OKR が役立ちます。OKR を適切に運用すれば、組織内のあらゆるゴールを明確にする効果的な方法となります。

RACI マトリックス

　もう一つ人気のあるフレームワークとして、責任割り当てマトリックス（**RACI マトリックス**《https://oreil.ly/VSJDJ》とも呼ばれます）があります。この RACI マトリックスは、さまざまな役割に責任を割り当てる際に、構造と明確さをもたらしてくれます。RACI マトリックスは、人々の責任を明確にし、チームが遂行すべきすべての業務が確実に処理されるようにするためのシンプルなグリッドシステムです。RACI とは、以下の頭文字をとったものです。

Responsible（実行責任者）
作業を行う人々

Accountable（説明責任者）
作業内容を管理する人

Consulted（協業先）
作業をレビューしフィードバックを行うべき人々

Informed（報告先）
情報を常に把握しておかなければならない人

このモデルを使って責任を割り当てる場合、プロジェクトのさまざまなタスクや成果物に対して、誰が、実行責任者、説明責任者、協議先、報告先の役割を担うのか明確にしなければなりません。例として、**表4-1**に、2つの成果物に対するRACIマトリックスを示します。

表4-1　RACIマトリックスの例

成果物	実行責任者	説明責任者	協業先	報告先
設計ドキュメント	ソリューションアーキテクト	プロジェクトマネージャー	チームリーダー	開発者
コード	開発者	プロジェクトマネージャー	チームリーダー	テスター

4.2.4　仕事の意味

職場で**仕事の意味**を見出すというのは、仕事において目的意識、充実感、進歩を実感するということです。**仕事の意味**は人によって異なります。エンジニアにとっては、単にコーディングや問題発見に没頭することかもしれません。また、経済的な安定や、家族の扶養、社会に変化をもたらすことのできる何かの一員であることなど、個人的なゴールを達成するという場合もあります。

チームメンバーが自分の仕事に意味を見出し目的意識を持てば、仕事に最大限に取り組むようになり、強みを発揮して組織の発展に貢献するようになります。また、より深いレベルで仕事との関わりを感じ、創造的な思考やアイデアの共有に取り組むようになります。目的意識によりドライブされて、プロジェクトやタスクはただ単にこなせばいいというものではなくなり、きちんとやり遂げたいと思うようになるので

す。チームメンバーは、それがチームのためになると思えば、変化も受け入れるようになります。

目的意識や**仕事の意味**は、一見薄っぺらな言葉に思えるかもしれません。チームメンバーに目的意識を見つけさせるにはどうすればいいのでしょうか。モチベーションを高めようと話をしても耳に入らないかもしれません。人は自分の貢献が重要であることを知ったとき、仕事に意味を見出すということを忘れないようにしてください。仕事の意味を見出すことを手助けするには、彼らが自分の仕事を愛していることを実感できるような、共感の持てるストーリーを見つけるようにしてください。

マネージャーとして、彼らが自分のストーリーを見つけ、仕事との関わりを深める手助けをしましょう。チームメンバーは一人ひとり異なるので、そのモチベーションも異なるでしょう。読者の役割は、チームメンバーがそれぞれのキャリアを自分好みにアレンジできるようサポートすることです。そのためにチームメンバーに対してできることは以下のようなことです。

ポジティブなフィードバックと評価

チームメンバーは、自分の仕事が評価され認められていると感じたいと思っています。マネージャーは、公式・非公式を問わず、定期的にフィードバックや評価を行うことで、チームメンバーに対して目的意識を持たせることができます。1on1 ミーティング、チームミーティング、公の場での評価などを活用してください。

強力なサポート

ポジティブでサポートし合える職場環境を作ることで、チームメンバーは大切にされ尊重されていると感じ、目的意識が高まります。チームメンバーは同僚やマネージャーとの絆を感じたいと思っています。マネージャーは、親しみやすくサポートしたり、チームビルディングの機会を作ったり、成功を共に祝ったりすることで強い人間関係を作ることができます。

4.2.5　インパクト

自分の仕事の本来のインパクトを理解することで、人はより積極的に仕事に取り組み、革新的で生産的な仕事ができるようになります。調査 (https://oreil.ly/gjYQF) によると、重要な仕事に取り組むことは、仕事のパフォーマンスにポジティブなインパクトを与えます。自分の仕事が重要であることがわかれば、人はやる気を起こします。自分の仕事が評価されることで、人は自分が評価されていると感じるのです。自

分の仕事に誰も気づいてくれなければ、その仕事はどうでもいいものと思うようになり、仕事のやり方がいい加減になってしまうかもしれません。

たとえ読者のチームが大きな組織の小さなチームであっても、チームメンバーにとっては、自分の仕事が組織のゴールとつながっていると感じられるようにすることが大切です。自分が取り組む仕事はたとえ小さなものであっても、自分の仕事がエコシステム全体を前に進めていることを実感する必要があるのです。リーダーとしての読者の役割は、チーム内外でどれほどのインパクトを与えているのかをチームメンバーに伝えていくことです。

マネージャーとして、いくつかのステップを踏むことで、プロジェクトがなぜ必要なのか、なぜチームの一員であるのかについて、チームメンバーを納得させることができます。組織やチームに加わる前から、「なぜ私を雇うのですか。私に何を期待しているのですか。なぜ私がその役割を担うのですか」と質問を投げかけてくるかもしれません。読者は、リーダーとして、チームの一人ひとりに対して、これらの問いにいつでも答えられるようにしておかなければなりません。ここでは、チームの理解度を高めるためのポイントをいくつか紹介します。

組織目標との関係付け

マネージャーは、単にタスクを割り当てるだけでなく、組織の目標とメンバーそれぞれの仕事との間にどのような関係があるのかをはっきりと示す必要があります。マネージャーは、メンバー一人ひとりの貢献が組織の大きな目的にどのように整合しているのかを説明することで、メンバー一人ひとりが自分の役割の意義を理解できるようにします。自分の仕事が組織のゴール達成にどのようなインパクトを与えるのかを実感することで、チームメンバーは目的意識を持ち、最高のパフォーマンスを発揮しようというモチベーションが高まります。

チームビジョンに向けた取り組み

マネージャーはビジョンを策定する際に、チームで協力して明確なビジョンを作成するよう促すと良いでしょう。マネージャーが、チームの戦略策定においてチームメンバーを巻き込んで、個人の貢献を大事にすることで、チームメンバーに対してオーナーシップとコミットメントの意識を育みます。チームメンバーがビジョンを共有することで、一人ひとりの仕事が全体像の中でどのように貢献しているかがわかりやすくなります。このような方法で、一体感と組織

的な取り組みを後押しし、モチベーションとエンゲージメントを高めます。

顧客とユーザーに対するインパクトの理解

チームメンバーは、自分たちの仕事が顧客やエンドユーザーの生活にポジティブな変化をもたらしていることを知りたがっています。もし、あるタスクに対して、そのタスクがプロダクトやサービスの体験や品質をどのように向上させるのかをきちんと説明できないのであれば、チームはそのタスクにあまり興味を示さないでしょう。マネージャーは、チームの仕事が現実に与えるインパクトを納得させるために、サクセスストーリーや、顧客からのフィードバック、顧客からの感謝の言葉などを定期的に共有すべきです。

パフォーマンスとアウトカムの関連付け

マネージャーは、個人やチームのパフォーマンスと、達成したアウトカムをはっきりと関連付けてください。マネージャーが進捗と成功をトラッキングするためのフレームワークを構築するのには、OKR が役立つでしょう。パフォーマンス評価用のメトリクスを定期的に確認し、チームメンバーと話し合うことで、チームメンバーは自分の作業の直接的なインパクトを理解して、結果を重視するマインドセットを育むことができます。

このような戦略を活用することで、マネージャーは、チームが自分たちの仕事のインパクトについてより深く理解できるようにします。チームメンバーが明確な目的意識を持ち、組織の目標との関係を理解し、自分たちが生み出しているポジティブな変化を実感できれば、共通のゴール達成に向けて、より一層積極的にモチベーション高く力を注ぐようになるでしょう。

4.2.6　アウトカム

Project Aristotle の調査により、会話のキャッチボールと共感をベースに、人と人とのつながりを築くことが、チームの心理的安全性や成功に不可欠であることが明らかになりました。チームは、自分たちの仕事が単なる労働ではなく、それ以上のものだと感じたいと願っています。Project Aristotle では、普段は自分の気持ちを共有することに抵抗を覚える人々にも、会話や議論を交わすことを奨励しています。Project Aristotle の成果は、生産性と効果性を高めようと試みる中で、チームメンバーが疎外感を覚えたり、自己表現にためらいを感じたりしているのを、リーダーが見逃してしまう恐れがあることを示しています。

4.4 まとめ | **145**

Project Aristotle の調査結果をうまく活用するために、Google は gTeams エクササイズというツールを作成しました。このツールについては、次の節で説明します。

4.3　Project Aristotle の調査結果を活用する

Google は、優れたマネージャーを育成するために、Project Oxygen の調査結果に基づいたプログラムを作成しました。同じように、Google は Project Aristotle で発見された 5 つの力学を強化するために、**gTeams エクササイズ**と呼ばれるツールも開発しました。

このエクササイズは、チームメンバーが 5 つの力学についてチームの現状を答える、10 分間のアンケートから始まります。その後、チームはその結果について話し合い、改善に役立つようなリソースにアクセスします。チーム力学を強化するための実践（心理的安全性を高めるために、ミーティングはカジュアルな雑談から始めるなど）を普段から行うようにしたことで、Google のチームには顕著な改善が見られました。

長年にわたり、さまざまなチームに所属する何千人もの Googler がこのツールを使用してきました。新たにグループルールを採用したチーム（例えば、チームミーティングの冒頭に週末の予定についてカジュアルに雑談するなど）は、心理的安全性評価で 6%、構造と明確さの評価で 10% 改善が見られました。このように、チームの効果性を高めるフレームワークは、多くのチームの効果性向上に役立ってきました。

この gTeams エクササイズは Google 専用のツールですが、そのコンセプトはあらゆるチームに十分に適用できます。まずは、自チームの 5 つの力学の現状を評価するために、簡単なアンケートを作成することから始めてみてください。その結果をもとにオープンな話し合いを行い、これらの要素をチーム文化に浸透させるための方法を検討します。定期的に測定することで、長期的な変化を確認することができます。

Project Aristotle の調査結果を理解することで、チームの効果性を評価し、向上させるための実証済みのフレームワークを手に入れることができます。また、読者自身のマネジメントスキルを向上させることもできます。

4.4　まとめ

Project Oxygen と Project Aristotle の調査結果のほとんどは、今になって振り返ってみれば、ごく当たり前のことに思えるかもしれません。これらのプロジェクト

の意義は、Google 社内で行われた広範な調査と、これらの調査結果を裏付けるデータにあります。調査により、私たちが意識的に行うべきことが明らかになりました。また、これらの調査結果は、ある程度はさまざまな職場に普遍的に適用することができます。調査は Google 社内で行われたものなので、グローバルな規模やリソースという点では一般的な企業とは言えません。しかし、多くの調査結果は、読者の業務や、読者のチーム、読者の組織に適用することができるでしょう。

　Google は継続的に調査を行うことで、これらのプロジェクトの結果として導入されたさまざまな手法の利点を理解し、必要に応じて改善することができました。読者の組織やチームも、これらの調査結果のどの部分が自分たちに適用できるのかを見極めて、少しずつプロセスをカスタマイズしていけば、徐々にその恩恵を受けることができます。経験則に合っているかどうかにかかわらず、リーダーはこれらの調査結果をもとに行動し、チームや組織内で日常的に実践することで、その効果性に対して目に見える変化をもたらすことができるのです。

　次の章では、引き続き調査に焦点を当てますが、今度はまた違った種類の調査です。これまでは、成功するために導入すべきパターンについて説明してきました。次章では、失敗しないように、避けるべきアンチパターンについて説明します。

5章
効果性に対する
一般的なアンチパターン

　これまでの章では、エンジニアリングチームの効果性を高めることが、いかに重要であるかについて述べました。また、心理的安全性や相互信頼などの要因が効果性を育むことについて詳しく説明しました。そして、マネージャーや、リーダー、エンジニアが個人としてチームとして効果性を高めるためにできることをリストアップしました。

　このガイダンスが直感的に理解できる方もいらっしゃるでしょう。効果的でないことを意図して行う人はいません。しかし、どんなに努力しても、効果的でないことが意図せぬところで現れることがあります。状況やマーフィーの法則のせいにすることもできますが、計画外の複雑な問題が発生して、プロジェクトのアウトカムに悪影響を与えることはあります。振る舞いや意思決定のパターンによっては効果性を向上させる場合もありますが、一方でチームのゴール達成を妨げる場合もあります。正しいパターンを実行して、効果的なチームをこれらの落とし穴から守るにはどうすればよいのでしょうか。

　ソフトウェア開発においては、信頼でき効果的であるデザインパターンがあります。それとは対照的に、その真逆のアンチパターンもあります。**アンチパターン**とは、繰り返し発生する問題への一般的な対応策のことです。しかし、一見解決策のように見えるものの、実際には上辺だけのものであり、非生産的であり効果的ではありません。

　問題が表面化するのを待つのではなく、効果性を妨げるような典型的なアンチパターンを学び、問題が発生した場合はそれらを早期に特定するようにしてください。この章では、ソフトウェアエンジニアリングチームがはまりやすい多くの落とし穴を考察した上で、効果性を妨げる一般的なアンチパターンを紹介します。それぞれのケースにおいて、アンチパターンを特定するのに役立つ特徴と、それらに対処して

チームの効果性を元に戻すためのコツを学んでいってください。

振る舞いや取り組みのパターンを認識すれば、チームリーダーは事前に予防することができます。アンチパターンの発生をできるだけ抑えるために、ガイドラインや、ポリシー、教育プログラムを策定することができます。アンチパターンを特定し対処することで、健全で生産的なエンジニアリング文化が醸成されます。そして、チームリーダーが内省したり、ポジティブな取り組みやコラボレーションが必要な領域を特定したりする際に役立ちます。

ソフトウェアエンジニアリングチームの効果性に悪影響を及ぼすアンチパターンについて述べる前に、アンチパターンをカテゴリーに分類します。

5.1　アンチパターンのカテゴリー

アンチパターンは問題領域を表します。さまざまなアンチパターンはチームの効果性を妨げますが、発生する原因や理由がそれぞれ異なります。チームの機能不全はあらゆる場所で起こります。個人の振る舞いや、リーダーシップのやり方、チームのプロセスなどどこででも発生します。そして、いずれにしてもチーム全体に広がっていきます。アンチパターンの影響はすぐに現れるとは限りません。一人のチームメンバーから始まり、徐々にチーム全体に広がっていくこともあります。

さまざまなアンチパターンをよりよく理解し対処するためには、それらをカテゴリー分けする必要があります。カテゴリー分けの目的は、類似したアンチパターンをグループ化し、わかりやすく整理することです。ソフトウェアのデザインパターン（https://oreil.ly/zswdr）と同じように、効果性に対するアンチパターンと、その解決策の標準ライブラリが用意されていると便利でしょう。このようにすることで、チームリーダーは、エンジニアリングプロセスを妨げるような振る舞いのパターンや構造上の問題を特定し認識しやすくなります。

それぞれのカテゴリーは、アンチパターンが発生する場所に基づいて分類しています。カテゴリーを理解しておけば、対象を適切に選択したり、影響を緩和する戦略を策定したりするのに役立ちます。チームリーダーは、チームが直面する特定の課題に対処するために、アンチパターンのタイプに基づいて的を射た解決策を講じることができます。カテゴリーを理解することで、特定の振る舞いの背後にある根本的な原因を特定し、その影響を理解し、より効果的に根本的な問題に対処することができます。

アンチパターンは、**表5-1** に挙げたカテゴリーに分類することができます。

5.1 アンチパターンのカテゴリー | **149**

表5-1　アンチパターンのカテゴリー

アンチパターン	説明	緩和策
個人	これらのアンチパターンは、特定のチームメンバーが持つ資質や振る舞いから生じます。例えば、他者を助けすぎるチームメンバーは、意図せず依存心を高めてしまう恐れがあります。	一般的には、根本原因に直接対処するため、アンチパターンの原因となった人に対して問題の是正を求めていきます。
業務関連	これらのアンチパターンは、エンジニアリングプロセスにおいて度々発生し、プロジェクトのアウトカムに悪影響を及ぼす悪しき慣習です。ワークフローの不備や、チームが採用している方法論やコミュニケーションチャネルに原因があることが多いです。	チーム全体に対して、軌道修正や、意思決定、コミュニケーションが必要になることが多く、一般的にチームリーダーが率先して対処します。
構造的	これらのアンチパターンは、チームメンバーの編成、役割の割り当て、コラボレーションの構造など、チームの構造に関連する部分で発生します。知識のサイロ化や、コミュニケーション不足、最適とは言えないチーム編成によるスキルバランスの問題などを顕在化させます。	構造的なアンチパターンの特定と修正を行うことで、チームはより良いコミュニケーション、均等なスキル開発、そしてコラボレーションの強化を促し、最終的には、よりまとまりのある効果的な職場環境を実現します。
リーダーシップ	これらのアンチパターンは、チームリーダーの振る舞い、決断、または行動に起因するアンチパターンです。リーダーがチームのコラボレーションを妨げたり、進捗を邪魔したり、険悪な職場環境を生み出したりするような非生産的な態度を示すと、これらのアンチパターンが現れます。例えば、マイクロマネジメントを実践するリーダーは、知らず知らずのうちにイノベーションを抑制し、チームメンバーのやる気を削いでしまう恐れがあります。	リーダーシップに関連するアンチパターンの問題は、影響力の中心となるポイントで発生するため、チームの士気やプロジェクト全体のアウトカムに悪影響を及ぼします。これらのアンチパターンを認識し修正するには、チームのためにリーダーを仲裁したり取りなしたりできるシニアチームメンバーやシニアリーダーシップが必要です。

さまざまな種類のアンチパターンの発生源や緩和策について理解を深めたところで、それぞれのカテゴリーに含まれるアンチパターンを詳しく見ていきましょう。これらのアンチパターンの一部は、これまでに他の書籍や記事で、さまざまな目的で取り上げられてきました[1]。本書の場合は、類似した意見をまとめ、チームの効果性を維持したいチームリーダーにとって参考となるように、筆者の視点でアンチパターンを紹介していきます。図5-1 に、各カテゴリーで取り上げるさまざまなパターンの概要を示しています。

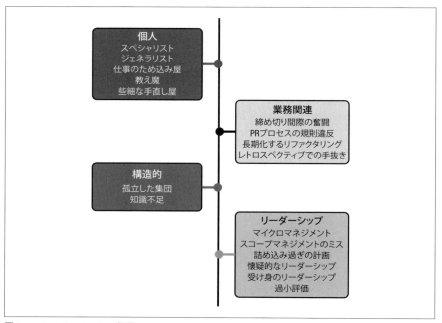

図5-1　アンチパターンの概要

---

[1] ソフトウェアエンジニアリングとプロジェクトマネジメントのアンチパターンに関するその他の参考文献: "20 Patterns for Data-Driven Leadership"（https://oreil.ly/yEH7R）、"Project Management AntiPatterns"（https://oreil.ly/FtMQG）、"Five Management Anti-Patterns and Why They Happen"（https://oreil.ly/NIIfy）など。

5.2　個人のアンチパターン

　個人レベルのアンチパターンは、個人によって始まり、個人によって終わります。それらは、メリットをもたらす一方で、放っておくと悪影響を及ぼす恐れのある個人の資質から生まれます。当初は効率的で結果を重視したアプローチに見えても、最終的にはチーム力学に悪影響を及ぼす場合があります。個人が自らの貢献は有益であると心から信じている場合でも、予期せぬ結果が生じることもあります。これらのアンチパターンに対処するには、一般的には根本原因に直接対処する必要があります。多くの場合、その原因を作った本人が適切な対応を取らなければなりません。以下に、このカテゴリーに属する、一般的なアンチパターンを紹介します。

5.2.1　スペシャリスト

　読者のチームには**スペシャリスト**がいる場合が多いでしょう。その人物は特定のモジュールや機能に非常に深い知識をもち、コードベースの隅々まで熟知しています。誰も知らないようなちょっとした裏技も知っていたりします。他の部分については詳しくないかもしれませんが、その特定のパーツがどのように機能するのかはよく知っています。このような状況は、最初は都合が良いように思えるかも知れませんが、徐々にチームやプロジェクト全体に悪影響を及ぼす恐れがあります。

　例えば、読者のチームが、オンラインマガジンアプリを開発しているとします。このアプリは、さまざまなタイプのコンテンツを読み込むことができるカスタムウィジェットコンポーネントを搭載しています。チームのエンジニアの一人が、そのコンポーネントの開発だけでなく、その後のすべての修正も担当しています。このエンジニアは、バックエンドで使用されている API、ドラッグ・アンド・ドロップ機能の設計、カスタマイズなどについて、使用されている CSS クラスにいたるまで精通しています。また、古いブラウザ XYZ で動作させるための特別な回避策を知っているのも、このエンジニアだけです。これは間違いなく**スペシャリスト**です。

　スペシャリストの出現は、多くの場合、計画されたものではなく、結果として生じるものです。このような人々は、システムやプロダクトの複数のイテレーションにわたって、同じモジュールに繰り返しアサインされてしまいます。時が経つにつれ、彼らは同じ領域の問題解決が素早くできるようになり、その結果、チームにとって生産的な人材であると考えられるようになります。このような状況は、個人をその領域における頼りになる専門家へと、無意識のうちに変えてしまいます。最終的には、彼らはそのモジュールの事実上のオーナーとなり保護者となってしまいます。

現在進行中のプロジェクトを新たにリードすることになった方でも、プロジェクトを最初からリードする方でも、次のような兆候を知っておけば、スペシャリストとその専門領域を特定する際に参考になるでしょう。

- その人はプロジェクトのある特定の領域を習熟するのに、十分な期間関わっています。
- ある特定のモジュールについて何か質問があるときに、チームが問い合わせる人物がこの人です。
- 他のチームメンバーは、そのコードを触りたいと思っていますが、躊躇しており、レビューを行うための十分な知識もありません。
- その人は、コードを改善したり、問題や変更依頼に対応したりする作業に自信を持っています。提出されたコードはほとんど修正の必要がありません。

スペシャリストをチームに多数集めることは、完璧な解決策のように思えるかもしれません。全員にとって心地よい環境がもたらされるからです。しかし、それはリスクの高いアンチパターンです。チームとスペシャリストにとって多くの落とし穴が生まれる恐れがあります。

- スペシャリストはチームにとって不可欠な存在となり、数日間不在になるだけでも、業務に影響が出るのではないかとチームが心配してしまいます。スペシャリストが他のチームや組織に移籍することは、チーム全員にとって悪夢であると思っています。このように、スペシャリストは単一障害点となり、チームはスペシャリストの存在に過度に依存するようになります。
- スペシャリストの持つ細かい知識をドキュメント化することは不可能です。知識がサイロ化する恐れがあります。知識共有の場を設けても、他のエンジニアがモジュールを実際に操作してみなければ、ビジネスロジックや、これまで施されてきたコードの最適化を理解することはできません。
- 一部のスペシャリストは、自分の知識に固執し過信するあまり、ユーザビリティを改善するための貴重なフィードバックを無視してしまう恐れがあります。
- 同じことを長期間続けると、個人の業務上の能力開発に支障をきたします。新しいスキルを習得する時間や意欲がなくなり、結果として成長が止まってしまう恐れがあります。

チームリーダーやマネージャーとして、スペシャリストの存在に安心感を覚えるかもしれません。しかし、深い専門知識と、生産的なチーム力学全体とのバランスを保つことが不可欠です。チームに専門家がいることは良いことですが、それぞれの専門家には、少なくともその専門家の 60〜80% の知識を持つようなバックアップ人材も必要です。リーダーは、過度な専門化によるリスクを軽減するために具体的な対応策を施すとともに、長期的にチームが持続可能となるように専門化の仕組みを構築する必要があります。

- チームメンバーにさまざまな領域の専門知識を身につけさせ、適応力とレジリエンスを備えたチームを育成します。
- スペシャリストがレビューを行う間、変更の一部を他のエンジニアに任せるよう促します。
- スペシャリストに、彼らが専門とするモジュールについて、例外的なケースやFAQ をドキュメント化するよう促します。また、知識共有のための場を設けてもよいでしょう。
- スペシャリストの視野を広げ、プロジェクト内の他の領域の中で興味のあるものを探すよう、そっと背中を押してあげましょう。まずは、彼らが精通しているモジュールに関連したものから始めるのが良いでしょう。
- 1on1 では、スペシャリストの希望、学びの目標、受講したい研修について尋ねます。

スペシャリストのアンチパターンは、単に専門家を育てるだけではなく、効果的にコラボレーションして、お互いをサポートし合えるようなプロフェッショナルチームを育成することの重要性を浮き彫りにしています。このバランスをうまく取ることで、個人とチームの双方において、長期的な成長や、適応力、成功が確実なものになります。

5.2.2　ジェネラリスト

名前からわかるように、**ジェネラリストのアンチパターン**は、エンジニアがスキルを多様化し、さまざまな領域に貢献したいという思いに駆られてしまい、あまりにも多くのことに手を広げすぎたために、特定の領域における深みや専門性を知らず知らずのうちに損なってしまう場合に発生します。彼らは適応力を高めようとしているのかもしれませんが、その結果として、深い知識や専門性、そしてオーナーシップの意

識が欠如してしまうことがあります。

多くのモジュールと多層構造からなる複雑なプロジェクトを進めているチームを想像してみてください。一般的には、ビジネスアナリスト、バックエンド/フロントエンドエンジニア、テストエンジニアなど、チームは役割分担されていることでしょう。しかし、一人のエンジニアが、ジェネラリストとして熱心にさまざまな領域に積極的に取り組み、必要であればどこでもサポートしたとします。複数の領域にまたがって積極的に取り組み、複数の役割を担おうとする姿勢は、一見するとチームにとって有益で好ましいように思えます。しかし、専門知識は薄まっていき、実際にはマスタリーには到達していないのにもかかわらず、有能であるかのように錯覚させてしまいます。

ジェネラリストの振る舞いは、多才であろうとする善意の気持ちから生じる場合が多いのです。エンジニアは、さまざまな領域にまたがって貢献することがチームに価値をもたらすことを知っています。しかし、自分自身にとっては、このパターンは特定の領域に対して深く理解できなくなるという問題につながる恐れがあります。

> **ノート** 理想的には、チームメンバーには、T字型のスキルセット（https://oreil.ly/gQQMu）を身につけてほしいと考えるでしょう。T字の縦棒はプロジェクトの特定領域における専門性を表します。また、横棒はプロジェクトのさまざまな領域にまたがってコラボレーションし貢献する能力を表します。

リーダーなら、ジェネラリストはどこにでもいるので、すぐに気づくでしょう。次のような資質を持つ人を探してみてください。

- このエンジニアは、さまざまな領域で貢献できるよう、多才さをアピールします。
- そのエンジニアの関与は幅広いですが、知識はあまり深くありません。
- 作業を開始したのはそのエンジニアであっても、作業を完了するためにスペシャリストに引き継がれる場合が多いです。
- 有能であるかのように誤解されつづけますが、真のマスタリーには至っていません。

万能であろうとするあまり、ジェネラリストはさまざまな領域に手を出してしまい、特定の領域で真のエキスパートになることができなくなります。その結果、専門

知識を必要とする作業にはスペシャリストの協力が必要となることが多くなります。このように、ジェネラリストは万能性を目指しているにもかかわらず、その万能性は否定されてしまいます。さらに、一見有能であるかのように見せかけて、実は深い知識を持っていないことをごまかすことにもなります。この見せかけだけの有能さは、チームの効果性を損ない、複雑な作業や重要な作業を行う際に問題を引き起こす恐れがあります。

このアンチパターンに対処し、チームの専門性を改善するためには、チームリーダーは次のようなことを行う必要があります。

- プロジェクト全体に関する一般的な知識を維持しながら、特定の領域でマスタリーになれるよう、プロジェクトのある特定の領域をジェネラリストに担当させます。
- エンジニアが、自分の強みや興味に合った領域の専門性を磨くよう働きかけます。
- ジェネラリストとスペシャリストが協力し、最高のアウトカムを達成できるようなコラボレーション環境を構築します。
- 専門領域における継続的な学習とマスタリーを追求する姿勢を奨励します。

このように、ジェネラリストのアンチパターンが意味しているのは、スキルの多様化においてはバランスを取ることが重要ということです。成功するチームは、プロジェクトに関する幅広い一般的な知識と、深い専門能力を持つ人々で構成されています。このアンチパターンの傾向に気づき対処することで、チームは、個人の強みを活かしつつ、マスタリーと専門性を育めるような、バランスのとれたチーム力学を醸成できます。

5.2.3 ため込み屋

スペシャリストやジェネラリストであれば、何を予測しておけば良いかはわかります。しかし、チームの効果性を損なう**ため込み屋**の場合は事情が異なります。このタイプの人は他とは異なるやり方をします。スプリント中にひっそりとさまざまな作業に取り組み、それらがひとつの巨大な PR に集約されるまで更新をため込みます。提出されたコードがスプリントの他の部分と完璧に組み合わさるのであれば、このやり方は効果的であるかのように思えるかもしれません。しかし、そうでない場合は、面倒なレビューを行い、スプリントの締め切りまでに駆け込みで作業を行う必要があり

ます。

　読者のチームが多機能なアプリケーションの開発に取り組んでいる状況を想像してみてください。一人のチームメンバーが、チーム全体の取り組みの中で、ひたすら自分のタスクに没頭し、スプリント全体にわたって変更を蓄積しつづけます。その理由は、まとめて貢献したいという思いからかもしれません。または、未完成のコードを提出して他のメンバーから責められることを恐れてのことかもしれません。そのためため込み屋は、以前、あまりコラボレーションを必要としないプロジェクトに従事しており、一人で作業する習慣が身についているのかもしれません。また、単独で作業を続けることのリスクを認識していないのかもしれません。

　ため込み屋の意図が何であれ、コードをため込むことは、以下のようなことを意味していることが考えられます。

- ため込み屋が自分のチームを信頼していないことを示しています。
- ため込み屋が自分の仕事を共有することに不安を感じていることを表しています。
- 他のチームメンバーがため込み屋を信頼できなくなるかもしれません。

　ため込み屋を見つけるのは比較的簡単です。最初のスプリントでもすぐに気づくかも知れません。

- そのエンジニアによる更新は、プルリクエストがかなりの量に膨れ上がるまでため込まれます。
- 他のチームメンバーは、ため込み屋が現在行っている作業についてほとんど知りません。
- ため込み屋が行ったプルリクエストは巨大であるため、コードレビューに時間がかかり、その上あまりに遅いタイミングでプルリクエストが行われます。結果として、十分なリソースを割くことができず、レビュー不足のコードが残ってしまう恐れがあります。
- そのエンジニアは、自分のコードは完璧だと信じており、ソリューションの他の部分と合わせるように提案されても、すぐに受け入れることはないでしょう。

　コードのため込みは、成果物やチームのまとまりに多大な悪影響を及ぼす恐れがあります。

5.2 個人のアンチパターン | **157**

- ため込み屋は、個人作業をひたすら続けることでチームの連携リズムを乱します。継続的なフィードバックループを損ない、シームレスなインテグレーションを阻害します。その結果、フィードバックサイクルが遅くなり、問題を早期に発見して修正することが難しくなります。
- コードレビューの段階で、ため込み屋がボトルネックになります。大規模なプルリクエストは、時間をかけて慎重に評価する必要があり、スプリント完了までの効率全体に悪影響を及ぼします。
- このような孤立主義的なアプローチでは、知識も共有されません。他のチームメンバーは進行中の作業について情報を得ることができず、意見を述べたり効果的にコラボレーションしたりするタイミングを逃してしまいます。
- ため込み屋は、多大な貢献をアピールしたいのかもしれませんが、このやり方は、知らず知らずのうちにチームのアジリティと結束力を損ないます。このような問題を解決するには、透明性と継続的インテグレーションの文化を育む必要があります。

リーダーとして、ため込み屋というアンチパターンを緩和し、何度もこの問題にぶつからないで済むようにするには、以下のことを検討してみてください。

- 進行中の作業の状況を明確にするために、頻繁にコミットして、プルリクエストを小分けにすることを促します。
- スタンドアップミーティングを毎日実施し、チームメンバーが各自の作業内容について共有するようにします。
- 継続的インテグレーションを徹底し、ボトルネックを解消するために、早い段階から頻繁にコードレビューを行うことを奨励します。
- これらの問題について、直接的に、しかし、穏やかに、そのため込み屋と話し合ってください。そして、彼らの振る舞いがチームの取り組みに悪影響を及ぼす恐れがあることを理解させてください。

例を挙げて説明しましょう。かつて筆者のチームに、John というため込み屋がいました。John は非常に有能でしたが、一人で仕事をこなしていました。彼にとって初めての大きなプロジェクトは、Chromium の重要なモジュールでした。彼はこのプロジェクトに一人で取り組みました。彼は緻密なコードを作成しましたが、複雑なコードであったため、他の人がインテグレーションしたり理解したりするのは困難で

した。

筆者がまず John にアドバイスしたのは、コラボレーションの重要性についてでした。「コードは書くよりも読むことの方が多いのです。コードはチームの共有財産であり、一人で解くパズルではありません」と伝えました。このアドバイスが、John を孤立したコーダーから協調性のあるチームメンバーへと変革するきっかけとなりました。しかし、問題がすべて解決したわけではありませんでした。

John が次にぶつかった壁は、効果的なコミュニケーションでした。彼は自分のアイデアを伝えるのに苦労することが多く、チーム間のやり取りにおいて重要な情報を伝えきれないことがありました。特に顕著だったのは、プロジェクトの進捗状況を報告するときでした。大半のチームメンバーは、彼の技術的で詳しすぎる説明を理解することができなかったのです。

筆者は John と協力して、彼のコミュニケーションスキルの改善に取り組みました。簡潔さとわかりやすさを重視するように指導したのです。「頭の良い高校生に話しかけるように説明してください」というのが私たちの口癖になりました。こうすることで、John の説明能力が向上しただけでなく、仕事に対する理解も深まりました。

当初、John は自分の知識を共有することに消極的でした。チーム内での自分の価値が下がることを恐れていたのです。しかし、以前に自分が解決したことのあるバグに対して、ジュニアエンジニアが苦戦しているのを助けたことで、John の考えが変わりました。彼にジュニアエンジニアのメンターを務めるよう勧めたことが大きな転機となりました。知識を共有しても自分の重要性が下がるところか、実際には重要性が増すことにすぐに気づいたのです。この気づきのおかげで、彼はメンターとして振る舞うようになり、チームへの貢献度を大幅に高めることになりました。

John にとって鍵となる瞬間は、技術的なリスクの大きい決断をしたためにプロジェクトが成功しなかったときでした。以前とは異なり、John は責任を素直に受け入れました。

失敗した後に話し合った際には、失敗そのものよりも、そこから何を学ぶかに重点を置きました。彼には、「どんな失敗も、より大きな成功への足がかりとなります」と伝えました。このマインドセットの転換は極めて重要なものでした。なぜなら、John にリスクを受け入れて、挫折から学ぶことを教えることになったからです。そして、これは技術リーダーにとって不可欠な特性だからです。

今では、John は単なる技術リーダーにとどまらず、同僚のメンターであり、彼らにインスピレーションを与える存在となっています。彼は、コラボレーション、わかりやすいコミュニケーション、そして継続的な学習の価値を体現しています。John

にとって最大の学びは、ソフトウェアエンジニアリングにおけるリーダーシップとは他者に力を与えることである、と理解したことでした。それは、レジリエンスがあり、適応力があり、革新的なチームを作り出すために必要なのものなのです。

ため込み屋のアンチパターンは、継続的なコラボレーションや透明性が重要であることを教えてくれます。成功するチームは、チームメンバーの共同作業、継続的なコミュニケーション、そして少しずつ変化を積み重ねていくことで成り立っています。ため込み屋の傾向を認識し対処することで、チームはよりスムーズなワークフロー、より迅速なコードレビュー、より健全なチーム力学を実現できます。

5.2.4 教え魔

ソフトウェアエンジニアリングチームの中には、エンジニアが本来の役割を超えて手助けに熱中するあまり、**教え魔というアンチパターン**に陥ってしまうことがあります。彼らは善意から他のエンジニアをサポートし、コードの品質向上に貢献します。最初は、この非公式なメンターを素晴らしいと感じるかも知れません。しかし、エンジニアが教え魔に頼りすぎてしまい、自分自身で決断できなくなってしまうと問題となります。

複雑なプロジェクトの達成に向けて結束しているチームを想像してみてください。コラボレーションしているときに、あるエンジニアが教え魔として振る舞います。そして、チームメンバーが困難に直面するたびに、教え魔が解決策、アドバイス、答をいつも提供してしまいます。コードレビューでは、教え魔が主導して、大規模な再設計や書き直しを行うことになる場合もよくあります。メンティーが自分で問題を解決しようとしても、問題を分析する前に、完璧な解決策が手取り足取り与えられてしまいます。これは善意から行われていることですが、このやり方では、個人が問題解決能力を身につけるよりも、その都度メンターに助けを求めるという文化を育んでしまいます。

教え魔のアンチパターンは、悪意なく現れるのが一般的です。エンジニアは、協力的な環境を育むために、このような振る舞いを行うことがよくあります。コミュニティとして、私たちは、シニアエンジニアに対して、ジュニアエンジニアのスキルを現場で活用できるよう支援することを求めています。しかし、このやり方が極端に過ぎると、チーム内のスキルが向上しなくなり、結果として自主性の低下につながる恐れがあります。

このパターンを特定するには、教え魔とチームの資質を注意深く観察しなければなりません。

- そのエンジニアは、求められなくても進んで助け舟を出します。
- チームメンバーは、些細なことでもそのエンジニアの意見を求めることが習慣になっています。
- チームに新たに加わったメンバーは、そのエンジニアの専門知識にすぐに依存するようになります。
- そのエンジニアは、自信を持って課題に対処し、多くの場合、問題が起こる前に先手を打って対応します。

しかし、実際には、チーム全体の成長だけでなく、教え魔の効果性にも悪影響を与える落とし穴がいくつも潜んでいます。

- あらゆる問題を解決する役割を演じることによって、教え魔は個人としても集団としてもチームの成長を損なってしまいます。チームメンバーは、スキルや知識を磨くよりも、教え魔に頼ることに慣れてしまいます。
- さらに、教え魔の時間とエネルギーは、手助けのために使われすぎます。このため、個人の生産性や責務を果たすための余裕がなります。この状態が続くと、燃え尽きにつながり、チーム全体のパフォーマンスにも悪影響を及ぼすことになります。
- 教え魔の熱意は評価できますが、その結果はチームの自主的な学習や自立を損なうだけです。この問題を解決するには、助け合いと自主的な取り組みのバランスが取れた学習環境を育成することです。
- もし数人のチームメンバーが教え魔に依存するようになると、チームが2つの派閥に分かれるかもしれません。一方は基本的に教え魔に賛同する派閥であり、もう一方は教え魔の考え方に疑問を呈する派閥です。

教え魔のアンチパターンを緩和し、バランスの取れた成長を促すには、次のような対策を講じます。

- チームメンバーに助けを求める前に、自力で問題解決を試みるよう促します。
- 経験レベルの異なる者同士をペアにすることで、ピア・ラーニング（メンバー同士の学習）を促します。
- 知識共有のための機会を定期的に設け、幅広い学習を推奨します。
- 教え魔に対して、自身のタスクと能力開発のための時間を確保するよう働きかけます。

● 教え魔に対して難しい作業を割り当て、不慣れなことに挑戦するために時間を費やしてもらいます。

　教え魔のアンチパターンは、助け合いと自主的な学習のバランスを取ることの重要さを気づかせてくれます。成功しているチームは、専門知識を共有し、課題にチーム全体で取り組み、メンバー一人ひとりの成長を育むことを促しています。教え魔のアンチパターンに陥らないようにすることで、チームは、支援する側と支援を求める側の潜在能力を活用することができます。

5.2.5　些細な手直し屋

　些細な手直し屋のアンチパターンは、もっと気づきにくい個人レベルのアンチパターンです。このようなエンジニア（およびそのコード）は、教え魔やスペシャリストのように目立つわけでもなく、また、ため込み屋のように隠れているわけでもありません。彼らは定期的に些細な変更を繰り返します。

　このパターンは、エンジニアが単調な作業やコードの改善をしたいという欲求に駆られ、リファクタリングやコードの整理を口実に、小さな取るに足らないコードの変更を行うことで生じます。これらの変更は一見害がないように思えますが、非生産的な作業に時間を費やしたり、リソースの配分を誤ったり、重要なタスクへの集中力を散漫にしたりする原因となります。このような変更は往々にしてあまりインパクトはなく、些細な調整に必要以上の時間を費やすという悪しき文化を築くことにもなりかねません。

　このアンチパターンを見つけるには、以下のような特徴に気を配ってください。

● エンジニアは、ステークホルダーにとってほとんど価値のない細かいコードの変更を繰り返し行ってばかりいます。
● プロダクトのパフォーマンスやユーザビリティにほとんど影響を与えないにもかかわらず、安定していて最適化されたコードがリファクタリングされているのを目の当たりにします。
● チームの議論は変更に関することのために意識がそらされてしまい、チームメンバーはプロジェクトのアウトカムにほとんど貢献できていないことに気づくのが遅れてしまいます。
● 些細な手直し屋の取るに足らない表面的な変更に貴重な時間が費やされます。
● 意味のあるリファクタリングと取るに足らない手直しが区別しにくくなり

ます。

　悪意があるわけではありませんが、このパターンは、非効率性や個人の成長と成功の機会が失われることにつながります。取るに足らないリファクタリングに時間を費やすことで、些細な手直し屋は、プロジェクトを意味のある作業から目をそらさせてしまいます。彼らはプロジェクトのゴールを明確に理解していないか、もしくは、そのゴールを気にかけてもいません。

　安定したコードを不必要にリファクタリングすることは、コードを変更する担当者がコード内のすべてのビジネスロジックとその影響を十分に理解していない場合、問題を招く恐れがあります。

　チームリーダーとして、些細な手直し屋を正しい道に戻さなければなりません。そのための方法を以下に示します。

- 些細な手直し屋に、新しいやりがいのある仕事を割り当てます。既存のコードを修正するのではなく、ゼロから何かを作成させます。
- リファクタリングに着手する前に、エンジニアにコード変更の及ぼす影響を慎重に評価するよう促します。
- 表面的な修正よりも、本質的な貢献や意味のある改善を評価する環境を構築します。
- コード変更の基準を明確にし、プロジェクトの目標に沿うようにします。

　効果的なチームは、目に見える形で結果が出る作業に集中します。些細な変更にこだわり過ぎて、無駄な作業を行うようなことはありません。些細な手直し屋というアンチパターンの原因となる特徴を見つけ出し、悪影響を緩和することで、チームは効率性を高め、目標達成に集中し、より効果的にゴールを達成することができます。

5.3　業務関連のアンチパターン

　業務関連のアンチパターンは、ソリューションの設計、コーディング、レビュー、テストの際に、プロセスに関する問題によって引き起こされます。これらの問題は、個人に責任を負わせることはできません。チーム全体がリーダーの指導の下で、標準化されたプロセスを遵守してコラボレーションすることで、これらの問題はマネジメントできます。

5.3.1 締め切り間際の奮闘

　締め切り間際の奮闘とは、ソフトウェア開発チーム内で頻繁に見られる、業務に関連したアンチパターンです。リリース直前に、しばしば急場しのぎの対応が行われ、全体的なフィードバックやテストのための時間が十分に確保されないまま、問題や課題に対処されます。このような締め切り間際の奮闘は、一見、効率的で素晴らしいもののように思えますが、実際には、根本的な問題を隠蔽してしまい、プロジェクトに無用なリスクをもたらす恐れがあります。

　ソフトウェアプロダクトの開発に全力で取り組んでいるチームが、リリースを目指しているとしましょう。期限が迫るにつれ、ジュニア開発者がコードレビューやテスト中に発見されたバグの修正に苦戦するようになります。チームのジェネラリストや教え魔が、彼らを手助けするために急きょ駆けつけるでしょう。チームメンバーは、リリースが遅れないようにするために、驚くべき奮闘を見せ、土壇場でこれらの問題の修正に取り組みます。最終的に、テストチームが問題を再テストし、適用された修正を承認します。その奮闘は称賛され、誰もが満足します。しかし、このようなことが繰り返し起きてしまうのです。

　締め切りを守り、リリースを成功させたいという思いから、締め切り間際の奮闘が魅力的に見えることはよくあります。しかし、これがリリース前やスプリントの終了時に毎度繰り返されるとしたらどうでしょうか。毎回、このような奮闘に頼るということは、プロセスレベルに何か問題があることを示しています。プロジェクトにとって、大きなリスクやさまざまな課題に直面する恐れがあります。以下に示します。

フィードバックの欠如

　　　リリース前に問題に対処しようと急ぐあまり、徹底的なテストやフィードバックを行う時間が十分に取れず、見落としや不完全な対応につながる恐れがあります。

隠れた技術的負債

　　　一時的に問題を修正することはできても、長期的には技術的負債が蓄積され、より複雑な問題を引き起こすことにもなりかねません。

品質の低下

　　　このような変更のやり方では、プロダクトの品質を損ない、ユーザーの信頼と満足度を低下させることにつながります。

奮闘への依存

チームメンバーは、直前になってからでも何とかして助けてもらえると、いつも考えるようになってしまい、プロセスを強化しようと思わなくなるかもしれません。

締め切り間際の奮闘というアンチパターンを緩和するには、以下に示すように、よく考えて先を見越したプロセスに移行する必要があります。

効果的な計画

開発サイクル全体を通して、綿密な計画、定期的な進捗確認、継続的なテストを行うことで、開発終盤に重大な問題が発生するリスクを軽減します。

透明性の高いコミュニケーション

課題についてオープンなコミュニケーションを行い、障害となりうる問題を早い段階で発見し解決できるようにします。

優先順位付けされたバックログ

バックログを優先順位付けして保守し、重要な問題や機能を計画的に処理することで、未解決のままの問題の積み残しを防ぎます。

持続可能なペース

締め切りまでの時間に追われてチームを限界まで追い込むことは避けましょう。燃え尽きや、期待外れのアウトカムにつながる恐れがあります。

まとめると、締め切り間際の奮闘は一時的な解決にはなるかも知れませんが、長期的な成功を妨げる持続不可能な方法です。よく考えて先を見越したプロセスを導入すれば、高品質なプロダクトを作り出すことができます。また、技術的負債を最小限に抑え、一貫した品質重視の文化を育むことができます。

5.3.2 PR プロセスにおける規則違反

PR プロセスにおける規則違反のアンチパターンは、ソフトウェア開発チームのプルリクエスト（PR、https://oreil.ly/SEV5S）やコードレビューのワークフローにおけるさまざまな問題のことです。PR ワークフローにおける規則違反の例をいくつか説明しましょう。これらは非効率性をもたらし、コードの品質を低下させ、コラボレーションを妨げる恐れがあります。

形式的な承認

PR が十分にレビューされることなく承認されてしまいます。迅速な承認は効率的であるように思えますが、重大な問題を見落とす恐れがあります。潜在的なバグや、最適とは言えないコード品質につながるかもしれません。形式的な承認はレビュープロセスの価値を低下させ、PR を活用したコラボレーションの本来の意義を失わせます。

自己マージ

エンジニアが自身の PR を承認してしまうと、利益相反が生じ、レビューをすることで得られるはずの重要なチェックと調整が行われないことになります。自己マージは結果的にさまざまな視点を排除することになり、エラーの発見や改善提案の機会を失うことになります。

長い間続いている PR

長期間にわたってエンジニアとレビュアーの間で何度もやり取りが行われるような PR は、コミュニケーションと意思決定の非効率性を示すものです。問題への対処が遅れると、インテグレーションプロセスが長引き、開発サイクル全体が遅延し、進捗が停滞する恐れがあります。

土壇場の PR

締め切り直前に複数のエンジニアから提出される土壇場の PR は、エンジニアによる計画や見積もりの甘さを示すものです。そのような PR は、急いで処理されてしまいます。それ以前の PR と同じだけの十分な検証がされない場合、リスクをもたらす恐れがあります。このような状況が起きてしまうのは、作業遅延の原因となるようなボトルネックが、業務遂行上に存在することを意味しているのかもしれません。

これらの問題に対処するには、徹底的なレビュー、説明責任、そしてタイムリーな進捗を促すような堅牢な PR プロセスを確立する必要があります。

徹底的なレビューと説明責任

それぞれの PR に対して徹底的な評価を義務付けるレビュープロセスを導入します。オープンな議論を奨励します。レビュー担当者が建設的なフィードバックを提供し、改善点を提案できるようにします。この取り組みにより、形式的な承認のリスクが軽減され、レビュープロセスへの積極的な参画が促され

ます。

さまざまな視点での承認

自己マージを防止するルールを導入します。PR には異なるチームメンバーの承認を必要とするというルールを徹底し、より幅広い視点から確認を行うようにします。このようにして、コードベースに反映される前にエラーを発見する確率を高めます。

適切なタイミングでのフィードバックと完了

適切なタイミングで PR のレビューと対応が行われるよう、はっきりとした目標を設定します。PR が長期化しないようにする仕組みを導入します。エンジニアとレビュアー間のコミュニケーションを促し、懸念事項を迅速に解決します。このようにすることで、意思決定が迅速化され不必要に遅れることがなくなります。

中間チェックポイント

進捗状況を確認しボトルネックを特定するために、チェックポイントを設けるようにしてください。エンジニアがお互いの進捗状況を報告し合う毎日のスタンドアップミーティングや、進捗を遅らせている問題や変更要求について話し合うための会議などを設定してください。

Google におけるコードレビュー

2018 年に、Google は、最新のコードレビュー（https://oreil.ly/JqAj9）について、ケーススタディを行いました。このケーススタディでは、過去 10 年以上にわたるコード変更の過程で実施されてきた数百万件のコードレビューを基に、以下のようなベストプラクティスが反復的に洗練されてきたことが明らかになりました。

- コードレビュープロセスにおいて鍵となるものは、教育や、ルールの徹底、ゲートキーピング、事故防止です。
- コードレビューでは、そのプロセスで生成されたトラッキング履歴により、将来の監査が可能になります。
- ある特定のレビューに期待されることは、作成者とレビュアーの業務上の

関係によって変わります。例えば、プロジェクトリーダーがコードをレビューする際には教育が主な目的となります。一方で、ピアレビューでは事故防止に重点が置かれることが多くなります。

- 開発者の平均的な変更件数は週に約 3 件です。初期フィードバックの平均時間は、小規模な変更の場合は 1 時間弱、非常に大規模な変更の場合は約 5 時間です。
- 変更が小規模になればレビューも迅速に行われるため、コードレビュープロセスは負担が軽くなり対応も柔軟になります。変更あたりのレビューアーの平均人数は 1 人です。複数のレビューアーが必要となるような大規模な変更や複雑な変更は、全体の 25% 未満です。
- Google に入社したばかりの人の方がレビューコメントの数は多くなります。在籍期間が長い社員については、コード 100 行あたり 4 件前後のコメントに落ち着きます。
- プロセスにおける失敗の要因は、レビュー時のやり取りにあります。例えば、変更が必要となった理由についての誤解などです。

PR プロセスの規則違反は、チームの効率性、コードの品質、コラボレーションを損なう恐れがあります。PR プロセスを明確に確立すれば、包括的なレビュー、さまざまな視点からの承認、タイムリーな問題解決を促すことができ、これらの問題に対処できます。一貫した PR プロセスを確立し、前述したような規則違反に対処することで、チームは以下のような多くのメリットを得ることができます。

- 問題が早期に発見され解決されることで、コードの品質が向上します。
- さまざまな視点からのレビューやチームメンバーからの貴重なフィードバックにより、コラボレーションが強化されます。
- タイムリーに PR レビューを行うことで、ボトルネックを未然に防ぎ、着実に進捗を進めていくことができます。このため効率性が向上します。

このような方法を採用することで、説明責任、品質、効率的な開発の文化が育まれます。そして、より多くの成果をあげ、まとまりのあるソフトウェア開発ライフサイクルへとつながっていきます。

5.3.3　長期化するリファクタリング

　プロジェクトに取り組んでいると、向上心のあるエンジニアは、既存のコードをもっとうまく記述できることによく気づきます。例えば、以前には利用できなかった新しい API やライブラリを使用して書き換えるなどです。彼らはコードをリファクタリングしたり書き直したりするでしょう。リソースの利用が承認されるのであれば、数名のチームメンバーが関わるミニプロジェクトとして、かなりの規模のリファクタリングを実施するケースもあります。

　長期化するリファクタリングのアンチパターンは、コードのリファクタリングが長引いてしまい、何人かのエンジニアが関わりつづけてしまうことによって発生します。リファクタリングは、完璧主義や、ドメイン知識が足りないために、当初の予定よりも大幅にスケジュールが延びます。そして、当初の予定を逸脱し、長期にわたる修正サイクルに陥ります。リファクタリングのスコープと複雑さが広がってしまうと、プロジェクトの進行が妨げられ、集中力が損なわれて非効率的になります。

　エンジニアは、ソフトウェアの品質を高めるために、計画的にコードのリファクタリングを行うことがあります。少数のエンジニアが協力し、それぞれが知見や改善点を提案します。しかし、計画されたリファクタリングは長期にわたるサイクルへと発展します。そして、時間が長引き、さらにエンジニアが追加されることになります。コードの品質と保守性を向上させるために、細心の注意を払って改良を加えるという真摯な取り組みのはずが、適切なタイミングで軌道修正されなければ、やがてはそれ自体が複雑なプロジェクトになってしまう恐れがあります。このアンチパターンが存在することは、以下の特徴で判別できます。

スコープの拡大
　　リファクタリングの計画が知らず知らずのうちに広がり、より多くの要素や観点を取り込みながら自然に拡大していきます。

進捗の遅れ
　　リファクタリングが長引くと、プロジェクトのスケジュールが遅延し、リリースが遅れます。そして、プロジェクト全体の目標に悪影響を及ぼす恐れがあります。

リソースの浪費
　　長期化するリファクタリングに多くのエンジニアが巻き込まれることで、その

他の重要案件に充てるべき貴重なリソースが浪費されてしまいます。

焦点のずれ

たび重なるリファクタリングは、重要なタスクからエネルギーと時間を奪い、チーム全体の効果性を損ないます。

長期化するリファクタリングのアンチパターンを緩和するには、バランスの取れた戦略が不可欠です。以下のことを検討してください。

原因を特定する

長期化の原因を特定します。

- 完璧を求める気持ちから長期化しているのかもしれません。その場合は、エンジニアやチームがリファクタリングのスコープをはっきりと定義できるように手助けしてください。計画したリファクタリングの境界を明確に定め、スコープの拡大を避けるために目標と重点領域を整理します。
- また、ドメイン知識が不十分であることも問題となり得ます。エンジニアが特定のコードブロックの意図を理解していない場合、そのような状態でリファクタリングを行うのは無謀かもしれません。このような場合は、読者が知っていることを教えたり、以前にそのコード部分を担当したエンジニアと引き合わせたりして、彼らをサポートしてあげましょう。

時間に関する制限を設ける

原因と適切な解決策を突き止めた後、効率性を重視し、プロジェクトのやる気を保ちながら、現実的な期間をリファクタリングに割り当てます。

ピアレビューと完了

リファクタリングの影響を評価し、プロセスをいつ終了すべきかを判断するために、定期的なピアレビューを実施します。

オープンなコミュニケーション

リファクタリングがプロジェクトの目標に沿ったものとなり、無限に延長されないように、オープンな対話を促します。

リファクタリングは、優れた成果とコラボレーションを追求する善意から生じるものかもしれません。しかし、当初のスコープを超えて広がってしまうと、予期せぬ事態を招く恐れがあります。明確にスコープを定義し、時間制約を守り、効果的なコミュニケーションを維持することで、チームはプロジェクトの目標を尊重しながらリファクタリングのメリットを享受することができます。このアンチパターンに関連する複雑な問題に対処することで、エンジニアは意味のある改善とプロジェクト全体の目標達成のバランスを取ることができるようになります。

5.3.4　レトロスペクティブでの手抜き

アジャイルプロジェクトでは、イテレーションの終了時にレトロスペクティブミーティングが開催されます。このミーティングの中で、チームは自分たちの作業プロセス、コミュニケーション、コラボレーションについて振り返るための場をもちます。このような定期的なミーティングは、うまくいったこと、改善のポイント、今後のパフォーマンス向上の方法などを洗い出す良い機会になります。レトロスペクティブは、ソフトウェア開発プロジェクトにおいて、継続的な改善、チームの活性化、イノベーションの推進を行う場であるので極めて重要です。

しかし、レトロスペクティブを実施する際にプロセスを適切に行わないと、レトロスペクティブは効果的ではなくなります。**レトロスペクティブでの手抜きのアンチパターン**は、レトロスペクティブの実施と効果性における問題を表すものです。このようなアンチパターンは、レトロスペクティブのもたらすメリットを損ないます。レトロスペクティブの効果性が低下する要因には以下のようなものがあります。

行われなかった／時間通りにできなかったレトロスペクティブ

チームが時間的な制約やその他の優先事項のためにレトロスペクティブを割愛すると、自分たちのプロセスやコラボレーションを振り返ったり改善したりする機会を失うことになります。同じように、レトロスペクティブを先延ばしにすると、重要な案件を忘れてしまうかもしれません。スプリントやイテレーションが完了した直後であれば、誰もがまだ鮮明に記憶していたはずです。

短すぎるセッション

十分な時間を取らずに短いレトロスペクティブを行うと、チームが課題を深く検討できなくなる恐れがあります。

構造の不備

フレームワークが確立されていないと、レトロスペクティブはまとまりのない議論に陥る恐れがあります。この結果、重要な問題やその解決策を明らかにできなくなります。

満場一致の同意

チームメンバーが意見の対立を避けたり、一部のメンバーが会話をリードするばかりでは、本当の改善点が見えなくなってしまう恐れがあります。

フォローアップ不足

レトロスペクティブで洗い出されたアクションアイテムや改善策についてフォローアップを行わないと、説明責任が果たされないことになり、意味のないものになってしまいます。

表面的な分析

課題の根本原因を探るのではなく、表面的な問題のみに対処することは、レトロスペクティブの効果性を限定的なものにします。

レトロスペクティブでの手抜きというアンチパターンに対処し、レトロスペクティブの価値を最大限に引き出すには、チームはレトロスペクティブがなぜ必要不可欠なのか、またレトロスペクティブから何を導き出せるのかを理解しなければなりません。チームは、以下の手順を踏むことで、レトロスペクティブのプロセスに問題が入り込むのを防ぐことができます。

規範を遵守する

レトロスペクティブをプロジェクトのワークフローにおいて重要な工程として位置付け、各イテレーションやマイルストーンの終了時に時間を割り当てます。

十分な時間を割り当てる

レトロスペクティブには十分な時間を確保し、チームメンバーが問題と解決策を深く掘り下げて検討できるようにします。

構造を組み込む

Start、Stop、Continue（https://oreil.ly/aIz4N）、Mad Sad Glad（https://oreil.ly/sEoal）などのレトロスペクティブのフレームワークを導入し、議

論を方向付け包括的な分析が確実に行われるようにします。

さまざまな人々の参加を促す

チームメンバー全員が安心して意見を共有でき、ファシリテーターがバランスの取れた意見交換させるような心理的に安全な環境を作りましょう。

アクションアイテムを実行する

洗い出されたアクションアイテムをドキュメント化して、担当者に割り当てて、その後のレトロスペクティブでフォローアップします。

根本原因に焦点を当てる

チームに対して、表面的なレベルに留まらずに、その根本原因を突き止め、課題の根幹に対処するよう促します。5回のなぜなぜ分析（https://oreil.ly/_A5B3）や、フィッシュボーン分析（https://oreil.ly/QO1G0）などのテクニックを活用して、問題の根本原因を突き止めます。

これらのベストプラクティスを遵守し、オープンなコミュニケーションと継続的な改善の文化を育むことで、レトロスペクティブの手抜きというアンチパターンに対処することができます。このような定期的な振り返りにより、チームは強化されます。そして、プロセスを改善したり、コラボレーションを強化したり、作業を改善したりすることで、より高いレベルのパフォーマンスと成功を達成できるようになります。

5.4　構造的なアンチパターン

構造的なアンチパターンは、知識のサイロ化、スキルのミスマッチ、コミュニケーションギャップなど構造的な問題によって引き起こされます。チームの長期的な存続にリスクをもたらす恐れがあります。

5.4.1　孤立した集団

孤立した集団のアンチパターンでは、大規模なソフトウェア開発チーム内にサブチームやグループが形成され、閉鎖的なコラボレーションを行う小集団が生まれている状況です。これらの集団内では、メンバーは主に自身のサブグループの同僚と協力し、レビューや、ヘルプ、非公式の知識共有を行います。結果的に、集団間のコラボレーションには無意識のうちに壁ができ、チーム全体の成長が損なわれることになり

ます。

　プロジェクトが進展するにつれ、自然と小規模な集団が形成されます。そして、メンバーは共通の関心事や責務を持つ集団に集まるようになります。これらの集団は、特定のテーマに絞った議論やコラボレーションを行うため、他の領域のメンバーとの交流が不足しがちになります。その結果、集団内でお互いの PR をレビューし合うだけになってしまい、集団外のエンジニアによるレビューがまったく行われないという事態に陥る恐れがあります。

　エンジニアが慣れ親しんだ同僚と緊密に協力し合うことで、安心感と効率性が生まれます。このパターンはサブグループ内の生産性を向上させる一方で、時には変化を促すようにしないと、以下のような課題につながる恐れがあります。

知識の断片化

　特定の領域に焦点を当てたままでは、領域を越えた知識の共有が限定的になります。理解や専門知識の面でギャップが生まれます。

知見の欠如

　緊密に協力し合う友人同士は、お互いの作業を深く検討することなく、形式的に承認するだけになってしまうかもしれません。他のサブグループのメンバーとの交流がなければ、多様な視点が失われ、問題解決において視野が狭くなってしまう恐れがあります。

成長の停滞

　孤立した集団内でコラボレーションしていても、プロフェッショナルとしての成長の機会は限定的です。エンジニアが異なる領域に関わりにくくなるため、スキルセットを広げることが難しくなります。

結束力の低下

　サブチームが閉鎖的になると、チームとしての一体感が弱まり、士気や全体的な仲間意識に悪影響を及ぼす恐れがあります。

　孤立した集団のアンチパターンを緩和し、全体的なコラボレーションを促すために、チームリーダーは以下の対策を講じる必要があります。

領域横断的なワークショップ

　さまざまなサブグループのメンバーがプロジェクトについて話し合えるよう

に、定期的なミーティングを企画して、領域横断的な交流を促します。

ローテーション制

集団内でローテーションを導入し、メンバーが一時的に他のサブチームと連携できるようにすることで、バランスのとれた視点を育成します。

クロスドメインの取り組み

さまざまな領域のメンバーがコラボレーションしなければならないプロジェクトやタスクを立ち上げ、チームワークと相互学習を育みます。

コミュニケーションチャネルをオープンにする

チーム全体で、最新の情報、知見、課題を共有するために、オープンなチャネルを設け、透明性と知識の交換を促す文化を育みます。

孤立した集団というアンチパターンは、無意識にチームメンバーを分断してしまい、クロスドメインなコラボレーションを阻害する恐れがあります。領域横断的な取り組み、ローテーション、取り組み内容の共有を促す環境を育むことで、チームはメンバー全員のポテンシャルを最大限に活用することができます。このアンチパターンにまつわる問題に対処することで、一体感とコラボレーションの意識が育まれます。

5.4.2　知識のボトルネック

知識のボトルネックというアンチパターンは、重要な知識や専門技術が限られたメンバーに集中し、バス係数（https://oreil.ly/VdXu0）が悪化する状況を指します。**バス係数**とは、チームメンバーのうち何人が失われたとしても（比喩的に言えば、バスに轢かれても）、プロジェクトが大きな混乱に直面しないで済むか、という最少人数を表します。このアンチパターンは、スペシャリストや教え魔など、特定の個人が重要な情報のすべてを管理するようになり、プロジェクトの継続性や安定性に問題が生じる際によく見かけられます。

知識のボトルネックは、特定の領域における最高権威と評されてしまう少数の個人がもたらすものです。あるモジュールに関する複雑な知識を持つスペシャリストや、チームを常に手助けする教え魔など、これらの専門家は欠かせない人材とみなされます。しかし、このように専門知識が集中すると、以下のような課題が生じてしまいます。

SPOF（単一障害点）

もしこれらのメンバーがチームを去ったり、連絡が取れなくなったり、不在となったりした場合、プロジェクトが中断し進捗が滞る恐れがあります。

依存

チームメンバーは、これらの専門家の知識に頼りすぎてしまい、自分自身の成長や問題解決能力を伸ばせない恐れがあります。

知識のサイロ化

情報が限られたグループ内に留まり、チーム全体で重要な領域を理解し貢献する、ということができなくなります。

コミュニケーションギャップ

知識があまり共有されていないと、プロジェクトのさまざまな部署間でコミュニケーションの離齬や誤解が生じる恐れがあります。

Chromeのリーダーとして仕事を始めたばかりの頃、筆者自身もこのアンチパターンに対処しなければなりませんでした。コードベースが複雑化するにつれ、数人のエンジニアが特定のコンポーネントや、プロジェクトの特定の領域に精通するようになりました。一方で、その他のエンジニアはその仕組みについてほとんど理解していないという状況が生まれました。このような状況は、相互に依存関係があったり、専門知識を持つエンジニアが不在になったりした場合に、ボトルネックを生み出しました。

この問題に対処するために、私たちはドキュメントを作成したり、コードのオーナーシップを共有したり、社内での技術的な話し合いの機会を増やしたりしました。また、クロストレーニングやローテーションプログラムも実施しました。新規採用のジュニアエンジニアはベテラン社員とペアを組ませ、その深い専門知識を学べるようにしました。

このように知識を共有することにより、知識のサイロ化が解消され、ボトルネックがなくなりました。専門知識は特定の個人に集中するのではなく、チーム内で広く共有され体系化されました。人員が増えていないにもかかわらず、私たちのチームの能力は飛躍的に向上したのです。

この経験に基づいて、知識のボトルネックとなるアンチパターンを緩和し、適切に知識を共有するために、チームリーダーは以下のような活動を行うべきです。

176 | 5章　効果性に対する一般的なアンチパターン

クロストレーニング

チームメンバーに、さまざまな領域とのコラボレーションとクロストレーニングを促すことで、メンバーの理解を深めたりスキルセットを広げたりするよう働きかけます。

知識の共有

チームメンバー間で重要な情報を共有するために、定期的に知識共有の場を設けたり、ドキュメントを作成したりする文化を定着させます。

ペアプログラミング

経験豊富なチームメンバーと経験の浅いチームメンバーでペアを組ませ、相互学習と知識交換を促します。

責務のローテーション

知識が特定の少数に偏ることなくチーム全体に行き渡るように、定期的に担当業務をローテーションしましょう。

メンターシップ

経験豊富なチームメンバーが新規メンバーを指導するようなメンターシッププログラムを導入し、スキル開発と知識の共有を促します。

　ご覧の通り、知識のボトルネックというアンチパターンは、専門知識を最適化しようとしたところから生まれます。しかしながら、このアンチパターンは、プロジェクトの継続性やチームの成長にリスクをもたらします。チームは、クロストレーニングや、知識共有の場、メンターシップなどを通じて知識の共有を促すようにしてください。そうすることで、サイロを壊し、コラボレーションを強化し、人員の変更にも対応できるようになります。チームのバス係数も改善（多数のチームメンバーがバスに轢かれない限り、プロジェクトが深刻な状態に陥らなくなるように）できます。このアンチパターンに対処することで、プロジェクト内において、知識はダイナミックで多様性があるものとなり、レジリエントな状態を維持することができます。

5.5　リーダーシップのアンチパターン

　エンジニアリングリーダーとして読者がどのように振る舞うかによって、ソフトウェアエンジニアリングチームのパターンやアンチパターンに影響を与えることがで

きます。しかし、リーダーの行動そのものがアンチパターンとなる場合もあります。リーダーシップのアンチパターンは、リーダーの行動や戦略が原因で生じ、チーム力学やプロジェクトの成功を損なうことになります。このようなアンチパターンとしては、マイクロマネジメントや、明確なビジョンの欠如、フィードバックへの拒否反応などが挙げられます。チームのモチベーションが低下したり、アウトカムを損なったりする恐れがあります。

5.5.1 マイクロマネジメント

マイクロマネジメントとは、リーダーシップのアンチパターンとしてよく話題に上るものです。マネージャーがチームに対して不必要な管理や監督を行うことによって引き起こされます。マイクロマネジメントについては、すでにご存知かも知れませんが、このリーダーシップの落とし穴に陥らないように、そのさまざまな兆候を理解しておいてください。

完璧主義者のボトルネック

完璧主義にとらわれたマネージャーの中には、膨大な要望リストから次々と新しい要素や変更を盛り込もうとする人もいます。これは品質の向上につながるかもしれませんが、進捗を遅らせ、納期に間に合わず、不必要に複雑なものを作り出してしまいます。

命令的な指示

一部のマネージャーは、チームに対して何をすべきかを伝えるのではなく、タスクの実行方法を具体的に指示します。このやり方では、チームの自主性や創造性を損なってしまい、革新的なソリューションが開発できなくなります。

情報の番人

マネージャーは、チームを上層部やステークホルダーから守るために、重要な情報をチームに知らせないという情報のゲートキーパーになることがあります。このような情報の隠蔽は透明性を低下させ、情報に基づいた意思決定ができなくなり、チームは組織目標と歩調を合わせにくくなります。

リーダーは、自分がマイクロマネジメントをしているとは思っていないかもしれませんが、マイクロマネジメントの弊害は以下に示すように重大で広範囲にわたります。

停滞するイノベーション

管理が強すぎると、チームが革新的なアイデアや新しいアプローチを模索できなくなります。試行錯誤を邪魔されるため、チームは、課題に対して新しい解決策を見つけにくくなります。

士気低下

人をコントロールしすぎするマネジメントは、チームの士気を低下させます。自分の貢献がいつも否定されたり、軽視されたりしていると感じると、チームメンバーのモチベーションやエンゲージメントは低下し、仕事全体の満足度にも悪影響を及ぼします。

進捗の遅れ

マイクロマネジメントは、無用なボトルネックを発生させます。承認や、きめ細かいチェックがいつも行われるため、意思決定プロセスが長期化し、納期の遅れや生産性の低下を招きます。

伸び悩み

自主性はスキル開発と学習を促します。マイクロマネジメントは、チームメンバーが自主的に決断したり、経験から学んだりする機会を奪ってしまいます。このため、チームメンバーのキャリア開発が妨げられます。

情報不足の中での意思決定

マネージャーが外部のゴタゴタからチームを守ろうとすると、チームは集中力を邪魔するものから遮断されます。しかし、組織の目標に沿って正しい意思決定を行うには、ある程度の透明性が必要です。

もし読者がリーダーを行う中で、このような兆候を感じていたら、次のような方法でチームに自主性を与えれば問題を緩和できます。

オーナーシップの強化

自主性は、オーナーシップと責任感を育みます。意思決定を任されることで、チームは仕事により深くコミットし、その結果に誇りを持つようになります。

創造性の向上

自主性のある環境は創造性と探究心を育みます。チームは、堅苦しい管理を受けずに新しいアイデアやアプローチを試すことができます。

士気向上

チームメンバーの自主性を尊重すれば、士気を高められます。チームメンバーは尊重され権限を与えられていると感じると、協力的な職場環境が形成され、仕事への満足度が高まります。

イノベーションの推進

意思決定の権限をチームに与えることで、意思決定プロセスが円滑化されます。チームは素早く適応できるようになり、より革新的で柔軟な環境が育まれます。

ガラスの壁

リーダーは、チームを保護しながら透明性を保つという、ガラスの壁のような役割を務めてください。リーダーは、チームの業務に影響を与える外部要因について、チームにきちんと情報を提供します。一方で、時間を浪費したり、業務に集中できなくしたりするような不要なやりとりからはチームを効果的に守ります。

チームに自主性を与え、適切な判断を下せるように指導とサポートを施すというリーダーシップが鍵となります。このようにバランスを取ることで、チームを成長させたり、イノベーションを推進したり、士気を高めたり、プロジェクトを成功に導いたりする環境を育めます。

5.5.2　スコープマネジメントのミス

スコープマネジメントのミスとは、エンジニアリングリーダーがプロジェクトのスコープをマネジメントしようと努力するもののうまくいかない、というリーダーシップのアンチパターンです。この問題は、プロダクトオーナーやステークホルダーからの変更要求が絶え間なく寄せられることで、作業量とバックログが膨れ上がることにより生じます。その結果、プロジェクトは先の見えない状況に陥り、進捗が遅れがちになります。チームに過剰なストレスが生じ、効果的な成果物を提供することができなくなります。

プロジェクトマネジメント協会（https://www.pmi.org/）が公表したケーススタディ（https://oreil.ly/6GE8h）では、18～24ヶ月で納品される予定だったドキュメントイメージングシステムが、スコープのマネジメントミスにより開発に4年を要した事例が挙げられています。主な理由として、ベンダーの開発チームに要件を提示

するユーザーが約50人おり、彼らのニーズに意見の一致が見られなかったことが挙げられました。ステークホルダー側とベンダー側の両方のマネージャーが、プロジェクトのスコープマネジメントに対して、リーダーシップを発揮することができませんでした。双方のリーダーシップが適切であれば、このプロジェクトは早期に軌道を修正することができたでしょう。

エンジニアリングプロジェクトには、明確に定義されたスコープとロードマップが必要です。変更依頼がいくつか出てくるのはよくあることであり、チームにとって良いことです。しかし、エンジニアリングリーダーは、そのような依頼に応じるのをいつやめるべきかを判断しなければなりません。さまざまな方面から頻繁に変更依頼が寄せられ、プロジェクトの目指すところや目的が徐々に変化していくと、作業負荷やプロダクトバックログがコントロール不能に陥る恐れがあります。どのような問題に直面するか、いくつか例を挙げておきます。

絶え間ない変更依頼

プロダクトオーナーやステークホルダーから無秩序に頻繁に変更依頼が寄せられ、プロジェクトの方向性や優先順位を狂わせます。そして、プロジェクトが混乱してしまい、目指すところがわからなくなります。

優先順位付けの欠如

新しい要求を優先順位付けしてマネジメントするための明確な仕組みがなければ、プロジェクトのスコープが膨れ上がり、リソースを効率的に割り当てるのが難しくなります。

膨れ上がった作業量

新たなタスクや機能の追加が相次ぐと、チームの作業量が増大し、燃え尽き症候群や納期遅延、生産性の低下につながります。

納品の遅延

スコープマネジメントが効果的に行われないと、納期遅延やプロジェクトのマイルストーンを達成できないという結果を招き、ステークホルダーの信頼を損なうことになります。

品質の低下

チェックを受けずにスコープが広がると、チームは増え続ける要求に応えるために品質を犠牲にしてしまい、最終プロダクトの品質を損なう恐れがあり

ます。

もしプロジェクトのスコープが膨れ上がって手に負えない状況に陥っている場合、プロジェクトのスコープをコントロールし直すために、以下のようなことを行ってください。

評価プロセスを変更する

ベースライン（通常は初期のプロジェクト要件）に対する評価と変更リクエストの優先順位付けを行うために、体系的なプロセスを導入し、ステークホルダーと主題専門家（SME）の意見を取り入れ、プロジェクトゴールと整合させます。

効果的なコミュニケーション

プロダクトオーナーやステークホルダーとの間で、オープンで透明性のあるコミュニケーションを行います。変更リクエストがスコープや、スケジュール、リソースに与える影響について、彼らがきちんと理解しているかどうかを確かめます。

スコープロックの期間

スコープ変更を制限する期間を導入し、チームが既存のタスクを完了したり、プロジェクトを確実に進捗したりできるようにします。

定期的なレビュー

定期的にスコープの見直しを行い、変更の影響を評価し、新しい機能や修正の盛り込みについて、十分な情報を得た上で決断します。

意思決定の強化

シニアエンジニアに変更リクエストの妥当性と影響を評価する権限を与え、プロジェクトの目標に沿っているかどうかを検証します。

エスカレーション

プロダクトオーナーとのオープンなコミュニケーションが奏功せず、スコープが不安定なままである場合は、上級管理職にエスカレーションしてください。

スコープマネジメントのミスは、プロジェクトの進捗や、チームの士気、プロジェクト全体の成功を脅かす恐れがあります。エンジニアリングリーダーは、堅牢なプロ

セス、効果的なコミュニケーション、先を見越したスコープマネジメント戦略を実践します。このようにして、スコープの肥大化という課題を乗り越え、プロジェクトの方向性を保ち、ステークホルダーの期待とプロジェクトのゴールを両立することができます。

5.5.3　詰め込み過ぎの計画

　ウォーターフォール式のソフトウェア開発（https://oreil.ly/ioBfL）に見られるアンチパターンとして、**詰め込み過ぎの計画というアンチパターン**が挙げられます。計画と分析の段階に過剰な時間と労力が費やされてしまうというアンチパターンです。包括的な計画と設計は必要ですが、このパターンでは、考えられる限りの詳細な仕様をすべて事前に把握しようとしてしまいます。その結果、チームは完璧を求めつづけ、進捗が妨げられ、効果的に前に進むことができなくなります。

　E コマースアプリケーション開発プロジェクトに取り組むチームについて考えてみましょう。ステークホルダーは、精算時にさまざま商品を割引する機能を実装するように、チームに依頼しました。このような機能では、正確さが重要です。なぜなら、割引が正しくないと、顧客の不満や金銭的な損失につながる恐れがあるからです。チームメンバーが機能に深く関わるにつれ、あらゆる面を過剰に分析しはじめました。チームは数週間にわたり、さまざまな価格設定モデルを考慮しながら、さまざまな割引シナリオを分析しました。チームは、管理者が特定の期間にわたって、商品に異なる価格戦略を適用できるように、柔軟性の高い設計を考案しました。その結果、設計は非常に複雑なものになりました。リーダーは実装に深く関与し、改善のための多くの提案を行いました。しかし、実際には、ステークホルダーは、すべての商品に一律の割引を適用するというような、もっと単純なものを求めていたはずです。

　詰め込みすぎの計画というアンチパターンでは、以下のような課題によってチームの進捗が邪魔されます。

過剰な分析

　　チームは、ユーザーとのやりとりを一切行わずに、推測に頼りながら要件を徹底的に分析し解明しようとします。このため、途方もない時間を費やしています。

終わりのない設計のイテレーション

　　完璧を目指すと、実装が始まる前にあらゆるシナリオを想定しようとします。

このため、設計のイテレーションが何度も繰り返されることになります。

膨大なドキュメント

分析と設計のフェーズが膨大になった場合、チームは将来の参考資料として、計画、前提、制約、設計上の決断に関する網羅的なドキュメントを作成しなければなりません。計画を立てれば立てるほどドキュメント化しなければならないことも増えてしまい、開発がさらに遅れます。

開発の遅れ

計画と設計に時間をかけすぎると、開発開始が遅れてしまい、プロジェクトスケジュールが遅延し、予定が狂うことになります。設計段階で厳しい条件をあれこれ想定すると、開発、ドキュメント化、テストが困難なシステムになってしまいます。

柔軟性の欠如

あらかじめ決められた計画に固執するあまり、開発中に要件が変更されたり予期せぬ問題が発生したりした場合に、柔軟に対応することが難しくなります。

プロジェクト計画は効果的なマネジメントに欠かせないものです。バランスを取るために、次のような方法を活用してください。

現実的なスコープ

開発中に不測の事態が起こることを認識した上で、計画と設計では、十分に余裕を考慮してスコープを定義します。

反復的な改良

計画と設計には反復的な方法を採用し、新たな知見やフィードバックに基づいて調整できるようにします。エクストリームプログラミングの考案者であるKent Beck 氏は、「イテレーションの価値は、数か月にわたる検討に匹敵します」と述べています。

柔軟性のある実行

すべてを事前に予測することはできないという事実を受け入れ、プロジェクトの進捗に合わせてチームが柔軟に対応できるようにしましょう。

段階的な詳細化

まずは基礎となる計画を立て、開発が進むにつれて徐々に詳細を詰めていくようにします。こうすることで、事前に膨大な分析をしなくてすみます。

リスクマネジメント

優先度の高いリスクや課題に重点的に対応します。一部のリスクは実際にやってみないとわからないということを承知しておいてください。

詰め込み過ぎの計画というアンチパターンは、完璧なアウトカムを求めることから生じます。しかし、実際には、進捗や対応力を損なうだけです。未知のものの存在を認めながら計画を立てることが肝要です。柔軟な計画、反復的な改善、そして不確実性を乗り越えることを厭わないという姿勢が、アジャイルで効果的なソフトウェア開発プロセスにつながります。

5.5.4　懐疑的なリーダーシップ

懐疑的なリーダーシップとは、プロジェクトが進行するにつれて、エンジニアリングマネージャーがチームの能力について根拠のない不安を抱くというアンチパターンです。こうした不安は、プロジェクトを妨げる恐れのあるものに対して、根拠のない恐怖として顕在化します。些細なことでも、懐疑的なリーダーにとっては危険な地雷原のように見えてしまいます。他のチームに関するメディアの報道や噂が、設計やテクノロジーの選択に関する無用な疑念につながることもあります。

マネージャーは、こうした疑問を投げかけ、プロジェクトの方向性に懸念を示す権利があります。ほとんどの場合、マネージャーの不安は、プロジェクトへのコミットメントとプロジェクトの健全性への不安から生じます。「信頼はするが、検証もする」(https://oreil.ly/NQYGd) という原則に基づく建設的な懐疑主義は、もちろんプロジェクトにとって有益でしょう。しかし、こうした不安が攻撃的で懐疑的に表明されると、チームの自主性と自尊心を損なうことにもなりかねません。

マネージャーがプロジェクトのさまざまな面について常に疑問を投げかけるようなチームを想像してみてください。例えば、スプリントレビューの際に、特定の機能の実装について予想外の技術的障害により時間がかかったことを開発者が説明したとします。このとき、マネージャーは「なぜそんなに時間がかかったのか。私たちは数週間前にこの件について話し合ったはずだ」と反応します。また、チームがフロントエンドプロジェクトに React をライブラリとして使用することを提案すると、マネー

ジャーは「なぜ React を使うんだ。Vue.js の方が軽量で学習しやすいのでは？」と問い詰めます。このような状況では、開発者はマネージャーの懸念に対処するために余計な時間を費やさなければならず、本来の技術的な業務に集中できなくなります。

懐疑的なリーダーの抱える不安は、以下のような形で顕在化され、チームに問題を引き起こします。

杞憂

マネージャーは、チームの優秀さやこれまでの実績にもかかわらず、プロジェクトの途中で起こりうる問題について不安を抱くようになります。

技術に関する誤った決断

こうした根拠のない不安は、マネージャーが誤った情報や伝聞に基づいて技術的な変更やアプローチを推奨する結果につながる恐れがあります。

痛みの転嫁

リーダーは、上層部からチームに対して懐疑的な見方をされていると感じるかもしれません。そして、その疑念をエンジニアリングチームに転嫁するかもしれません。

絶え間ない再確認

開発者は、マネージャーの懸念事項への対応や対処にかなりの時間を費やしてしまい、本来の技術的な作業に悪影響が出ます。

自信の低下

マネージャーが疑念を口にすると、チームの自信が揺らぎ、士気や生産性全体に悪影響を及ぼす恐れがあります。

進捗の遅れ

常に説明したり安心感を与えたりする必要があるため、開発が遅れ、マイルストーンの未達成やスケジュール延伸につながります。

リーダーとして、自分自身や他のリーダーたちの中にこうした兆候を見つけ出してください。そして、生産的なコラボレーションを再構築するために、以下のように行動してください。

エビデンスに基づいた意思決定

チームに相談する前に、読者の懸念が事実に基づいておりエビデンスに裏付けられていることを確認してください。

効果的なコミュニケーション

もし、読者の懸念が正当であると思われる場合は、シニア開発者に相談して、必要に応じて説明や決断を行ってもらいます。彼らの言うことに注意深く耳を傾けてください。

透明性

もし上位のリーダーが読者に対して質問することが予想される場合には、読者に対して技術的な決断について透明性を持って伝えてもらうようにして、選択の根拠が共有されるようにしてください。そうすれば、上位のリーダーから質問を受けた際に、その選択を擁護することができます。

タイムマネジメント

懸念事項に対処するための時間を割り振り、開発者が作業時間の大部分を本来の業務に集中できるようにします。

自信の構築

チームの自信を育む取り組みを推進します。例えば、過去の成功プロジェクトを紹介したり、チームの強みを強調したりします。

懐疑的なリーダーシップのアンチパターンは、自信を損ない、開発を邪魔し、全体的な進捗を妨げる恐れがあります。エビデンスに基づく意思決定や、透明性の高いコミュニケーション、オープンな対話を通じた信頼関係の構築を心がけてください。そうすることで、チームは根拠のない懸念を払拭し、生産的で調和の取れた職場環境を構築することができます。

5.5.5 消極的なリーダーシップ

消極的なリーダーシップとは、自己満足、臆病さ、優柔不断さを体現するリーダーに特徴的なアンチパターンです。このようなリーダーは、チームにとって必要な改善や変化を行うことをためらい、不十分な指導や表面的なフィードバックしか提供しません。彼らは現状維持を好み、混乱を避け、進歩や革新をもたらすような重要な決断を避けようとします。彼らは、チームから好かれていると思い込んでいます。しか

し、実際には、チームメンバーはたまには難しい課題を渡されることを望んでいます。

消極的なリーダーは、不在リーダーとも呼ばれます。Harvard Business Review 誌の記事では、このようなリーダーが最も一般的な無能なリーダーであると指摘しています（https://oreil.ly/tsuuC）。この記事では、不在リーダーが組織内で問題にならないことが多い理由として、ネガティブな影響があまり顕著ではない点が挙げられています。あからさまに破壊的なマネージャーとは異なり、不在リーダーはなかなか気づかれません。このため、組織の進歩を妨げていることや、後継者の育成を阻んでいること、長い目で見て生産性にほとんど貢献していないことなどは、ほとんどチェックされることがありません。

消極的なリーダーシップは、以下の理由により持続可能ではありません。

停滞
　　必要な改善や変更を提案することをリーダーがためらうことで、チームの成長が停滞し、変化する状況への適応が難しくなります。

方向性の欠如
　　方向性が明確にならず、実行可能なフィードバックが得られないことで、チームメンバーは混乱し、士気が低下し、生産性が悪化します。読者がうまくできていないと認識しているときでも、「よくやっているよ」といつも言っているマネージャーがその例です。

機会損失
　　リーダーが新しい道を模索することを嫌がるため、イノベーションや効率化の機会が失われてしまいます。チームメンバーは、既存のコードを改善する計画を立てたり、開発者の作業効率を改善するために新しい自動化を提案したりすることがあります。しかし、マネージャーは、うまくいっているものを壊してしまうのではないかという不安から、新しいことを試そうとはしません。

説明責任の欠如
　　消極的なリーダーは、進歩をドライブする役割について説明責任を果たそうとしないため、チーム全体の説明責任とパフォーマンスを損なうことになります。

変化への抵抗
　　リーダーが現状維持に固執するあまり、変化に対する抵抗の文化が根付き、創

造性や進歩が阻害されてしまいます。

これらの課題に対処して、効果的なリーダーシップを育むためには、上位のリーダーが介入して以下のようなことを実行する必要があります。

期待を明確にする
リーダーの役割、責任、改善推進への積極的な関与についての期待を明確にします。

オープンなコミュニケーションを行う
関連チームとのコミュニケーションチャネルを構築し、定期的なフィードバックや、必要な改善について議論を行います。

力を与える
リーダーが適切に決断できるよう、効果的に変化をドライブする関連情報や知見を提供します。

イノベーションの文化を醸成する
イノベーションを奨励する文化を醸成し、リーダーが新しいアイデアやアプローチを積極的に支援し推進します。

説明責任
チームの成長と成功に貢献する改善策の推進と意思決定に対して、リーダーに説明責任を持たせます。

まとめると、消極的なリーダーシップのアンチパターンは、無策と優柔不断によって進歩を妨げイノベーションを阻害します。明確な方向性を示し、実行可能なフィードバックを与え、変化を受け入れる積極的で献身的なリーダーシップスタイルを醸成してください。ダイナミックで活気のあるチーム環境を作り出すために不可欠なものです。

5.5.6　過小評価

過小評価のアンチパターンは、チームメンバーのポジティブな資質や振る舞いに対して、気づかなかったり、過小評価したりするというリーダーシップのミスのことです。このパターンは、適切なコミットメントや、集中的な作業、自主的なコードのク

リーンアップなど、称賛に値する振る舞いに対して、リーダーが素早く認め称賛しない場合に生じます。これらの振る舞いを無視することで、リーダーは知らず知らずのうちにチームの士気を低下させ、モチベーションを失わせ、ポジティブな行動を奨励する機会を逃してしまいます。

このアンチパターンはさまざまな問題を引き起こします。その中でも最も重要なのは、チームの他のメンバーに対してポジティブな資質を模範として示す機会を逃してしまうことです。ポジティブな振る舞いを評価しないと、求められているものがわからなくなり実践できなくなります。ポジティブな資質を評価しない文化は、現状に満足する風潮を助長し、期待以上の成果を出そうとは思わなくなります。

マネージャーから正当に評価されないという経験は、特に黙々と最善を尽くして仕事に取り組んでいるチームメンバーにとっては、心理的に悪影響を及ぼす恐れがあります。チームメンバーは、自身の存在が認められないと感じてしまいます。そして、モチベーション、士気、エンゲージメント、ウェルビーイング全体に影響が出るかもしれません。時間が経つにつれ、チームメンバーはやる気を失い、生産性の低下や仕事への意欲の喪失につながるかもしれません。

リーダーは、以下のような実践を通じてポジティブな環境を育んでください。

常日頃の評価
　　どんなに些細なことでも、ポジティブな行動を常に認め、それを評価する習慣を実践しましょう。

タイムリーなフィードバック
　　チームメンバーにタイムリーなフィードバックを伝え、彼らの貢献を即座に評価します。

公開の場での評価
　　ポジティブな振る舞いを公開の場で広く評価して褒めることで、承認と称賛の文化を育みます。

まとめると、過小評価というアンチパターンはチームの士気を低下させ、チームは進歩と卓越した成果に向けた行動を行わなくなります。リーダーが常に誠実な評価を行うことで、ポジティブな行動が評価され、チームメンバーがやる気を出し、チーム全体の成功が引き出されるような環境を育むことができます。

5.6　まとめ

　アンチパターンは、非効率性や、不整合、プロジェクト全体の失敗につながるような落とし穴を明らかにしてくれます。つまり、反面教師的な役割を果たすのです。教え魔や些細な調整屋などの個人レベルのアンチパターンの兆候を認識することで、チームはより健全なコラボレーションと成長を促すことができます。PRやレトロスペクティブの手抜きなど、プロセスに関連するアンチパターンは、体系化された方法論、説明責任、そして適切に定義されたワークフローの必要性を浮き彫りにします。構造的なアンチパターンは、全体的なチーム体制の重要性を示しています。リーダーシップにおけるアンチパターン（懐疑的なリーダーシップや消極的なリーダーシップなど）は、積極的に振る舞い、力を与え、コミュニケーションを重視するリーダーシップがプロジェクトを成功に導くために重要であることを教えてくれます。

　こうしたさまざまなアンチパターンに直面した際、リーダーは自らの手法を批判的に見直し、改善の余地がある部分を特定し、持続的な成長を促す企業文化を醸成します。これらのアンチパターンを正面から受け止め対処することで、より円滑なコラボレーション、より優れた意思決定、そして長期的なプロジェクトゴールへの道が切り開かれることでしょう。アンチパターンはソフトウェアエンジニアリングのダークサイドを浮き彫りにします。しかしながら、アンチパターンの存在を認め、克服する方法を見出すことで、効果的なソフトウェアエンジニアリングへの道筋が明らかになります。

　さまざまなアンチパターンを乗り越えるのは容易ではありません。しかし、リーダーにとっては学び成長する機会となります。継続的な改善が効果的なソフトウェアエンジニアリングの基本であるのと同じように、効果的なリーダーシップにとっても継続的な改善は非常に重要です。このような学習経験を積極的に取り入れることが、平凡なリーダーを変革させる原動力になります。そして、知見や、レジリエンス、継続的な成長を武器に、チームを成功へと導く、影響力のある効果的なマネージャーへと進化することができます。

6章
効果的なマネージャー

　これまでの章では、ソフトウェアエンジニアリングにおいて、リーダーシップの持つ複雑な問題について深く掘り下げさました。効果的なマネジメントに必要なものを調査し、チームの抱える具体的な課題に立ち向かうための手順を洗い出してきました。また、アンチパターンについても検討しました。リーダーは自分自身や自分のチームを守るために、このようなアンチパターンを発見し回避しなければなりません。さて、今こそ、これらの要素をまとめて、効果的なマネージャーの全体像を構築するときです。

　この章では、マネージャーの業務上の役割に特に集中して説明します。もっと幅広いリーダーシップ全般については 7 章で述べます。マネージャーは、確立されたフレームワークの中で組織の規律と一貫性を維持する責務を負っています。日常業務が円滑かつ効果的に、また確実に遂行されるよう、リソースやプロセスを計画したり、調整したり、コントロールしたりしなければなりません。

　Casey という人物を例に考えてみましょう。Casey は、エンジニアリングにおいてさまざまな役割を 10 年以上経験しているベテランエンジニアです。Casey の経歴は、ジュニアからシニアソフトウェアエンジニア、そしてエンジニアリングマネージャーへと変遷してきています。Casey に、効果性を実現したり拡大したりする方法や、チーム内のアンチパターンを特定する方法についての知識があれば、何かメリットが得られるのでしょうか。もちろんです。Casey はアンチパターンについての見識を得て、それらに正面から立ち向かうための準備を整えることができるでしょう。それでも、彼女はマネジメント職としての役割への移行や、関連する責務をうまく処理するという、日々の複雑な問題にも立ち向かわなければなりません。

　読者は、Casey のプロフィールと完全に一致しているわけではないでしょう。しかし、マネジメント職へのステップアップを検討していることと思います。もしくは、

192 | 6章　効果的なマネージャー

すでにソフトウェアエンジニアリングマネージャーとして、その役割の効果性を高めるために奮闘しているのかもしれません。読者がどのような立場にあるかに関わらず、筆者は、これから価値あるアドバイスと、すぐに実行できるような知見を提供していきます。

　本章では、マネージャーが重点的に取り組むべき3つの重要な領域について検討します。まず、インディビジュアルコントリビューターからピープルリーダーへと立場を変える際に必要となる、マインドセットの転換について説明します。次に、マネージャーが責任をより効果的にこなせるよう、タイムマネジメント、ピープルマネジメント、プロジェクトマネジメントのポイントを紹介していきます。最後に、チームの能力開発を推進したり、グループ力学に対処したり、学習とネットワークによってマネジメントスキルを伸ばしたりするための戦略を紹介します。これらの知見を活用すれば、マネジメント職への道を進んでいく方法や、日々の業務で効果的に成果を上げる方法という、より重要なことについて、深く理解できることでしょう。

6.1　エンジニアリングからマネジメントへ

　多くのエンジニアリングマネージャーは、エンジニアとしてキャリアをスタートさせます。3章では、リーダーとして成長するにつれ、技術的な専門知識よりも、人々との関わりが重要になることについてお話ししました。基本的に、エンジニアからシニアエンジニア、そしてエンジニアリングマネージャーとなるには、マインドセットを変える必要があります。

> **ノート**　筆者は、自分自身をスケールさせるには、マインドセットを「私」から「私たち」に変える必要があることに気づきました。その気づきを得たときに、Google のシニアエンジニアへの第一歩を踏み出したような気がしました。他の人たちとコラボレーションしたり、学んだことを共有したり、周りの人たちのスキルや専門知識のレベルアップに力を注いだりすることで、「私たち」はより多くのことを実現できるようになったのです。

　ソフトウェアエンジニアのポジションからマネジメント職へキャリアチェンジしたり、初めてマネジメント職に登用されたりしたときは、困難に直面する場合が多いです。組織の規模や構造によって、直面する課題は異なりますが、多くの人が経験するような共通の悩みもあります。これらの悩みの多くは、技術的でタスク中心の役割か

ら、ピープルマネジメント、コミュニケーション、戦略的思考を行う役割へ変化することに関連しています。

小規模な組織やスタートアップ企業では、その変化はわずかなものかもしれませんが、それでも問題となる場合もあります。このような組織では、エンジニアは複数の役割を担い、プロジェクトの技術的な側面にも深く関わっていることがあります。マネジメント職にシフトする際には、技術的な業務へのこだわりを捨てて、チームの指導やサポートに専念するようにしなければならないでしょう。例えば、シニアソフトウェアエンジニアが開発チームのリーダーとなった場合、以前担当していたコーディング作業には直接関与できなくなり当初は戸惑うかもしれません。タスクの割り当て、ジュニアエンジニアの指導、プロジェクトのスケジュール管理を行うようにしなければならないのです。

大規模な組織で実績のあるチームの場合は、また違った課題が待ち受けているかもしれません。このようなチームでは、マネジメントには、コミュニケーション、調整、戦略的思考を行う役割がより強く求められるでしょう。例えば、大規模なテクノロジー企業において、ソフトウェアエンジニアが中間管理職に異動した場合、複雑なチーム力学を把握し、部門間のコラボレーションを円滑にし、プロジェクトの進捗状況をさまざまなステークホルダーに伝えなければなりません。このような責務を担う場合、コードの作成やレビューよりも、会議や、意見の対立の解決、チームのゴールを調整することに多くの時間を割く必要があります。

組織の規模が大きいか小さいかにかかわらず、新任のマネージャーは、技術的な詳細や設計上のすべての決断に関わることで、プロジェクトをうまくコントロールできていると感じるかもしれません。しかし、このような行動は、チームメンバーに問題を自力で解決できるような権限を与えていないだけかもしれません。このようなマイクロマネジメントのアンチパターン（5章参照）は、集中して作業を行うことの多いインディビジュアルコントリビューターとしてのモードから、活発なチームコミュニケーションや調整に多くの時間を費やすモードへの切り替えを難しくしています。

技術的な専門知識よりもピープルマネジメントを優先してください。とは言え、これは、まさに「言うは易し行うは難し」です。技術的なスキルは確かに重要ですが、マネージャーとして成功するには、チームをリードして鼓舞するという能力がなければなりません。エンジニアの強みや成功はコーディングから生まれます。しかし、マネージャーとなったエンジニアは、コーディングのような技術的な作業に集中する時間を意図的に減らさなければなりません。その代わり、1on1 での指導、チームミーティングの運営、さまざまなチームとの連携、ピープルマネジメントに時間を割く必

194 | 6章　効果的なマネージャー

要があります。

　マネジメント職になると、仕事から得られる満足感の質も変わります。技術的な問題を解決するときのような即時的な満足感を諦めるのは難しいかもしれません。マネージャーとしての行動の影響を実感するには時間がかかるからです。例えば、コーディング作業を終えると、すぐに結果が得られます。しかし、チームメンバー一人ひとりと 1on1 で面談し、彼らの懸念を聞いて安心させたとしましょう。このようなやり取りで信頼関係が築かれ、そのメンバーのモチベーションを高められます。しかし、このモチベーションがポジティブなアウトカムにつながるかどうかを判断するには、しばらく待たなければなりません。

　4章で説明したように、チームメンバーの育成、戦略的な方向性の策定、効果的なコミュニケーション、そしてポジティブな職場環境の醸成はマネージャーの役割において非常に重要です。このように優先順位を変化させるには、マインドセットやスキルセットを変えていかなければなりません。マネージャーは、ビジョン、期待すること、目標をチームにはっきりと伝える必要があります。また、チームメンバーの懸念やニーズを理解するために、積極的に傾聴する能力も求められます。マネージャーは、チームと上層部や他部署との連絡役を務めることも多いため、チーム外とのコミュニケーションも行わなければなりません。

　インディビジュアルコントリビューターからマネージャーとしての役割への転換は、マインドセットや責務を大きく変化させなければならないため非常に困難です。ここで、最近、エンジニアリングマネージャーの役割に就いた、有能なソフトウェアエンジニアである Priya について話すことにしましょう。

　Priya は、マネージャーに就任した最初の数日間に大変な思いをしました。コーディングの責務を他人に任せることに苦労し、チームの技術的な仕事に深く関わりたいという誘惑に駆られました。しかし、彼女はすぐに、自分の役割はもはやあらゆる問題を解決する「スター選手」ではなく、優れた成果を上げられるようにチームに対して力を与えるコーチであるべきだと気づきました。

　信頼を築き、オープンなコミュニケーションを促すために、Priya は透明性を重視しました。彼女は自分の未熟さを率直に認め、新しい役割の中で学習し成長していくことをチームに約束しました。彼女は、プロジェクトの最新情報、ゴール、課題をチームと定期的に共有し、チームメンバーが懸念やアイデアを口にするよう促しました。

　Priya は、最新技術や業界トレンドにキャッチアップすることの重要性を認識していたので、ワークショップに参加したり、技術的な議論に参加したりする時間を確保

しました。しかし、彼女は、マネージャーとしての自身の価値は、イノベーションと知識の共有を促す環境を創出することにあると理解していました。彼女は、ランチタイムセミナーを企画し、経験豊富なエンジニアとジュニアチームメンバーをペアにして、学習とコラボレーションを促しました。

心理的に安全な環境作りに重点的に取り組むことで、Priya はチームが率直な会話を行ったり、変化に素早く適応したりできるようにしました。新しい役割に慣れるにつれ、Priya は自分の能力に自信を深め、チームを効果的にリードしサポートするようになりました。

Priya のように変わることは容易なものではなく、困難や課題が伴います。技術的な専門知識はもちろん重要です。しかし、マネージャーとして成功するかどうかは、リーダーシップ、効果的なコミュニケーション、複雑なチーム力学や組織構造の運営にかかっています。適応力、学習意欲、自己成長への取り組みは、これらの課題を克服しマネージャーとしての役割を成功させるために不可欠です。自分の強みを活かしてこれらの課題を克服する方法を見ていきましょう。

6.2　最初の一歩

エンジニアからマネジメント職に就く場合でも、経験豊富なマネージャーの場合でも、新しいマネージャーとしての役割を担うことは、困難を伴う場合があります。特に進行中のプロジェクトに参加する場合はなおさらです。インポスター症候群（偽物症候群）や不安に襲われることはよくあることです。新しいマネージャー職に就いてからの数週間は、当面の課題に対処しながら前向きで生産的なスタートを切ることが重要です。以下に、順調なスタートを切るために取り組むべきことを挙げていきます。

チームメンバーとミーティングを行う

チームメンバーを一人ひとりよく知りましょう。彼らの長所、短所、心配事について知っておきましょう。信頼関係を築くことが不可欠です。チームメンバー一人ひとりと 1on1 のミーティングをスケジュールします。1on1 ミーティングでは、自己紹介を行い、信頼関係を築き、彼らの役割、責務、心配事について学びましょう。これらのミーティングでは、積極的に耳を傾け、質問を行い、プロジェクトとチーム力学に関する知見を集めましょう。

プロジェクトを評価する

プロジェクトの現状を十分に評価します。その目標、スコープ、現状、直面している課題を把握します。プロジェクトのドキュメント、スケジュール、マイルストーンをレビューし、現在の状態を認識します。早急に対応が必要となるような重大な問題やボトルネックを洗い出します。

技術スタックを理解する

プロジェクトの技術スタックに精通してください。こうすることで、十分な情報を得た上での意思決定、適切な指導、チームの技術的課題への対応などが行えます。そして、技術的な問題に対処しやすくなり、問題解決への流れがスムーズになります。

緊急の課題に対処する

プロジェクトやチーム内に緊急の懸念事項や課題が存在する場合は、即座に対応してください。プロジェクトの優先事項やゴールが明確になっていないなど、長期的にチームに影響を与えるものもあるでしょう。また、ライセンスソフトウェア購入の承認など、日常業務的なものもあります。いずれの場合も、問題の根本原因を突き止めてください。これらの問題に関するコミュニケーションをオープンで透明性のあるものにしましょう。できれば、チームを問題解決に参画させましょう。例えば、チームと話し合いの場を設けて、プロジェクトのゴールやコミュニケーションの課題に関して、質疑応答を行うと良いでしょう。承認に関する問題に直面した場合は、話し合いを通じてボトルネックを特定し、必要な承認を迅速化するにはどうすればよいか検討しましょう。

早期に成果を出す

プロジェクトやチーム内で、すぐに実行できるような、ポジティブな変更や改善が行えないか検討しましょう。小さな成功を称賛することで、チームの士気を高め、進歩に対する読者のコミットメントを示しましょう。

ネットワーキングを開始する

チーム内外の鍵となるステークホルダーとつながりましょう。必要に応じて、他部門の責任者と関係を築きましょう。ネットワークを広げ協力関係を築けば、より大きな組織的な課題に取り組む際に役立つでしょう。

優先順位付けを開始する

プロジェクト内の重要なタスクと優先事項を洗い出します。即座に対応が必要なものと、後で対応できるものに分けて考えます。できるだけ責務を委譲しますが、重要な意思決定プロセスには関与しつづけます。

重要なコミュニケーションチャネルを確立する

チームとの間でコミュニケーションチャネルを明確にするとともに、詳細なルールを伝えましょう。例えば、チームメンバーに対して、読者に連絡を取るのに最適な時間帯と連絡方法について知らせましょう。また、どういう状況のときは、読者からの回答がどれくらいの期間で得られるのか、また、緊急連絡を行ってよいのはどのような場合かについても詳しく説明しましょう。定期的なチームミーティング、最新情報の伝達、報告の仕組みを決めましょう。

内省し、セルフケアに努める

自分自身について考え、自分自身をケアする時間を持ちましょう。新しい役割を担うことは、時に大きな負担とストレスになることがあります。そのため、健康的なワークライフバランスを維持し、集中力を保ち、エネルギーを維持し、燃え尽きを防ぐことが大切です。筆者の経験では、燃え尽きは徐々に進行していき、最終的には仕事に対する気力がまったく失われます。新しい役割の中でモチベーションとエネルギーを維持するために、自分自身をケアしましょう。

インポスター症候群に対処する

新任マネージャーはインポスター症候群に陥りやすいことを認識しておきましょう。自分のスキルと潜在能力を評価されたから、この役割に選ばれたのだと理解するようにしてください。自分の業績とポジティブなフィードバックを記録に残しましょう。自信を失いそうになったら、自分の能力を思い出してください。

ここに挙げたリストは長大なものです。初日から全力疾走を望んではいけません。ここに挙げたことをすべて行うことで、強力なスタートを切ることができます。しかし、信頼関係やポジティブな人間関係は一朝一夕で築けるものではなく、時間をかけて構築していくものです。最初の一週間は、当面の懸念事項への対応と、長期的な成功に向けた土台作りをバランスを取りながら進めていくことが重要です。課題に対処する中で、リーダーシップに対してオープンで柔軟な姿勢を示し、継続的に改善して

いきましょう。

6.3　戦略の策定

　役割に慣れてきたら、全体的なマネジメント戦略の策定に取り掛かりましょう。戦略があれば、プロジェクトマネジメントやリーダーシップにおいて困難な場面に遭遇したとしても乗り切ることができるはずです。戦略を策定する際には、以下のようなことに注意してください。

長期的な戦略ビジョン

　短期的なゴールは当座の成功に不可欠ですが、長期的な戦略的ビジョンも同じように重要です。効果的なマネージャーは、チームとプロダクトが将来的にどうあるべきかを思い描くことで、この2つをバランスよく両立させます。このビジョンは、「北極星」のような役割を果たします。決断を方向付け、チームのモチベーションを保ち、チームの共通の目的と整合させてくれます。これまでの章で説明してきたように、長期的なビジョンに沿った目標の設定とトラッキングには、OKRなどのツールが役立ちます。

透明性のある目標管理

　透明性は効果的なマネジメントの要です。ゴール、役割、進捗状況を常に可視化しておくことで、説明責任の文化を育むだけでなく、全員が共通の目的に向かって足並みを揃えるようになります。ツールなどを使って、目標と進捗管理を明確に共有できるようにしてください。プロジェクトマネジメントツールを使用して、プロジェクトのタスクと目標を作成し、割り当て、トラッキングしてください。

データドリブンの意思決定

　データが氾濫する時代において、合理的に効果的な決断を行うためには、メトリクスと分析を最大限に活用することが不可欠です。マネジメント戦略には、データを活用してトレンドを把握し、エビデンスに基づいて選択を行い、チームのパフォーマンスを継続的に改善するという取り組みが不可欠です。プロジェクトマネジメントツールの中には、ダッシュボードやレポート作成モジュールが搭載されているものもあります。このようなダッシュボードから、効果的な意思決定を行うのに必要十分なデータを取得することができます。

戦略的なリスクマネジメント

効果的なマネジメントには、リスクを取るべきタイミングや、保守的に行動するタイミングを知っておく必要があります。イノベーションと安定性の間で適切なバランスを取ることは極めて重要です。得られるメリットと関連するリスクを評価し、進歩を促す一方で失敗しても損失が大きくならないように意思決定する必要があります。また、SWOT（強み（strengths）、弱み（weaknesses）、機会（opportunities）、脅威（threats））分析などの手法を用いて決断を評価したり、リスクを算出したりすることもできます。

マネジメント戦略を練り上げ磨き上げていく際には、それがダイナミックなプロセスであり、経験と理解が深まるにつれて変化していくものであることを忘れないようにしてください。

6.4　自分の時間をマネジメントする

ソフトウェアエンジニアリングマネージャーにとって、タイムマネジメントは大変です。チームマネジメントだけでなく、技術的な課題に対処するようチームをリードしなければならない場合もあるからです。ディープワーク（https://oreil.ly/-KFl7、難しい課題に集中して長期間取り組む仕事）を行おうとすると、チームメンバーや他部署、上司からの邪魔が入ります。プロジェクトには予期せぬ課題が頻繁に発生し、状況を詳細に分析した上で難しい決断を迫られる場合もあります。

コミュニケーションは必要なものですが、多くの時間を奪う場合もあります。常に誰かと話しているか、何らかのコミュニケーションを続けているように感じられるかもしれません。会議、メール、電話など、すべてに時間がかかり、自分が何をやっているのかわからなくなることもあります。マネージャーとして、チームをマネジメントし、チームメンバーを助け、対立を解決するために、多くの時間をコミュニケーションに費やさなければなりません。しかし、そんな時間をどうやって見つければ良いのでしょうか。

こうした状況の中では、自分自身やプロジェクトを計画通りに進めることが難しくなるかもしれません。計画した作業に長時間集中することが難しくなり、自分が足並みを乱していると感じることもあるでしょう。

タイムマネジメントする際には、仕事に忙殺されないためにも、さまざまなテクニックをうまく活用しなければなりません。タイムマネジメント戦略を練り、実行

し、それを評価するのに役立つテクニックを紹介していきましょう。

6.4.1　計画

　当たり前に聞こえるかもしれませんが、時間をどのように使うか計画を立てましょう。時間を明確に区切ることで、タスクに集中できるようになり、より良い結果を生み出すことができます。以下のような方法で計画を立てると、タイムマネジメントできるようになります。

タイムブロッキング

　タイムブロッキングとは、その日のさまざまタスクや活動に特定の時間枠を割り当てるというタイムマネジメントのテクニックです。仕事を整理し、集中力を維持することができます。仕事や、会議、その他の責務に対して自分自身の予定を押さえることで、生産性を向上し効果的にタイムマネジメントできるようにするものです。タイムブロッキングを使用して、集中作業、チームミーティング、事務作業に特定の時間枠を割り当てます。そして、これらの時間枠は邪魔されないようにします。

類似したタスクをまとめる

　できれば、類似した作業をまとめてください。例えば、財務レビューやプロジェクト計画はすべてひとつの専用の時間枠で処理するようにします。さまざまな作業を切り替えることは、時間の浪費につながり精神的にも負担となるからです。

コミュニケーションを計画する

　常に反応するのではなく、一日のうち特定の時間帯を決めて、その時間帯にメールをチェックし返信するようにしましょう。メールフィルターやラベルを活用してメッセージに優先順位やカテゴリー分けを行い、優先度の高いコミュニケーションから処理していきます。チームメンバーが質問や懸念事項について相談できる「オフィスアワー」を設けます。この時間帯は、必要に応じてチームメンバーが話し合いを行えるような時間にします。オフィスでのコミュニケーションにインスタントメッセンジャーを使用している場合は、賢く利用しましょう。すべてのメッセージに即座に返信することが習慣になってしまうと、メッセンジャーに時間を食い尽くされてしまいます。

6.4.2　実行

マネージャーとして、自分のやりたいことや計画したことをすべて実行することはできないでしょう。ただし、重要なゴールを達成することは大切なことです。計画を実行する際に役立つ実践的な方法を紹介します。

チームメンバーを育成する

チームメンバーがタスクを自力でこなせるよう、コーチングやメンタリングに投資するようにしましょう。メンバーが成長するにつれ、より多くの責務を担うことができるようになり、読者の仕事量も減らすことができます。チーム内でスキル開発やクロストレーニングを奨励し、誰もがさまざまなタスクをこなせるようにしましょう。チームに自主性や、マスタリー、信頼が浸透します。1章で説明したように、これらはチームを効果的にする要因です。

権限委譲

チームメンバーに任せられるタスクを洗い出します。チームの能力を信頼し、メンバーに責務を担わせます。チームメンバーの長所と育成目標に基づいてタスクを割り当て、メンバーの成長と効果的な貢献を促します。例えば、ドキュメントとコードレビューの大半をシニアチームメンバーに任せながら、抜き打ち検査をして組織の標準を満たしているかどうかを確認することなどが考えられます。

「ノー」と言えるようになる

新しいコミットメントやプロジェクトを請け負う際には、慎重に選択しましょう。優先事項に沿わないタスクのためにスケジュールがいっぱいにならないようにしましょう。必要に応じて、丁重にタスクを断ったり、別の人に委任したりしましょう。

6.4.3　評価

最後に、定期的な評価を行い、戦略がうまく機能しているかどうかを客観的に検証してください。タイムマネジメントがうまくできているかどうかを評価し、必要に応じて調整します。このようなサイクルを回して改善してください。次のような方法を参考にすると良いでしょう。

スケジュール監査

定期的にスケジュールを監査し、自分が時間をどのように使っているかを評価しましょう。週単位で監査を行い、時間の使い方を評価し、優先事項と一致しているかどうかを確認します。さらに、月単位でレビューを行い、日常的な業務の中で削減できそうな時間を洗い出します。スケジュールが自身の戦略的優先事項に一致しているかどうかを確認してください。もし一致していない場合は、そのタスクのために費やす時間を削減します。また、そのタスクを委任したり断ったりできないか（「6.4.2　実行」の項参照）検討します。

内省し調整する

週に一度や月に一度、時間を取って内省しましょう。自分の時間の使い方を分析し、必要に応じて戦略を調整します。次のような質問を自分自身に問いかけてみましょう。

- 集中して作業をしている最中に、気が散ったり邪魔が入ったりするのを減らせましたか。
- 委任の戦略は期待通りにうまくいったでしょうか。委任した業務に関して、自分が支援する必要がありましたか。
- 自己啓発やセルフケアにどれだけの時間を費やせたでしょうか。

状況の変化に応じて、タイムマネジメントを柔軟に修正するようにしましょう。チームや同僚からフィードバックを求め、タイムマネジメントが効果的かどうかを評価しましょう。

ここで紹介した強力なテクニックは、リーダーシップの責任を効果的にこなすことや、期限を守ること、健康的なワークライフバランスを維持すること、そしてチームの成功に貢献することに大いに役立ちます。

6.5　期待されていることを理解して、期待することを設定する

これまでの章では、効果的なチームにおいては、誰もが自分の役割を明確にされるべきであると説明してきました。これはマネージャーにも当てはまります。マネージャーとして、自分自身の役割と責務を明確に理解しておくことが非常に重要です。はっきりと理解できていれば、時間とリソースを効果的に割り当てることができ、最

も重要なタスクに集中することができます。

　次に、チームメンバーに対して、これらの期待する項目について鍵となる部分を説明します。メンバーに対して、説明責任を負うべきことや目指すべきことを定義しておくことで、共通のゴールと成功に導くためのフレームワークを構築することができます。

6.5.1　自分に期待される成果は何か

　効果的に成果を上げるには、まず期待されるアウトカムを理解することが不可欠です。マネージャーは、自分個人に対して、また自分がリードするチームに対して、どのようなことが期待されているのかを理解する必要があります。期待は、上司や、組織の目標、役割など、さまざまなところから寄せられます。これらの期待を把握するには、以下のようなことを行ってください。

コミュニケーション

　　上司や同僚とオープンなコミュニケーションを定期的に行うようにしてください。自分の役割や、責務、期待されるパフォーマンスについて話し合いましょう。必要に応じて説明を求め、組織ゴールとの整合性を確認してください。

ゴール設定

　　読者の組織では、ゴールを設定するためのフレームワーク（これまでの章で説明した OKR や SMART など）をすでに使用されているかもしれません。上司と協力して、具体的で測定可能かつ達成可能なゴールを設定しましょう。これらのゴールは組織の目標と整合したものであり、読者の業務に明確な方向性を与えるものでなければなりません。

優先順位付け

　　タスクの優先順位は、その重要度と、組織やプロジェクトのゴールとの整合性に基づいて決定します。優先度の高いタスクから順に処理されるよう、時間とリソースを適切に割り当てます。

自己評価

　　定期的に、自分の役割に対して期待されるものと照らし合わせて、自分のパフォーマンスを評価しましょう。自分の成果と改善すべき点を内省し、必要に応じて戦略を調整し、期待されることを満たす（超える）ような取り組みを

行ってください。

6.5.2　チームメンバーに期待する成果はどういうものか

　同じように重要なことが、チームメンバーに対して期待するものを明確に設定することです。チームメンバーが自分に期待されているものを理解していれば、責任感と生産性が向上します。効果的な方法を紹介しましょう。

明確なコミュニケーション

　　チームのゴールと目標や、チームメンバー一人ひとりがそれらのゴールにどのように貢献するのかを伝えましょう。わかりやすい言葉を使い、例を挙げてはっきりと理解してもらうようにしましょう。

個別面談

　　チームメンバーと 1on1 ミーティングを行い、各自の役割や、責務、期待される成果について話し合います。質問やフィードバックを促し、方向性を一致させます。

ゴールを整合させる

　　個人のゴールがプロジェクトや組織のゴールと整合するようにしてください。Project Aristotle が明らかにしたように、インパクトはチームメンバーのモチベーションと効果性に多大な影響を及ぼします。チームメンバーが自分の仕事がより大きな目標にどのようにつながっているか理解できれば、モチベーションや責任感が高まります。

期待するものをドキュメント化する

　　チームメンバー一人ひとりの役割や、責務、期待される成果を明確にドキュメント化します。組織内にこのようなフレームワークがすでに存在している場合もあるでしょう。このドキュメントは、評価や話し合いを行う際の参考資料として活用できます。

　効果的なマネジメントには、期待することを明確に設定し合意することが不可欠です。上司と積極的にコミュニケーションを行い、自分の立場に求められていることを理解し、その理解に基づいて時間とリソースを効果的に配分します。同時に、チームメンバーに対しては期待していることを透明性のある形で設定し、説明責任の文化を醸成します。そして、メンバー一人ひとりがゴールを達成するためには、どのような

6.6 コミュニケーションの基礎 | **205**

役割を行わなければならないのかを理解させなければなりません。リーダーシップと
チームのパフォーマンスを最大限に引き出すには、双方向のコミュニケーションと整
合性が不可欠です。

6.6　コミュニケーションの基礎

　チームメンバーとつながるための手段はいくつかあります。チームミーティング
や、1on1 ミーティング、メッセンジャー、E メール、ドキュメントやコードのレ
ビューコメント、Jira のようなマネジメントツールなどです。さらに、ボディラン
ゲージなどの非言語コミュニケーションも重要です。これらのやり取りのすべてを
しっかりと覚えておくのは難しいかもしれません。それでも、これらのさまざまな
チャネルを通じて、基本方針や考え方を伝える際には、一貫性を持ち続けることが重
要です。例えば、チームミーティングで読者が言ったことと、Jira で割り当てられた
タスクがまったく異なっていたために、チームメンバーが困ってしまうようなことが
あってはなりません。

　マネージャーのコミュニケーションに一貫性が欠けてしまうと、チームに多くの問
題が生じます。矛盾するような情報や指示を伝えてしまうと、チームメンバーを混乱
させ、各自のタスクや優先順位に疑問が生じる恐れがあります。その結果、時間や労
力を浪費してしまいます。このようなことが頻繁に起こると、チームメンバーは提供
される情報に疑念を抱いたり、頼ることにためらいを感じるようになったりするかも
しれません。長期的にはチームの士気や、モチベーション、生産性に悪影響を及ぼし
ます。

　一貫したコミュニケーションを徹底するには、明確なマネジメント戦略を策定し
て、チームとのすべてのやり取りにおいてその戦略を指針とします。例えば、プロ
ジェクトの開始時に、すべての API ドキュメントは公開前にプロダクトオーナーが
レビューしなければならないと定めたのであれば、この標準を一貫して守るようにし
なければなりません。もし、誰かが読者に直接連絡して例外を求めてきた場合は、そ
のショートカットを認めないか、または、チーム内に対してそれを認める理由を説明
しなければなりません。

　コミュニケーションの方法はそれぞれ異なります。書面や口頭、バーチャルや対
面、同期や非同期などです。それでもコミュニケーションの一貫性を保つことはでき
ます。以下では、さまざまなチャネルで効果的かつ一貫性のあるコミュニケーション
を行う方法を紹介します。

6.6.1　チームミーティング

　プロジェクトの方向性を定め、コラボレーションを促し、全体的にモチベーションを維持するためには、ミーティングが必要です。チームとして全員ミーティングをどのくらいの頻度で行うべきかは、プロジェクト全体の期間によって変わります。

　短期プロジェクト（数ヶ月間など）では、時間を無駄にしないよう、あまり頻繁に会議を行うべきではありません。一方で、コミュニケーションに齟齬が生じないように、会議と会議の間隔が長くなり過ぎないようにすべきです。異なるグループのメンバーが、チームミーティング以外では協力する機会がない場合、毎週のミーティングや進捗確認が不可欠です。

　長期的なプロジェクトや複雑なプロジェクトでは、プロジェクトの初期段階や、計画段階、プロジェクトの終了時、インテグレーション段階では、頻繁にミーティングを行う必要があるかもしれません。一方で、開発段階では、ミーティングの頻度は少なくなるでしょう。

　チームミーティングについては、頻度のほかにも、次のような注意点が重要です。

ミーティングの目標を明確に設定する

　　　事前に議題のトピック、決定すべき事項、ミーティングの結果としてどのようなアクションアイテムが作成されるべきかを決めておきます。これらの目標を事前にチームに伝えて、全員が関連情報を準備してミーティングに臨み、有意義な議論ができるようにします。

ミーティングは集中して時間厳守で行う

　　　チームメンバーのスケジュールを尊重するために、ミーティングは時間通りに開始し終了します。このようにすることで、読者が効率性を重視していることを示すことができます。明確な議題を設け、それに沿って進めます。議題からそれたり、関係のない議論に深入りしたりしないようにします。ミーティング中に新たな問題が発生した場合は、その問題の影響を受ける主要メンバーだけで別途話し合いの場を設けることを検討します。

積極的な参画とインクルーシブな取り組みを推進する

　　　議論を独り占めしないように、チームメンバーが発言できるようにします。すべてのチームメンバーが、アイデア、質問、懸念事項を安心して共有できる環境を醸成します。特にリモートのチームメンバーに対しては、積極的な参画、

建設的な貢献、オープンな対話を促します。ファシリテーターやノートテイカーなど、会議の役割を交代制にして、さまざまなチームメンバーが参画し責務を分担できるようにします。

6.6.2 1on1 ミーティング

チームメンバーと効果的な 1on1 ミーティングを行うことは、マネージャーとしての重要な役割です。いつでもチームメンバーとそのニーズに気を配るべきです。1on1 ミーティングは、チームメンバーが自己の考えを述べ、問題を共有し、指導を求めるための重要な場です。そのため、積極的な傾聴が何よりも重要です。チームメンバーが話しているときは、彼らが発する言葉だけでなく、感情やその裏にあるメッセージにも注意深く耳を傾けましょう。

話を聞く際には、彼らの問題に対してすぐに解決策を提示することは避けてください。その代わり、必要に応じて指導やコーチングを行い、彼らを力付けるようにしましょう。できるだけ、自分自身で考えさせ、解決策を見つけ出すよう促します。こうすることで、彼らの問題解決能力を向上させるだけでなく、課題に対処する自信を育むことにもつながります。自由回答形式の質問をしたりすると、より深い議論が生まれ、チームメンバーが自分自身の状況を振り返るよう促せます。さらに、現在のタスクだけでなく、彼らのゴールや希望についても問いかけてください。彼らの成長と発展を読者が重視していることを示し、彼らの目的意識とモチベーションを強固なものにします。

これらのミーティングで読者が提供するフィードバックは、すべて役立つものでなければなりません。実行できないようなフィードバック（例えば、パフォーマンスに関する問題点を指摘しないような曖昧なフィードバック）は役に立ちません。チームメンバーが自分の長所と改善点を理解できるよう、ポジティブなフィードバックも建設的なフィードバックも、具体的に伝えるようにしてください。

話すときは、難しい内容であっても、落ち着いたトーンで話しましょう。不必要に声を荒げるのは避けましょう。攻撃的な印象を与えてしまう恐れがあります。必要に応じて、共感、励まし、断固とした態度を反映するようにトーンを調整しましょう。

さらに、チームメンバーが直面している問題を乗り越えるために、どのようなサポートをすれば良いか、メンバーに尋ねてみましょう。このような協力的な提案を行うことで、メンバーの成功とウェルビーイングに対して、読者のコミットメントを示せます。障害に対処するための戦略を共に探求することで、チームとの関係を強化するだけでなく、責務とサポートを共有する文化を育むことにもつながります。このよ

うな 1on1 ミーティングでは、読者の役割はマネージャーからメンターへと変化し、チームメンバーがより自主的に成功できるよう導きます。

4 章では、Google の「効果的な 1on1 ミーティング」のテンプレートを紹介しました（コラム「効果的な 1on1 ミーティングのテンプレート」参照）。このテンプレートには、前述した項目のほとんどをカバーするような質問が盛り込まれています。必要に応じて、このテンプレートをカスタマイズし、チームメンバーにも共有してください。話し合うべき内容について理解を深めてもらうようにしましょう。

6.6.3　メッセージを伝える手段

さまざまな手段で効果的にメッセージを伝えることは、明確なコミュニケーションを行ったり、タスクを管理したり、チームの足並みを揃えて目的に集中したりするために不可欠なものです。デスクや電話でチームと連絡を取る場合、メッセージを伝える手段の選択肢が多すぎて困ってしまうほどです。多くの組織では、電子メール、メッセージングアプリ、タスク管理ソフトウェアなどをほぼ同じような使い方をしています。これらの手段は、会話の記録を保持するのに役立ちます。しかし、鍵となるのは、メッセージの内容や状況の緊急性に応じて、コミュニケーション手段を戦略的に使い分けることです。それぞれのコミュニケーション手段には特定の用途があります。効率的に使用するには、いつ、どのようにそれらを使用すべきかを理解しておく必要があります。

電子メール

電子メールは、フォーマルなコミュニケーションやドキュメントのやり取りに適しています。特に、プロジェクトの重要な最新情報や、報告書、慎重な検討を要するような情報の共有に適しています。また、電子メールは、会話の記録をより体系的に恒久的に残せるため、チーム外のステークホルダーとのコミュニケーションにも最適です。ただし、他のメッセージングプラットフォームほどリアルタイムではないため、緊急の案件には適していません。

インスタントメッセージ

Slack などのインスタントメッセージングプラットフォームは、ちょっとした質問や、カジュアルな会話、リアルタイムでのコラボレーションに向いています。日々のチームとのやり取りにはインスタントメッセージを利用するとよいでしょう。簡単な近況報告や質問、即時のフィードバックを行うときなどに使

います。特に、素早い対応が必要な緊急の案件には便利です。ただし、常に割り込みがあると生産性を妨げるため、使い過ぎには注意が必要です。インスタントメッセージに気を取られないよう、インスタントメッセージを利用する時間帯や、仕事に対する「集中時間」を設けます。

タスクマネジメントソフトウェア

タスクマネジメントソフトウェアは、タスクのトラッキング、責任の割り当て、プロジェクトの進捗状況のモニタリングに最適です。これらのプラットフォームを使用して、作業を整理し優先順位を付け、タスクを割り当て、期限を設定します。タスクマネジメントソフトウェアを定期的に確認し、全員が予定通りに進捗し、プロジェクトのゴールに沿って作業していることを確認します。これらのプラットフォームはリアルタイムのコミュニケーションにはあまり適していませんが、タスクに集中し作業を整理するには非常に便利です。

これらのコミュニケーションをすべて管理するのは大変な作業です。それぞれのコミュニケーション手段をどれくらいアクセスするか、バランスを取ることが重要です。重要な更新情報を見逃さないよう、メールは一日中定期的にチェックしましょう。インスタントメッセージについては、朝、昼食後、終業前など、メッセージを確認する特定の時間帯を設けてください。タスクマネジメントソフトウェアの場合は、一日の終わりにレビューを行うなど、定期的なチェックをワークフローに組み込み、チームがタスクとゴールに集中できるようにします。

また、コミュニケーションの内容によっては、電子メールやメッセンジャーでのやり取りには適していない場合があることも注意してください。そのようなコミュニケーションの場合は、直接対面して会話したり、ビデオ会議を行ったりすべきです。例えば、重要なフィードバックは、メッセージングプラットフォーム上で公に伝えるのではなく、1on1 ミーティングで個別に伝えます。同様に、チーム構成の変更が予想される場合、詳細を電子メールで通知する前に、簡単なミーティングでチームメンバーに知らせる方が望ましいでしょう。

それぞれのコミュニケーションチャネルを適切に活用することで、自身のタスクを邪魔されることなく効果的にコミュニケーションを行うことができます。

6.6.4　非言語コミュニケーション

効果的な非言語コミュニケーションは、メッセージの伝達や、信頼関係の構築、

チーム内の良好な人間関係の構築において、マネージャーにとって強力なツールとなります。以下に具体例を挙げます。

ボディランゲージ

ボディランゲージは多くのことを語ります。会話中はオープンで歓迎する姿勢を心がけることが重要です。読者がオープンで親しみやすい人であることが伝わります。会話中はボディランゲージで、注意深く耳を傾けていることを示しましょう。少し身を乗り出し、凝視しすぎないように注意しながらアイコンタクトを保ちます。チームメンバーが話している間は時折うなずいて、話を聞いていることを示しましょう。ジェスチャーを使って重要な点を強調しますが、やり過ぎないように注意してください。過剰なジェスチャーはかえって気を散らすことになりかねません。

表情

表情は、幅広い感情を伝えるのに非常に効果的です。心からの笑顔で、温かく親しみやすい雰囲気を作りましょう。必要に応じて、チームメンバーの気持ちを理解し、共感を示すために、相手の気持ちを反映した表情をしましょう。ただし、表情は本物であることが大切です。無理やり作ったり、不誠実に笑ったりしても、すぐにバレてしまいます。

距離感

チームメンバーと物理的に近い距離にいることで、さりげないメッセージを送ることができます。親しみやすさは、物理的な近さと密接に関連しています。逆に離れすぎていると疎外感を生むことがあります。パーソナルスペースに関する文化的な慣習はさまざまなので、注意を払い、個人の好みを尊重しましょう。

非言語コミュニケーションは、リモートでの業務においても重要です。物理的な距離があるため、ビデオ会議、文字コミュニケーションにおける絵文字、声のトーンが大きな意味を持ちます。マネージャーは、これらの非言語コミュニケーションに特に注意を払ってください。リモートのチームメンバーが、つながりを感じ、理解され、サポートされていると感じられるようにしてください。

6.7　ピープルマネジメント

　エンジニアリングマネージャーの職務において、多くの場合ピープルマネジメントが鍵となります。この章では、すでに1on1ミーティングやタスクの割り当てなどの通常業務については取り上げています。1章では、チームに効果的なエンジニアを採用する際に考慮すべきことについて紹介しました。この節では、採用や、パフォーマンス評価、離職に関することについて触れたいと思います。

　簡単にまとめると、ソフトウェアエンジニアリング業界で人材を効果的にマネジメントすることは、独特の困難があります。人材の組み合わせによっては、プロジェクトの技術的側面のマネジメントよりも複雑になる恐れがあります。5章では、エンジニアのさまざまなタイプによって生じるアンチパターンについて触れました。エンジニアの資質（ポジティブなものであっても）がプロジェクトに悪影響を及ぼす恐れがあります。この他に、ピープルマネジメントする際に問題となるものには、以下のようなものがあります。

テクノロジー人材の獲得競争
> 予算内で経験豊富な技術系人材を確保し引き留めておくことは、常に課題となります。業界は競争が激しく、熟練したプロフェッショナルが不足しています。

スキルの多様化
> テクノロジーの急速な進化により、チームメンバーは常にスキルアップを図る必要があります。新しいツールやフレームワークに習熟することが求められます。

リモートワークにおける力学
> リモートワークの増加に伴い、マネージャーはさまざまな地域のメンバーをリードしなければなりません。時差の壁を超えてチームを効果的に導きモチベーションを高める必要があります。

期待するもの
> 競争の激しい市場であるため、優秀なソフトウェアエンジニアは、報酬や、福利厚生、キャリアの見通し、ワークライフバランスなどの面で、常に待遇改善を求めています。

プロジェクトの複雑さ

部門横断的なハイブリッドチームのように、複数の観点を併せ持つソフトウェアプロジェクトのマネジメントは、複雑で厳しいものになるでしょう。

以降では、ピープルマネジメントのスキルが必要となる領域について説明していきます。

6.7.1　採用

採用プロセスは非常に重要です。人事部に要件を伝える前に、職務内容を明確に定義し、採用する人材に必須のスキルを洗い出しておきましょう。技術的な熟練度、問題解決能力、企業文化への適合性を評価するために、体系的な面接プロセスを導入しましょう。プロジェクトのスケジュールに間に合わせるために、欠員を急いで補充しなければならない場合もあるでしょう。できるだけ、スキルよりもマインドセットを優先してください。チームのメンバーとしてうまく働けない人材は、チームに悪影響を及ぼす恐れがあるからです。

効果的なエンジニアリングのマインドセットに寄与する資質については、1章で議論しました（**図6-1**参照）。これまでの経歴で、これらの資質をどのように発揮してきたのかを説明できるようなエンジニアを探しましょう。

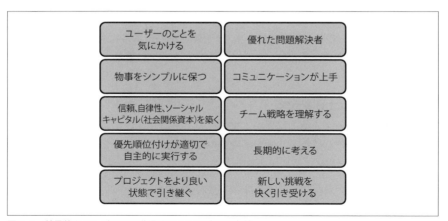

図6-1　効果的なエンジニアに共通する10の重要な資質

6.7.2 パフォーマンス評価

　チームメンバーの定期的なパフォーマンス評価では、技術的なスキルと、コミュニケーションやチームワークなどのソフトスキルを両方重視すべきです。一般的に、中規模から大規模の企業では、明確に定義されたパフォーマンスプロセスと規範があるので、それに従うことになります。会社の評価フォーマットやテンプレートを使用する場合がほとんどでしょう。組織のパフォーマンス評価プロセスでは、従業員のパフォーマンスメトリクス以外の要素をあまり考慮していない場合もあります。そのような場合でも、彼らの個人的なキャリア目標について話し合うようにしてください。チームメンバーと話し合うときや、パフォーマンス評価の話し合いの中で、以下のような具体的な質問をチームメンバーに尋ねるようにしてください。

キャリア目標

　　あなたの短期的および長期的なキャリア目標は何ですか。また、チームや組織内でそれらの目標を達成するために、私にできることはありますか。

プロフェッショナルとしての成長

　　今後1年間に新たに習得したり、向上したりしたいスキルや技術は何ですか。あなたやチームにとって有益と思われる研修や能力開発の機会はありますか。

今後担いたい責務

　　チーム内でのメンターやリーダーとしての役割に興味はありますか。エンドユーザーとの交流を深める顧客対応に興味はありますか。その場合、出張したり、ソーシャルメディアやカンファレンスでのチームの代表としての活動が求められたりする場合がありますが問題ないですか。

課題と成果

　　評価期間中に取り組んだものの中で、最も困難な課題は何でしたか。また、それをどのように克服し、そこから何を学びましたか。

フィードバックと改善

　　業務プロセスや、ツール、チーム力学を改善するために、チームや私（あなたのマネージャー）に何かフィードバックはありますか。次の評価期間でさらに良い結果を達成できるよう、私はどのようにサポートすれば良いですか。

ワークライフバランス

あなたはうまくタイムマネジメントを行い、効果的に仕事をこなせていますか。仕事上のストレスや、仕事と私生活のバランスを取るのが難しいと感じたことはありますか。

これらのトピックについて質問を行うことで、ソフトウェアエンジニアのパフォーマンスとキャリア目標について包括的に確認できるようになります。そして、個々の状況に合わせて、建設的なパフォーマンス評価ができるようになります。

話し合いにおいて、読者は注意深く耳を傾け、必要に応じて有意義で建設的なフィードバックを提供しなければなりません。質問に対する回答に基づいて、チームメンバーのキャリア育成計画を個別に話し合って作成します。

正式なパフォーマンス評価の話し合いのほか、筆者は定期的にチームとミーティングを行っています。そして、次の四半期や1年間の大まかな計画を共有し、過去1年間の業績について話し合い、フィードバックを提供します。また、このミーティングでは、チームメンバーが来年度や来四半期の抱負や期待を共有する機会にもなります。

6.7.3　退職マネジメント

たとえ健全な職場文化があり、効果的なチームがあり、成長の機会があるとしても、さまざまな理由から退職を選ぶ人もいるでしょう。例えば、より良いキャリアの機会を求めたり、引退したり、あるいは会社の職場文化に不満を抱いたりする人もいるでしょう。競争力のある報酬やスキル向上の機会、ポジティブな職場文化を提供することで、人材の確保に努めることができます。また、定期的にチームメンバーと話し合い、彼らの悩みを理解し、燃え尽きを未然に防ぐこともできます。しかし、退職は、読者の手の打ちようがない場合もあります。そのような事態が発生した場合は、落ち着いて対処することが不可欠です。このような状況に備えて、以下のようなプレイリストを用意しておくと良いでしょう。

1. まずは退職理由を理解するために、ミーティングを設定することから始めましょう。退職理由は個人的なものであったり、仕事上のものであったりします。
2. その理由がチームや読者自身に関係している場合は、フィードバックを求めましょう。プロジェクトや仕事上の人間関係について尋ねて、改善が必要な領域を洗い出します。

3. 個人的な事情で退職する場合は、現在担当しているプロジェクトに大きな影響を与えることなく優秀な人材を失わないようにできるのであれば、ハイブリッド勤務や柔軟な勤務形態を提案しましょう。

4. 退職者との面談で得られたフィードバックを基に、チームや組織内で改善が必要な領域を特定します。

5. 進行中のプロジェクトの中断を防ぐため、知識と責務の移管を円滑に進めます。

　退職者との退職時面談に加え、現在のチームメンバーとのステイインタビュー[1]（https://oreil.ly/b9y1F）を実施することを検討してください。チームメンバーの懸念事項に取り組み、将来的に同じ理由で退職する社員を減らします。従業員エンゲージメントや満足度に関する問題については、すでに 1on1 ミーティングやパフォーマンス評価の際に話し合っていることでしょう。さらに、ステイインタビューでは、チームメンバーに次のような質問をすることで、より深い知見を得ることもできます。

仕事の中で、最もやりがいを感じることや、反対に、最も楽しくないと感じたりすることはどのようなことですか？
　チームメンバーにチーム内での自分の役割についてポジティブな面とネガティブな面について考えてもらい、それらについて話し合うよう働きかけます。

キャリアや能力開発に関して、相談したいことがあれば教えてください
　将来の希望についてはすでに話し合っているかもしれませんが、このように質問することで、成長と能力開発の機会を逃していることがわかるかもしれません。

もし仕事の内容を変更できるとしたら、どのように変更しますか？
　チームメンバーに対して、自分の役割に対するビジョンを語るよう促します。

　このような質問を行うのは、チームメンバーのモチベーションや、キャリア目標、仕事に対する満足感に対して、どのようなものが影響を与えているのかをより深く知るためです。また、マネージャーが、魅力的で協力し合える職場環境を作るのにも役立ちます。

　ほとんどの場合、従業員が退職するのは自主退職です。しかし、組織変更や人員削

---

[1]　訳注：従業員に対して、どうすればやりがいが出るのか、また、どのような理由があれば会社を辞めようと思うのかを確認するためのミーティングです。

減により、チームメンバーを解雇せざるを得ない場合もあります。このような場合には、共感や、透明性、公平性を保ちながら対応してください。理由をはっきりと伝え、再就職支援サービスや転職先紹介などのサポートを行いながら、円滑に異動できるようにしてください。

6.7.4　メンターシップとコーチング

メンターシップとコーチングは、人材育成に非常に役立つことがわかっています。**メンターシップ**とは、経験豊富な人物（メンター）と経験の浅い人物（メンティー）との長期的な協力関係のことです。メンターがメンティーに指導、支援、励ましを行います。**コーチング**とは、コーチと、コーチングを受ける人（コーチー）との短期間の集中的な関係のことです。コーチがコーチーに対してゴールを定め、コーチーがそのゴールを達成するのをコーチが支援します。

メンタリングとコーチングは両方とも、エンジニアが経験豊富な同僚や外部の専門家から学ぶことを支援し、新しいスキルや知識の習得を後押しします。学習範囲は、プログラミング言語やフレームワークの習得から、コミュニケーション、コラボレーション、問題解決などのソフトスキルの開発まで多岐にわたります。

テックチームにおいてメンタリングプログラムを成功させるには、まずパフォーマンス評価や同僚の推薦などでメンティーを決定することから始めてください。特定のプロジェクトに関連したデータベースやパフォーマンス最適化技術など、具体的な目標を設定すると良いでしょう。進捗状況や課題について話し合い、短期目標を設定するための定期的なミーティングをスケジュールしましょう。メンターは、メンティーの成長を促すために、推薦図書や関連する業務課題などの参考資料を提示するようにしてください。

チーム内の人材を育成するために、メンターシッププログラムやコーチングに投資しましょう。このようなプログラムを行うことで、ガイダンスや、キャリアに対するアドバイス、教育機会を提供できます。そして、チームの士気や個人の成長を後押しすることができます。シニアエンジニアをジュニアエンジニアのメンターとして指名し、継続的な学習の文化を育みましょう。シニアエンジニアがプロジェクトの新人メンバーのメンターとなるようにするなど、ローテーション制を採用することを検討してください。スキル開発と人間関係の構築を促進するために、メンターシッププログラムを正式に導入しましょう。

メンタリングはチームメンバーの成長機会であると同時に、マネジメントにとってもメリットがあります。将来的に組織内でシニアの役割ができるような人材を確保す

ることが可能となり、外部から採用する必要がなくなります。外部から人材を採用することに比べて、（メンターシップ/コーチングプログラムを提供することで）現有の人材を育成することには、次のような利点があります。

文化への適合性と整合性

　　チームメンバーはすでに企業文化、価値観、既存の力学に慣れ親しんでいるため、より迅速な連携とコラボレーションが期待できます。

コストと時間の節約

　　内部昇格は、採用コストとオンボーディングコストを削減し、生産性が高まるまでの時間が短くなるため、費用対効果の高い選択肢となります。

従業員の育成と士気

　　メンタリングやコーチングは、従業員の能力開発に対する企業側の姿勢を示すものです。士気やモチベーション、そして仕事に対する満足度を高めてくれます。

　ソフトウェアエンジニアリングにおいて、効果的にピープルマネジメントを行うには、感情的知性や、コミュニケーションスキル、適応力をうまく組み合わせて活用しなければなりません。採用、評価、懸念事項への対応に積極的に関与し慎重に検討することで、成長、共感、コラボレーションの文化を育むことができます。

6.8　難しいプロジェクトのマネジメント

　キャリアの中で、スムーズに進まない難しいプロジェクトに直面する時期が一度や二度訪れるかもしれません。そのようなプロジェクトは、ジェットコースターのように、多くの紆余曲折や浮き沈みがあるでしょう。プロジェクトは難しいかもしれませんが、素晴らしい学習機会となります。プロジェクトマネジメントにおいて、複合的なアプローチを活用することを学ぶ良い機会となります。

　友人であり、経験豊富なソフトウェアエンジニアリングマネージャーでもあるEmily は、何度も失敗を繰り返して来た困難なプロジェクトに突然放り込まれたことがあります。このプロジェクトは、複数のシステムとテクノロジーをインテグレーションするものでしたが、その複雑さで悪評が高まっていました。Emily がプロジェクトについて詳しく調べると、すぐに目の前の課題の大変さに気づきました。

このプロジェクトは、要件や仕様が急に変更されることが多く、しっかりとした計画を維持することができませんでした。さらに、チームは過去に数多くの技術的な問題に直面しており、その結果、スケジュールが遅れ、チームの士気も低下していました。Emily は、プロジェクトを成功に導くためには、断固とした行動を取らなければならないと感じていました。

経験とリーダーシップスキルを活かし、Emily はまずチームをまとめ、目的意識と確固たる決意を浸透させました。彼女は明確なコミュニケーションとコラボレーションの重要性を強調し、チームメンバーに懸念やアイデアを率直に述べるよう促しました。プロジェクトのこれまでの紆余曲折にもかかわらず、Emily は動じることがありませんでした。そして、同じように、チームにも自信を植え付けました。戦略的な指導と確固たるコミットメントにより、Emily はチームをリードし、先行きの不透明な難しい状況を乗り越えました。

Emily のリーダーシップは最終的にプロジェクトの成功に大きく貢献し、彼女は自分自身のリーダーシップスキルと深い洞察力を成長させる貴重な学びを得ました。彼女は、逆境に直面した際の適応力とレジリエンスの重要性を発見しました。また、チームの結束を促す上で、オープンなコミュニケーションとコラボレーションの価値も学びました。このプロジェクトは、Emily に対して、複雑な状況への対処や、先行きの不透明な状況でのマネジメント、そして変化の激しい環境でプロジェクトを推進するための貴重な教訓をもたらしました。Emily と彼女のチームは、このプロジェクトから新たな能力を獲得し、将来の課題に落ち着いて取り組むための知識とスキルを身につけました。

予期せぬ課題や機会に直面した際には、チームが継続的に適応していくことが求められます。その際には、読者が中心となってリードしてください。

プロジェクトがジェットコースターのような状況になっている場合、以下のようなことに留意してください。

アジャイルなアプローチ

スコープ、リソース、スケジュールに柔軟性を持たせるために、アジャイルなプロジェクトマネジメントを採用することを検討してください。スクラムやカンバンなどのアジャイル手法は、プロジェクトの進行中に変更や新たな状況が生じた場合でも、迅速に適応できるようにしてくれます。1 章で説明したように、このような手法をニーズに合わせてカスタマイズし、ツールやフレームワークを導入してください。

スコープマネジメント

理想的には、プロジェクトの開始時にその目標とスコープを定義するべきでしょう。しかし、一度でも何らかの難しい局面を経験したのであれば、より多くの困難を覚悟しておきましょう。新しい要件や予期せぬ課題に対応できるよう、必要に応じて定期的にスコープを見直し調整します。ユーザーストーリーやバックログに対して、優先順位付けのテクニックなどを活用し、価値の高い機能を提供することに焦点を絞ります。すべての問題が同じ重要度であるわけではありません。問題の深刻度とプロジェクトを失敗させる恐れに基づいて優先順位を付けます。そして、優先順位に基づいて、最も重要な問題から対処していきます。

プロトタイプ

このようなプロジェクトの多くは、ビジネス要件が関わっています。チームはこれまで使用したことのないような、新しい技術コンセプトや、プロダクト機能、インターフェースを使わなければならない場合もあるでしょう。本格的に着手する前に、ソリューションのプロトタイプや、概念実証（PoC）を開発するようにしてください。開発中に遭遇する恐れのある技術的な障害を洗い出すのに役立つだけでなく、プロジェクト計画を練り直すことにも役立ちます。リソースをより効率的に割り当てて、プロジェクトを予定通りに進められるようになります。

決断力と柔軟性

迅速に決断を行う一方で、状況の変化に柔軟に適応するようにしましょう。チームがプロジェクトの浮き沈みにうまく対応できるよう、十分な準備とモチベーションを確保します。スキルギャップが生じた場合は、その都度対処します。新しい状況に対応できるよう、必要に応じて、プロジェクト計画や、スケジュール、リソースの割り当てを修正します　問題に効果的に対処するために、スコープの修正、スケジュール調整、リソースの再配分を検討します。プロジェクトが進行するにつれて、納期が変わる可能性も念頭に置きます。スケジュール調整については、ステークホルダーや、経営層、チームメンバーと透明性を保ちながら話し合ってください。

品質管理

要求レベルが高いプロジェクトにおいて、品質基準を満たすことは困難が伴

います。しかし、これを怠れば、問題は確実に悪化します。厳格なコードレビューとテストは常に実施するようにしてください。建設的なコードレビューにより、チームメンバーは早期に問題を特定し、修正することができます。ユニットテスト、インテグレーションテスト、システムテストなど、さまざまなテスト手法により、チームはバグや不具合を迅速に特定し対処することができます。自動テストと継続的インテグレーションも、変更によって新たな問題が生じていないことを確認するのに役立ちます。

ワークライフバランス

自分自身とチームメンバーにとって、ワークライフバランスが重要であることを認識しておきましょう。燃え尽きを防ぐために、休憩や休暇を促しましょう。プロジェクトの最初から最後まで、チームメンバーがエネルギーと創造力を維持できるよう、セルフケアとサポートの文化を醸成しましょう。自分自身を含め、すべてのチームメンバーが休息やぼんやりする時間を確保できるよう、責務の委譲や共有を促しましょう。

コミュニケーション

チーム内およびステークホルダーとの間で、オープンで透明性のあるコミュニケーションチャネルを確保します。進捗状況、課題、調整事項について話し合うために、定期的にスタンドアップミーティングや、レトロスペクティブ、レビューミーティングを開催します。ステークホルダーにプロジェクトの進捗状況や変更について最新情報を提供しつづけ、期待されるものを効果的にマネジメントするようにします。

妨害要因の排除

プロジェクトの妨げとなる要因を先回りして洗い出し排除するようにしましょう。チームメンバーに、障害やボトルネックを速やかに報告するよう働きかけましょう。他チームとコラボレーションして、プロジェクトの進捗に影響を与える問題に対処しましょう。

成功の祝福

困難に直面していると、時間やエネルギーが足りなくなるかもしれませんが、どんなに小さなことでも成功を祝うことを忘れないでください。チームの功績を認め、士気とモチベーションを高めましょう。

6.9 チーム力学のマネジメント | **221**

　ジェットコースターのようなプロジェクトをマネジメントすることは、変化を受け入れ、柔軟性を維持し、明確なコミュニケーションを行うということです。アジャイルな考え方を採用しプロジェクトマネジメントに取り組むことで、どんなに予測困難なプロジェクト環境においても、チームを成功に導くことができます。

6.9　チーム力学のマネジメント

　優秀な人材を採用することはできても、彼らがどのように振る舞うか、また、他の人々とどのように関わるかを常に予見できるわけではありません。人と人との関わりは複雑であり、時間が経つにつれて問題が表面化するようになります。私たちはすでに、5章で、個人やチームのコラボレーションにおけるアンチパターンについて議論しました。リモートワークとグローバルでのコラボレーションが主流の時代においては、これらの課題はさらに増大することでしょう。

6.9.1　一人ひとりの個性と多様性のあるチーム

　一人ひとりにはさまざまな差異があります。多様な人材からなるグループには、内向的な人も外向的な人もいます。また、スキルや学歴、問題解決能力、職業倫理、文化的・経済的背景、性別も異なります。彼らのバイアスや視点は長年にわたって形成されているので、それぞれ異なっています。

　これらの相違から生じる問題を克服するために、チームビルディングを行うことを検討してください。非公式な場で意見を交換し、他者の意見を理解し尊重することを学ぶ機会を設けるようにするのです。

　また、チームメンバー一人ひとりの強みや、弱み、好みに合わせてタスクを割り当てるのも良いでしょう。例えば、内向的な人は細かい調査を得意とするかもしれません。また、外向的な人は顧客とのミーティングで力を発揮できるかもしれません。時間をかけてチームメンバーを理解し、それぞれの能力に合わせてタスクを割り当てましょう。

　さらに、オープンな対話を促し、チームメンバーが各自の希望を表明するように働きかけます。新しいアイデアを受け止め、チームメンバーから見たときに、自身の貢献が評価されていると感じられるような文化を育むよう努めます。チームメンバーがチームに慣れ、互いに信頼し合うようになったら、新しいスキルを習得し成長するよう多様化を促すと良いでしょう。

6.9.2　リモートチーム

　時差のあるさまざまなタイムゾーンにまたがるリモートチームでは、コミュニケーションが非同期になるため、コラボレーションの障害となる場合があります。このような状況に対処するには、マネージャーは、優先チャネルや応答時間など、コミュニケーションプロトコルをはっきりさせると良いでしょう。地理的な隔たりに対応するため、リアルタイムの情報更新や、ファイル共有、ビデオ会議をサポートするコラボレーションツールを利用することも考えてみてください。

　リモートチームのメンバーは、仕事から切り離されることへの不安や孤立感に悩んでいるかもしれません。マネージャーは、ワークライフバランスを重視し、就業時間に関してどのように考えているのかを明確に伝えてください。定期的なオンラインでの進捗確認や、社内合宿などチームビルディング活動を行えば、孤立感に対処し帰属意識を育むことができます。

6.9.3　対立の解決

　性格や仕事のやり方、ゴールに対する解釈の違いから、対立がよく生じます。例えば、非常にタイプの異なるチームメンバーが2人いるとします。一方はきっちりと構造化された方法を好み、他方は柔軟で創造的な仕事のスタイルを好むとします。このような好みの違いのために、彼らがプロジェクトでコラボレーションを行うと対立が生じます。

　効果的に対立を解決するには、チーム内の人間関係の問題に対処できるようにならなければなりません。こうした対立を長引かせず、チームメンバーが懸念事項や相違点を話しやすくなるように、オープンな対話の場を設けて迅速に対処しましょう。このような場は、対立の根本原因を理解するのに役立つだけでなく、双方が利益を享受できる Win-Win の状況を作り出すこともできるかもしれません。先の例で言えば、クリエイティブなワークスタイルを好む側が革新的な問題解決策を提案し、きっちりとした方法を好む側がその解決策についてプロジェクトの要件や制約をすべて満たしていることを確認する、といったことが考えられます。

　注意を怠らず、対立によってチームの進捗が妨げられないようにしましょう。チーム全体のミッションにしっかりと焦点を当てましょう。個人的な考え方による対立をできるだけ抑えるために、ゴールが何かを定期的にチームに対して思い出させましょう。対立をうまく解決することで、チームの結束と成長の機会に転じることができます。

6.10　マスタリーと成長を実現する

　1章では、マスタリーに向けて進歩しているという実感がモチベーションを強力に高めることを紹介しました。成長していると確信することが、チームメンバーの内なる原動力につながります。しかし、成長を促すことは時に困難を伴います。特に、チームが絶えず難しいプロジェクトに取り組んでおり、新しいことに挑戦する時間がない場合です。比較的余裕のある状況であっても、チームメンバーは、自分にどのようなスキルを追加すれば、自分の価値をより高められるのか確信が持てない場合もあります。チームの状況に関わらず、成長を促すというマネージャーとしての役割は常に重要です。

6.10.1　仕事の手が空いた期間を成長のために活用する

　仕事の手が空いたときは、個人の成長に投資するようにしてください。

　プロジェクトとプロジェクトの間に、しばらくの間、多くの有能なエンジニアが仕事のない状態になることがあります。このようなグループをマネジメントしている場合は、全員でブレストを行い、小規模なプロジェクト企画を考えてもらいましょう。時間をかけて、今後の開発サイクルで役立つツールを構築してみるのも良いでしょう。このようなツールの要件は、前回の開発サイクルで問題となったものに基づいて設定しましょう。小規模なプロジェクト企画において、これらの問題に対処するとともに、開発者の経験と生産性を向上させることができます。

　この他、チームメンバーのキャリア目標や関心について話し合い、各自の希望に沿った学習計画の立案を手助けするのも良いでしょう。また、チーム内でメンターシップやピア・ラーニングを促すこともできます。経験豊富なメンバーが他のメンバーを指導したり、メンバー同士の知識共有のための場を設けたりすることも、非常に効果的です。

　チームメンバーが特定のトレーニングや認定コースに関心を示したら、受講を奨励しましょう。組織として、このようなコースに対して協賛するのも良いでしょう。また、受講者が多数いる場合は、社内開催を検討するのも一案です。

6.10.2　業務負荷の高い期間中に成長を促す

　多忙な時期であっても、成長を後回しにしてはなりません。現在のプロジェクトの中で、能力を伸ばし成長の機会を得られるような課題を割り当て、実務経験を通じて学習を促します。建設的なフィードバックを提供し、成長への努力を認め、学習を継

224 | 6章　効果的なマネージャー

続するよう一人ひとりを動機付けます。

　コードレビューの作業は、シニアエンジニアが他のメンバーとノウハウを共有する絶好の機会となります。同じように、他の日常業務プロセスの中に学習機会を採り入れることもできます。非公式なメンタリングの機会を設けることで、チームメンバーが同僚からアドバイスや指導を受けられるようにして、相互支援の文化を育むことができます。

　チームメンバーが効率的にタイムマネジメントを行い、自己改善のための時間を毎日 10 分から 15 分でも確保できるように支援します。

　仕事の手が空いたときと、仕事が忙しい時期の両方において、成長を促すには事前の準備が必要です。チームメンバーの個々の状況や希望に合わせて成長戦略を策定することで、彼らの成長を促すだけでなく、モチベーションや仕事に対する満足度の向上にもつながります。

6.11　ネットワーキングの基礎

　これまでの章では、チームメンバー間のコラボレーションについて幅広く説明してきました。マネージャーとして、読者は組織内外のさまざまな人々とコラボレーションすることが求められます。ステークホルダー、同僚、業界パートナーなど、さまざまな人々です。何かが必要になったときにのみ彼らに連絡を取るのではなく、日頃からこれらの人々とネットワークを築くことが不可欠です。

　ネットワーキングは単に連絡先リストを作成することではありません。意味のある関係を築くことで、自身のマネジメントスキルを向上させ、チームのパフォーマンスを高めるための足がかりとすることです。ネットワーキングがどのように役立つか、その例をいくつか紹介します。

知識の交換

　ネットワーキングにより、豊富な知識と多様な視点に触れることができます。業界のトレンド、最新技術、マネジメントの最新手法に関する情報を得ることができます。

問題解決

　ネットワーキングはリソースの宝庫であり、複雑な問題に取り組む際に非常に役立ちます。経験豊富な同僚にアドバイスを求めたり、同僚とアイデアを交換

したり、同様の問題に直面したことがある外部の専門家と協力したりすること
ができます。

プロフェッショナルとしての成長

ネットワーキングは、読者のプロフェッショナルとしての成長を促します。業
界イベント、セミナー、カンファレンスに参加することで、読者自身や読者の
チームにとって有益な最新情報を入手することができます。

コラボレーションの機会

効果的なマネジメントには、多くの場合、部署間や組織間の連携が必要となり
ます。連携した取り組みを積極的に行ってくれるような、信頼できる人脈を
築くことができます。こうしたつながりは、共同プロジェクト、リソースの共
有、双方に利益をもたらす取り組みにつながります。

人によってはネットワーキングが自然にできるかもしれませんが、そうでない人も
いるでしょう。いずれにしても、効果的にネットワーキングを行うためには、以下の
ことを心がけてください。

誠実である

誠実さと他者への深い関心を持って、ネットワーキングに臨みましょう。深く
つながることで、実りのある関係を生み出せるでしょう。

積極的に耳を傾ける

会話中は積極的に耳を傾け、他者の視点や意見を理解し、適切なタイミングで
建設的な意見を述べます。

フォローアップする

相手と初めてやり取りした後は、フォローアップしましょう。簡単な礼状を
送ったり、話し合ったトピックについてさらに情報を共有するメールを送った
りするなどしてください。

定期的に連絡を取り合う

ネットワーキングは一度きりの取り組みではありません。定期的に交流を続け
ましょう。コーヒーを飲みながら近況を報告し合うことや、一緒に業界イベン
トに参加することだけでも構いません。

ネットワークを多様化させる

自分のネットワークを自分の専門領域だけに限定しないようにしましょう。さまざまな経歴の人や、いろいろな業界の人とつながり、視野を広げましょう。

少なくとも四半期に一度は、ネットワーキング関連のイベントに参加したり、ネットワーキング活動を行ったりすることを目標にしましょう。業界のカンファレンスに参加したり、専門家の団体に加入したり、自分の専門領域に関連するウェビナーやミーティングに参加したりしましょう。さらに、これらの関係を維持し発展させるために、毎月、ネットワーク上の人々とコーヒーを飲みながらのミーティングやオンラインでの近況報告の時間を設けるようにしましょう。

効果的なネットワーキングは単なるスキルではありません。成功の原動力となり、チームの成長と組織ゴール達成に貢献する戦略であることを忘れないでください。

6.12　まとめ

これまでの章では、効果的なリーダーシップについて、調査に基づくフレームワークを提示し、鍵となる原則について説明してきました。本章は、このような理論的な考え方と、重要なマネジメントプロセスの具体的な実践との間にあるギャップを埋めるために記述しました。これまで説明してきた考え方を以下にまとめておきます。

- タイムマネジメントのテクニックを活用すれば、ソフトウェアエンジニアリングのマネージャーは、技術的専門知識とリーダーシップの責務を効率的に両立させることができます。
- チームの足並みを揃え、モチベーションを高めておくためには、しっかりと構成されたチームミーティング、1on1 ミーティング、メッセージングプラットフォームなど、どのような方法であれ一貫性のある適切なコミュニケーションを行うようにしてください。
- 外部とのネットワーキングは、貴重な知見をもたらし、コラボレーションへの新たな道を切り開きます。
- ピープルマネジメントでは、採用、パフォーマンス評価、そして必要に応じてチームメンバーに辞めてもらうという難しいプロセスを行います。ピープルマネジメントは非常に重要なものであり、結束力があり高い成果を上げるチームを構築するために必要不可欠です。

- 困難なプロジェクトに直面した際には、事前に対策を施すことで困難を乗り越えられチームを軌道に戻せます。

　全体として、マネジメントプロセスは複雑に絡み合い、責任の網目構造を作り出します。生産的なスタートを切ることから成長機会の活用まで、効果的なマネジメントのあらゆる側面が、個人およびチームの成果にとって重要です。マネジメントの道のりには、チームをリードし、動機付け、指導する機会が満ちあふれています。また、チーム外でも貴重な協力関係を築くことのできる機会が待ち受けています。

　マネージャーとして成功するには、個人の卓越性だけでなく、チーム全体の能力をまとめ、リードし、鼓舞する能力も必要です。本章で紹介したガイダンスに従って、マネジメント能力を向上させましょう。定期的に自己評価を行い、フィードバックを求め、チームを新たな高みへとリードする勇気を持ってください。

　まとめると、効果的なマネジメントへの道のりは、学習、適応、献身などのプロセスを継続的に行っていくことだと言えます。この道のりを成功裏に歩み終えれば、責任範囲が広がり、組織内で効果的なリーダーとなる道が開けます。なお、このテーマは次の章「効果的なリーダーになる」でも取り上げます。

7章
効果的なリーダーになる

　前章では、効果的なマネージャーになるために必要なことについて、すべてお話ししました。人々やプロジェクト、そして自分の時間の**マネジメント**について、特に重点的に取り上げました。**マネジメント**という言葉を強調している点に注目してください。マネジメントとは、設定された目標を達成するために、さまざまな状況やリソースを計画し、調整し、管理することです。これに対して、リーダーシップは従来のマネジメントの枠を超えたものです。正式にマネージャーに就任しなくても、人々をリードできます。

　組織論的な観点から見ると、リーダーシップには、メンターシップ、コーチング、そしてビジョンの設定を行うことなどが含まれます。リーダーシップとは、人々に対して何をすべきか、何をすべきでないかという期待を押し付けることではありません。人々を動機付け、影響を与えて協働させることです。ソフトウェアエンジニアリングにおいては、リーダーはイノベーションを奨励し、方向性を定めます。マネージャーレベルだけでなく、組織のあらゆるレベルでリーダーの役割を担うことができます。

　3章で取り上げた、3つEのモデル（実現可能にする、力を与える、拡大する）を振り返ってみましょう。このモデルは、エンジニアリングリーダーがチーム、部署、または組織全体に効果性を浸透させるのに役立つものでした。マネージャーとして、読者は、チームの状況における効果性の意味を定義します。そして、それを達成するためのトレーニングや評価などの必要なステップを促すことで、チームが効果性を**実現可能になります**。また、チームに必要なリソースやサポートを整え、妨げとなる要因を取り除き、チームに**力を与えることで**、チームを効果的にすることができます。しかし、真に効果性を**拡大する**ためには、人々が効果的なリーダーになりたいと思うように動機付けを行う必要があります。そのためには、読者自身が効果的なリーダー

として成長する必要があります。

この章では、リーダーシップを伸ばすことが、いかにしてマネジメントスキルを向上させ、全体的な効果性を高めるかを説明します。ソフトウェアエンジニアリングチームにおいて一般的なリーダーシップの役割をいくつか紹介し、その差異について取り上げます。また、効果的なリーダーが備えるべき資質や特性、そしてそれらを育成する方法についても説明します。最後に、リーダーシップを効果的に発揮し、さらに伸ばしていくための基本原則について説明します。

7.1　効果的なリーダーと効果的なマネージャー

効果的なリーダーになる方法について述べる前に、マネジメントとリーダーシップの違いを理解することが不可欠です。また、効果的なリーダーシップが効果的なマネジメントに取って代わるものではないという点にも注目すべきです。むしろ、リーダーシップとマネジメントは、相互補完的なものであり、双方とも成功のために必要とされるものです。**図7-1** に、リーダーとマネージャーの役割と責任がどのように関連するのかを示します。

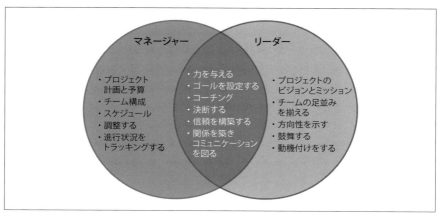

図7-1　リーダーとマネージャーの責務

リーダーシップとマネジメントの分野におけるオピニオンリーダーである John Kotter 氏（https://oreil.ly/2zA7C）によると、リーダーシップとマネジメントの根本的な違いは、**リーダーシップが変化と動きを生み出すのに対し、マネジメントは秩**

序と一貫性を生み出すという点にあります。

リーダーシップは、人々を成功に導くために創造的な手法を使います。つまり、チームを鼓舞し動かして、新しいアイデアを受け入れ、変化する状況に適応し、革新的なソリューションを模索することを促します。一方、**マネジメント**は、組織内の秩序と一貫性を維持することに重点を置きます。マネジメントでは、形式的なフレームワーク化された手法を使います。日常業務が滑らかに効率的で予定通りに遂行されるよう、リソースやプロセスの計画、調整、管理を行います。この違いをよりよく理解するために、**表7-1** でリーダーとマネージャーの重点領域を比べてみました。

表7-1　効果的なリーダーとマネージャーの主な役割

効果的なリーダー	効果的なマネージャー
方向性の確立：効果的なリーダーは、方向性の確立に長けています。彼らは先見の明を持ち、チームに刺激的なビジョンを提示してくれます。そして、そのビジョンを実現するための戦略を練り、全体像を明確にします。	**計画と予算**：効果的なマネージャーは、業務と運営に注力します。綿密な計画と予算編成を専門としています。一般的に、議題の策定や、スケジュール設定、リソースの効率的な割り当てなどを行います。
人々をまとめる：効果的なリーダーはビジョンを共有して、チームメンバー全員が目指す方向性を理解できるようにします。チームメンバーに対して明確さと目的意識を提供することで、チームメンバー間の協力関係を築きます。その結果、チームは共通の目標に向かって協力し合うようになります。	**調整する**：効果的なマネージャーは、業務を運営するために必要な構造と秩序を築きます。彼らは、組織化と人員配置に長けています。職務を割り当て効率的なプロセスを確立することで、チーム内に組織構造を構築します。このようにして、マネージャーは、業務を論理的に割り当て、責任が明確になるようにします。
やる気を引き出し、鼓舞する：効果的なリーダーは、単に指示を出すだけではありません。チームメンバーに権限を与え、彼らのニーズに応えることで、チームメンバーのやる気を引き出し鼓舞することに長けています。彼らは、チームメンバーに活力を与え、チームメンバーの熱意やコミットメントを引き出します。	**管理と問題解決**：効果的なマネージャーは、インセンティブを活用してモチベーションを高め、課題に対する解決策を生み出すことに長けています。マネージャーは円滑に業務を遂行するために、目標達成を妨げる恐れのある障害を予防し対処するなど、さまざまな対策を行います。

　この表で説明したかったのは、組織の成功を達成するために、リーダーとマネージャーはそれぞれ独自でありながらも相互依存する役割を担っているということです。リーダーはビジョンを定め、人々を鼓舞し、彼らをまとめます。一方で、マネージャーは秩序と一貫性を維持するために、計画、調整、管理の基盤となる重要な役割

を担っています。リーダーシップもマネジメントも重要な役割を担っています。リーダーシップは進化と成長のための舵取りを行い、マネジメントはこのような変化を支えるために不可欠な安定性と構造を提供します。

リーダーシップとマネジメントは、必ずしも相反するものではありません。効果的なマネージャーは、優れたリーダーシップの特性を備えていることが多いのです。最高のマネージャーは、リーダーシップ能力をスムーズに活用できます。そして、揺るぎない業務基盤を確立した上で、チームを鼓舞しビジョンを示してチームを成長させていきます。

マネジメントの責務とリーダーシップの特性を組み合わせるための方法には、以下のようなものがあります。

戦略的ビジョン

先見性のあるアプローチをとることで、マネジメント上の決断を大きな目標に整合させることができます。このようにすることで、長期的なゴールに向かって正しく決断できます。

モチベーションリーダーシップ

マネジメントには、タスクを割り当て完了させることが求められます。チームメンバー一人ひとりのモチベーションを理解し、それに応じてタスクとスケジュールを割り当てることで効果的に行うことができます。

権限委譲と信頼

タスクを指示するマネージャーとして、チームメンバーが決断することを信頼しましょう。この権限委譲は、イノベーションと創造性を促すために不可欠です。

適応性と変更マネジメント

マネジメントには秩序と一貫性を維持することが求められます。一方で、リーダーには変化に対応する能力も必要です。変化に対してポジティブになることで、チームをうまく導くことができるはずです。

このように、マネージャーがリーダーシップの特性を身につけると、リーダーシップとマネジメントの境界は曖昧になります。優れたマネージャーは、効果的なリーダーシップとは、自分には関係のないようなものではなく、マネージャーとしてのスキルを高めるための取り組みであると認識しています。その結果、よりダイナミック

で活気のある職場環境が生まれることを理解しています。

この議論からわかるように、リーダーシップとマネジメントは、組織の成功を達成する上で、それぞれ別個であるものの相互に依存する役割を果たしていると結論付けることができます。リーダーシップは変化とイノベーションを推進します。チームに新しいアイデアを受け入れさせたり、進化する状況に適応させたり、革新的なソリューションを模索させたりします。一方、マネジメントは秩序と一貫性に重点を置きます。確立されたフレームワーク内で日々の業務が効率的に行われることを目的とします。

筆者が経験したところでは、成功したマネージャーは、リーダーシップの特性を巧みに取り入れています。この点は、ソフトウェアエンジニアリングにおいて非常に重要です。組織階層やジョブディスクリプションをカスタマイズしてコラボレーション環境を構築し、チームリーダーとマネージャーが互いに補いサポートし合えるようにしていました。

こうすることで、エンジニアは、ある特定の問題について誰に支援を求めれば良いかがはっきりと理解できます。ソフトウェアエンジニアリング組織におけるリーダーシップの役割は、このようなコラボレーションの動きを育むために進化してきました。リーダーシップの役割については、次の節で詳しく説明します。

7.2　リーダーシップの役割

ソフトウェアエンジニアリング組織における組織構造は、その文化や優先事項によって大きく異なります。エンジニアやシニアエンジニアとして数年間勤務し、必要な専門知識を習得した後は、一般的には技術職かマネジメント職という2つの選択肢があります。それぞれに固有のリーダーシップの機会があり、課題に直面した際にチームをコーチングし導くことのできる人材が求められます。

この節では、業界全体における一般的な役割と、効果的なリーダーシップの観点からその役割に何が求められるのかを見ていきます。なお、組織におけるリーダーシップの役割は、ここで取り上げたものだけではないことに留意してください。

チームにおけるリーダーシップの役割は、組織全体の構造だけでなく、プロジェクトの規模や複雑さにも左右されます。大規模なチームでは、プロジェクトのさまざまな部分の開発をリードするテックリードが複数人いる場合もあります。さらに、そのようなチームでは、テックリードとマネージャーがリードする作業を、アーキテクトが調整しリソースを計画・整理します。また、プロダクトマネージャーがそのプロダ

クトにとっての成功とはどのようなものかを明確にし、それを実現するためにチームを導く場合もあります。逆に、小規模なチームでは、これらの役割を一つにまとめて、技術的な専門知識を持つマネージャーがチームをリードする場合もあります。

図7-2には、ソフトウェアエンジニアリングチームにおいて、さまざまなタイプのリーダーシップがどのような形で役割を果たすのかを示しています。

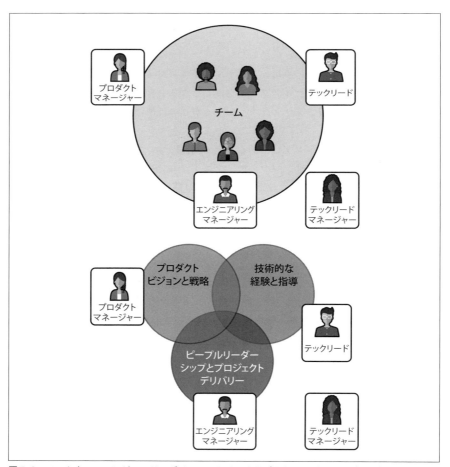

図7-2 ソフトウェアエンジニアリングチームにおけるさまざまなリーダーシップの役割の関係

それでは、これらのリーダーシップの役割について、詳しく見ていきましょう。

7.2.1 テックリード

テックリードとは、技術的な指導や指示をエンジニアリングチームに提供する役割です。この役割に対する役職名は、組織によって異なります。正式な役職名として使用されている職場もあれば、非公式に用いられている職場もあります。ある企業では「ソフトウェアアーキテクト」と呼ばれていたり、また別の企業では「プリンシパルエンジニア」や「リードソフトウェアエンジニア」などと呼ばれることもあります。

名称に関わらず、テックリードはアーキテクチャ上の決定や、コードレビュー、ジュニアチームメンバーのメンタリングにおいて重要な役割を担います。テックリードは、開発チームとマネジメントの間の橋渡し役を務めることも多く、技術戦略とビジネスゴールを整合させます。テックリードの責務としては、以下のようなものがあります。

技術設計とアーキテクチャを指導する

テックリードは、設計やアーキテクチャに関して指導を行うことで、プロジェクトの技術的方向性を定める上で重要な役割を果たします。テックリードは専門知識を活用して、技術的ソリューションがプロジェクトのゴールに沿ったものであり、業界のベストプラクティスに準拠していることを検証しなければなりません。

コーディング規約とベストプラクティスを設定する

テックリードは、開発チーム内でコーディング規約やベストプラクティスを率先して策定すべきです。コードの品質や、保守性、一貫性を高めるために、これらのガイドラインを策定し、その遵守を徹底することも、テックリードの役割に含まれます。

複雑なバグや問題のトラブルシューティングをリードする

テックリードは、複雑な技術的な問題やバグの調査と解決をリードします。コードを深く理解しているため、効果的なトラブルシューティングが実行でき、ソフトウェアの安定性と信頼性を確保できます。

技術的なトレードオフを考慮しながら、重要な技術的決断を行う

テックリードは、プロジェクトの目標に沿うよう、技術的なトレードオフを慎重に検討しながら、重要な技術的な決断を行う必要があります。ソフトウェア全体の成功を実現するために、パフォーマンスや、スケーラビリティ、メンテ

ナンス性などの要因を考慮します。

チームと一緒にコーディングを実践的に行う

リーダーとしての役割が大きいにもかかわらず、テックリードは、チームメンバーと一緒になって、自ら積極的にコーディングに取り組むことが少なくありません。自らがコーディングにも取り組むことで、コードベースに触れつづけることができるため、メンターとして他のエンジニアを指導するのに役立ちます。

スキル開発のメンターを務める

また、テックリードは全体的なメンターとして、チームメンバーの開発スキル向上を支援します。彼らは模範となることで、チーム内に継続的な学習と専門能力開発の文化を育みます。

成果物が品質基準を満たしていることを検証する

テックリードは、成果物の品質に責任を持ち、ソフトウェアが定められた規範と要件を満たしていることを検証します。彼らは徹底的なレビューと品質評価を行い、最終プロダクトが定められた品質基準を満たしていることを確認します。

プロジェクトの規模に応じて、これらの責任範囲は変わってきます。単一の開発チームを統括するものから、複数のチームにまたがる責務を担うものまでさまざまです。

7.2.2　エンジニアリングマネージャー

エンジニアリングマネージャーは、ソフトウェアエンジニアチームを統括し、プロジェクトの成功を保証します。プロジェクトの計画、リソースの割り当て、チームの生産性、パフォーマンス、そしてテックリードをはじめとするキャリアの育成に責任を負います。多くの場合、この役割には、技術的な指揮に加えて、パフォーマンス評価やキャリア育成といったマネジメント業務が伴います。企業によっては、エンジニアリングマネージャーを「開発マネージャー」や「テクニカルマネージャー」と呼ぶこともあります。まとめると、エンジニアリングマネージャーの主な責務としては、次のようなものが挙げられます。

ピープルマネジメント

エンジニアリングマネージャーは、採用、人材育成、コーチング、メンタリングのスキルを磨く必要があります。エンジニアリングマネージャーは、採用プロセスに積極的に関与し、チームメンバーの能力を育成し、指導を行い、チーム内に継続的に学習する文化を育む必要があります。

プロセスマネジメント

エンジニアリングマネージャーは、スプリント計画、レトロスペクティブ、定期的な 1on1 ミーティングなどの重要なプロセスを実施します。これらのプロセスは単に実行されるだけでなく、チームのニーズに合わせてカスタマイズされます。そして、コラボレーション、コミュニケーション、継続的な改善が促されるようにする必要があります。また、プロセスが適切に実施されているかどうかをチェックする必要があります。

組織の優先事項にチームを合わせる

エンジニアリングマネージャーは、自らのチームが組織全体の優先事項に即していることを保証しなければなりません。そのためには、チームメンバーに対して、チームの置かれている状況、ゴール、期待を効果的に伝え、同時に不必要な雑音から彼らを遠ざける必要があります。チームと組織全体との橋渡し役を務めることで、エンジニアリングマネージャーは、チームメンバーが仕事に集中して価値を提供できるよう支援します。

リソースを確保する

エンジニアリングマネージャーは、作業に必要なリソースの確保に積極的に取り組まなければなりません。他の部署と連携して依存関係をマネジメントし、チームが責任を果たすために必要なツール、リソース、サポートを確保します。

技術的見地からの統括

エンジニアリングマネージャーは、実際にコードを書くことはないかもしれません。それでも、技術的な感覚を研ぎ澄ましておく必要があります。アーキテクチャに関する議論に参加し、技術的な判断がベストプラクティスや組織のゴールに沿うようにします。このように技術的に統括することで、チームが適切な技術ソリューションを見つけられるよう手助けします。

238 | 7章　効果的なリーダーになる

ステークホルダーとのやりとり

エンジニアリングマネージャーは、顧客との直接的なやり取りなどステークホルダーと関わる必要があります。プロジェクト要件を理解し、適切なコミュニケーションチャネルを構築し、外部のステークホルダーとチームとの間でパイプ役を担わなければなりません。エンジニアリングマネージャーは、ステークホルダーからはっきりとした要件を引き出す必要があります。

戦略的な作業の優先順位付け

エンジニアリングマネージャーは、チームと会社のビジョンに沿って、戦略的に作業の優先順位付けを行う必要があります。例えば、プロジェクトへのコミットメントと日常業務のバランスを取ることや、技術的負債への対応、組織戦略に沿った開発と保守などについて優先順位付けを行います。

エンジニアリングマネージャーの役割を担うにあたり、技術的な統括に加えて、総合的なピープルマネジメント、プロセスリーダーシップ、組織ゴールとの戦略的整合性など、責任の対象を広げる必要があることを覚えておいてください。プログラマーの障害を取り除くことも不可欠ですが、マネージャーの責務としてはあまり重視されません。

Stack Overflow の共同創設者であり、Trello の開発者でもある Joel Spolsky 氏は、「ソフトウェアチームのマネージャーにとっての最優先事項は、開発に抽象化レイヤーを構築することです」と述べています[1]。さらに、開発者が GitHub 上のプロジェクトリポジトリへのアクセスや、プロジェクト作業に必要なファイアウォールの無効化など、インフラの問題に直面して困っている場合は抽象化が失敗していると説明しています。

7.2.3　テックリードマネージャー（TLM）

テックリードマネージャー（TLM）は多くの組織ではあまり見られません。Googleでは、小規模なチームや新設のチームに TLM が配置されるのが一般的です。TLMはエンジニアグループを統括し、プロジェクトの遂行を指導し、チームの生産性を高めます。この役割には、技術的リーダーシップ、プロジェクトマネジメント、ピープルマネジメントなどの要素が含まれます。この役割を担うには、しっかりとした技術

---

[1]　Joel Spolsky, "The Development Abstraction Layer," April 11, 2006, https://www.joelonsoftware.com/2006/04/11/the-development-abstraction-layer-2

7.2 リーダーシップの役割 | **239**

的バックグラウンドが必要であり、技術的な議論に貢献できなければなりません。また、技術的な設計に関与し、設計上の決定事項を他のチームやステークホルダーに伝える必要があります。

　TLM は、優先順位の設定、技術的課題の解決、コラボレーションを重視したチーム文化の構築に責任を持ちます。技術的な作業とピープルリーダーシップの両方を担うという機会が得られます。しかし、この 2 つをバランスよく管理しながら、いずれも手を抜かないようにするという課題も登場します。このような課題に対処しなければならないため、TLM は、エンジニアリングマネージャーよりも直属の部下が少数となるのが一般的です。TLM の責務には、以下のようなものがあります。

ピープルマネジメントと実践的な技術的リーダーシップを調和させる

　TLM は、ピープルマネージャーとテックリードとしての責任のバランスを取らなければなりません。チームのプロフェッショナルとしての能力開発を統括するだけにとどまらず、プロジェクトの技術的領域にも積極的に参加し、チームメンバーの模範とならなければなりません。

エンジニアのコーディングスキルをコーチングし向上させる

　ピープルマネジメントの観点から、TLM の担当業務には、チームの育成、コーチング、建設的なフィードバックの提供、エンジニアの技術的熟練度を高めるための指導などが含まれます。また、TLM は、インディビジュアルコントリビューターが仕事にやりがいを感じ、各自のキャリア目標を達成できるような環境を整えなければなりません

技術標準とアーキテクチャを確立する

　TLM は、技術標準とアーキテクチャの策定を担当します。コーディング規約、アーキテクチャ原則、設計、およびコードレビューの設定と管理などを行います。

開発者が行き詰まったときに開発者を支援する

　TLM は、開発者が困難に直面した際に、その障害を乗り越えるために重要な役割を果たします。技術的な指導、障害の除去、プロジェクトの進捗状況とリソースのニーズに関する経営陣への報告などを行います。

優先順位の高い技術的な作業に集中する

　TLM は、優先順位の高い技術的な取り組みに集中しなければならない場合も

あります。場合によっては、コーディングやデバッグ作業に携わらなければなりません。TLM は、他の業務とのバランスを保つために、ピープルマネジメント業務の一部を他の人に任せなければならなくなるでしょう。このような、いわば戦略的な権限委譲により、TLM の 2 つの役割を適切に行うようにします。

部署間の調整を行いながらチームを支援する

チームの代表者として、TLM は部署間の調整を行います。チームの代表としてチームの利害を主張したり、部署間の効果的なコミュニケーションを円滑にしたり、チームのゴールを達成するためのコラボレーションを促したりします。

さまざまな制約を考慮した上で技術的な決断を行う

TLM は、技術的な事項に関して決断を行う立場であり、決断を下す際には複数の制約を考慮する必要があります。プロジェクトのスケジュール、リソースの可用性、技術的負債などの要因を評価し、短期的なゴールと長期にわたる持続可能性の両方を考慮に入れて決断を行わなければなりません。

メンターシップと指導を行う

TLM は、チームメンバーの技術スキルと専門能力の開発を支援する上で重要な役割を果たします。TLM は、メンターシップに時間を割くことで、チーム内に継続的な学習と成長の文化を育みます。

上記のリストから分かるように、TLM の役割を担うには、非常に優れた技術的能力が必須です。TLM は、頻繁に知的レベルの高い質問を投げかけ、チームに答えを見つけさせます。TLM は、さまざまな人々と頻繁にコミュニケーションを行いますが、その中には完全に技術的な人もいれば、ビジネス畑の人もいます。そのため、TLM はコミュニケーションスタイルを頻繁に切り替える必要があります。TLM として成功するには、すべての責務を効果的にバランスさせながら、時折コードを書くための時間を確保する余裕を持つようにすることです。

ソフトウェア関連の組織では他の名称や他の役割名が使われる場合もありますが、この節では、エンジニアリングチームのチームリーダーやマネージャーの鍵となる責務について説明してきました。しかし、責務が与えられたからと言って、読者がその責務を果たせるだけの能力を持っていると保証されるわけではありません。チームを

7.3　自分のリーダーシップスキルを診断する **241**

効果的にリードするのに必要な資質が自分にあるかどうか、どうすればわかるのでしょうか。次の節では、リーダーシップの鍵となる特性について自己評価を行って確認する方法を紹介します。

7.3　自分のリーダーシップスキルを診断する

　リーダーとしての経験が浅い方でもベテランの方でも、いくつかの特徴や特性（**図7-3** 参照）を調べることで、自分がどの程度の効果性を発揮できるのかを知ることができます。肩書や役割に関係なく、これらのリーダーシップの資質は、有能で人をひきつけるリーダーとなり得るかどうかの条件をまとめたものです。生まれつき備わっているものか、後天的に身につけたものかに関わらず、リーダーシップの資質は、課題をどのように対処するか、チームをどう鼓舞するか、組織の成功をどのようにドライブするのかを左右します。

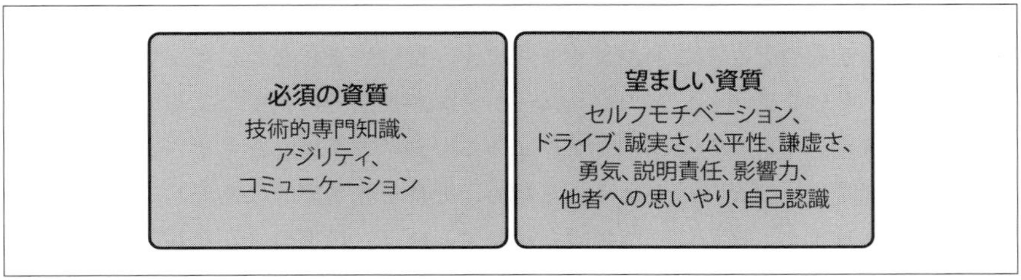

図7-3　自分のリーダーシップスキルを診断する

　この節では、優れたリーダーを特徴付ける、鍵となる特性を探ります。そして、自己評価に関する知見を提供することで、読者のレベルを把握するための手助けをします。まず、テックリードにとって必須な資質について述べます。その後、リーダーとしての効果性を左右するその他の性格的資質についても説明します。

7.3.1　必須の資質

　必須の資質とは、個人が卓越し多大な貢献を行うために不可欠な特性や特徴のことです。エンジニアリングリーダーシップという意味では、必須の資質とは、他の人々を刺激し導くことに苦労するようなリーダーと、効果的なリーダーとを明確に区別する属性です。技術的リーダーシップにおいては、特に重要な資質がいくつかありま

す。技術的専門知識と問題解決能力があれば、リーダーは情報に基づいて決断を行い、複雑なプロジェクトにおいて価値ある指導を行うことができます。アジリティは重要です。なぜなら、リーダーは、技術のアップデートやプロジェクトのスコープの変更をチームに指示することが多いからです。技術チームと、同じレベルの技術的知識を持っていないステークホルダーとの間のギャップを埋めるためには、明確なコミュニケーションが不可欠です。明確なコミュニケーションにより、全員が目的と期待について足並みを揃えることができます。

技術的な専門知識

技術的な専門知識は、ソフトウェアエンジニアにとって重要なスキルですが、チームリーダーにとっては特に重要です。チームリーダーは自身の経験と知識を活用して、チームメンバーが問題を解決できるように支援します。プロジェクトの制約内で、チームが問題を洗い出し、分析、解決できるよう支援することが、チームリーダーの役割です。

複雑な問題には、クリエイティブな革新的ソリューションを考案するために、技術的な専門知識が必要となることがよくあります。型にはまらない思考ができるだけでなく、過去の経験を活用してどのソリューションが長期的に見てうまくいくのかを素早く分析できる能力も必要です。スケジュールがタイトな場合、さまざまなチームメンバーから同時に質問が投げかけられるため、それらを効率的に処理し、ミスなく進める必要があります。技術的専門知識を診断するには、以下のような質問を自らに問いかけてください。

私は、このプロジェクトに必要な技術的ノウハウを持っているか？

テクノロジーはいつも変化しているため、プロジェクトで使用されているテクノロジーについては、チームリーダーもこれまで触れたことがないものが含まれる場合もあるでしょう。基礎がしっかりしており、類似したプロジェクトに携わった経験があれば、問題なく進められるはずです。しかし、ウェブアプリ開発の経験しかなく、初めてモバイルアプリのプロジェクトを担当する場合は、問題が生じる恐れがあります。

私は、チームメンバーがクリエイティブな解決策を思いつくよう指導したときに、メンバーの顔がパッと明るくなるのを感じたことがあるか？

チームメンバーを指導しているときに、自分たちだけでは想像もつかなかった

ような解決策を発見させるのは魔法のようです。まるで電球がパッと点いたかのように、彼らは読者を尊敬の眼差しで見つめます。

誰かが難しい問題を解決するのを、私が最後に手伝ったのはいつだったか？

技術的な問題を解決するために、たびたび手を動かしていると、技術的なスキルが磨かれます。効果的なリーダーは、情熱を持って問題に取り組むことを楽しみます。もし読者がそのようなリーダーの一人であれば、この質問に対する答えは3ヶ月以内になるでしょう。

私は、どのように課題に取り組むか。私は、従来の考えにとらわれないアイデアを試すことに前向きか？

問題解決には、特に複雑な問題の解決には、通常とは異なる思考や、さまざまなアイデアの模索が必要です。面白い問題には面白い解決策が必要です。そして、それを見つけ、試してみる必要があります。

アジリティ

アジリティとは、学習する能力や、学習したことを忘れる能力、変化する状況に適応する能力を指します。アジリティがあれば、先行きが不透明な時代に戦略を素早く修正したり、進むべき道を切り開いたりすることができます。戦略的に考え、素早く学び、方向転換して困難をチャンスに変える能力が求められます。

状況に敏感であることは、アジリティにとって不可欠です。状況に敏感であることで、事後ではなく事前に対応できるようになります。アジリティを重視することで、正しい決断をしながら素早く変化に対応できるようになります。アジリティを身につけるために鍵となる要件の一つは、自分の信念や考えを疑うことを恐れず、新しいことに挑戦し、失敗を恐れないことです。アジリティを評価するためには、以下のような質問を自分自身に問いかけてみてください。

私は、知識をどのくらいの速さで習得し、応用し、共有しているか？

新たに習得した知識を、これまでの経験や知識と融合させるスピードが速ければ速いほど、アジリティは高まります。新たに習得する知識としては、新しいビジネスパラダイムや、技術的ブレイクスルー、生産性向上ツールなど、さまざまなものがあります。

私は、新しい情報をどうやって自分のものにしているか？

新しい情報に触れる最善の方法は、好奇心と理解しようとする姿勢を持つこと

です。それが仕事に関連するものかどうかは別として、この質問で自分の姿勢を確認してください。

状況の変化に応じて、私はどれだけ素早く行動を起こせるか？

プロジェクト要件の変更やチーム内の突然の退職など、変化はさまざまな形で現れます。このような状況に素早く適応し、適切な対応をすることが求められます。

COVIDパンデミック以来、私たちの働き方は大きく変化しました。これはリーダーシップのアジリティを問う大きな試練となりました。リーダーたちはまずリモートワークへの切り替えに適応し、その後徐々にハイブリッドな職場環境へと適応していかなければなりませんでした。このようなリーダーシップの適応力については、元同僚と話しているときに素晴らしい例が現れたので紹介しておきます。

2020年初頭にパンデミックが突如発生したとき、中規模多国籍企業のエンジニアリングディレクターであるSandraは、迅速に行動しなければならないことに気づいていました。アジア、ヨーロッパ、南米に50人以上のエンジニアを抱える同社にとって、完全なリモートワークへの移行は困難なように思われました。しかし、チームのつながりを再考する好機として、Sandraは、この課題に挑みました。

まず、彼女はリモートワークに関する各自の個別の状況や懸念事項を理解するために、1on1で会話を行いました。次に、Sandraは、就業時間を柔軟にすることや、会議時間、コミュニケーションのルールに関する方針についてオンライン投票を実施し、チームがこの移行を主体的に進められるようにしました。このプロセス全体を通じて、彼女は提案や変更を受け入れる姿勢を貫きました。

数か月後に生産性が落ち込んだときも、Sandraは柔軟に対応しました。彼女は、耳を傾けてエンゲージメントに影響を与えているものを理解しようとしました。ワークライフバランスや、技術的な障害、パンデミックによる疲労感に関する知見を得て、彼女は再調整しました。彼女は取り組みを進化させ、チームを指導しながらもマイクロマネジメントは行わず、より自主性を与えるようにしました。その結果、彼女のチームはパンデミックが終息した後もリモートで成長を続けました。こうして適応型リーダーシップの力を示したのです。

このように、アジリティは、あらかじめ定められた方法論に従うことで得られるものではありません。むしろ、勢いをできるだけ損なうことなく、あらゆる状況を戦略的に乗り切る能力から得られるものです。

コミュニケーション

ここで挙げている他のスキルは、チームとコミュニケーションを取れる場合にのみ有効です。明確なコミュニケーションは、自分のビジョンを共有し、他の人々がそれを理解する上で不可欠です。また、言語や非言語のコミュニケーションを使うことで、誠実さや、謙虚さ、技術的専門知識などの資質を示せるのです。リーダーシップのためのツールボックスの中でも、コミュニケーションは、他の人々のモチベーションを高めたり、他の人々に影響を与えたりする最も重要なツールです。自分が優れたコミュニケーション能力を持っているかどうかを評価するには、自分の傾聴能力や、説明能力、説得能力、コンテクストを共有するスキルを分析します。以下のような質問を自問してください。

私のチームは、いつも私のことを理解してくれているか？

コミュニケーションは、明確かつ簡潔であるべきです。そうすれば、他の人にも理解してもらえます。遠回しな言い方をすると、相手を混乱させてしまう恐れがあります。コミュニケーション能力に長けていれば、チームのメンバーは読者のことをほぼ理解してくれるでしょう。

チームメンバーが私の伝えようとしていることを理解できず、誤解やコミュニケーションの行き違いが生じたことがあるか？

そのような事例があった場合は、何が問題だったのか、どのようにコミュニケーションを改善できたのかを考えてください。

私は、コミュニケーションのスタイルを相手やグループによって変えているか？

同じメッセージでも伝える方法は相手によって異なるはずです。ジュニアエンジニアなのかシニアエンジニアなのか、ビジネスパーソンなのか技術者なのか、ステークホルダー、経営陣など、それぞれのグループに合わせてコミュニケーションを行うようにしてください。彼らの経歴や、彼らにとって重要なことは何かを踏まえてコミュニケーションしなければなりません。

私は、よく指示を繰り返していないか？

早口であったり、声が小さかったり、癖の強い話し方であったりすると、問題となる場合があります。問題点を洗い出し、トレーニングや練習を通じて修正してください。

私は、適切なコンテクストで議論を傾聴し、その内容を記憶しているか？

　　会話において傾聴は重要です。相手の話を最後まで聞き、相手の話に興味を示し、今後の参考のために、話された内容の要点を覚えておきましょう。

　自己評価がどうであれ、**コミュニケーションを改善する余地は常にあります**。優れたコミュニケーションを行うために、計画や戦略を持っていると**思っていても**、改善の余地はほぼ常にあるものです。

　例を挙げましょう。以前、筆者は、Google でエンジニアリングチームとともに開発者向けプロダクトに取り組んでいました。このプロダクトのローンチのときのことを思い出します。私たちは、プロダクト、マーケティング、ビジネス開発、広報、経営陣、その他さまざまなリーダーと協力し、全員に最新情報が共有されるように努めました。私たちは、明確で簡潔なメッセージを練り上げ、全員から承認を得るために努力し、その「瞬間」が訪れるのを待っていました。しかし、ただひとつ問題があったのです。開発者向けであるにもかかわらず、私たちは、この発表について、デベロッパーリレーション（DevRel）チームにまったく知らせていなかったのです。

　当時、私たちが取り組んでいた領域には、専任の DevRel チームメンバーを配置していませんでした。それでも、フィードバックをもらえるかもしれないので、念のため彼らにローンチのことを前もって知らせることはできたはずです。しかし、DevRel チームは突然ローンチのことを知らされたため、彼らはぎりぎりの段階で慌てて情報を提供しました。私たちは申し訳ない気持ちになりました。最終的にはローンチはうまくいきましたが、今後このような事態を避けるために、ローンチ準備の段階で社内向けに過剰なほど情報を共有して、すべての人を関与させるようにしています。

　効果的なコミュニケーションのツールとしてよく知られているものに「7 つの C」があります。コミュニケーションは明確（clear）、簡潔（concise）、具体的（concrete）、正確（correct）、首尾一貫（coherent）、完全（complete）、そして礼儀正しく（courteous）あるべきです。私はこのツールをとても好んでおり、チームのリーダーたちにもこのツールを使うよう促してきました。7 つの C は、会議、E メール、電話会議、報告書、プレゼンテーションなどを明確にするのに役立ちます。そして、聞き手は読者のメッセージを理解できるようになります。

　先ほどの例では、筆者はコミュニケーションをもっと完全なものにすることができたでしょう。また、最初から DevRel と協力していれば、メッセージをより洗練されたものにすることができたはずです。そして、土壇場で慌てることもなかったで

7.3 自分のリーダーシップスキルを診断する | **247**

しょう。

リーダーシップスキルを向上させる

リーダーシップスキルを向上させるには、以下のヒントを参考にしてください。

アジリティ

ワークショップ、カンファレンス、オンラインコースなど、学習の機会を定期的に活用し、業界の最新トレンドやテクノロジーに精通しましょう。変化を受け入れ、必要に応じて戦略を修正する柔軟性を持ちましょう。困難を学習と成長の機会ととらえ、常に成長するマインドセットを養いましょう。チームメンバーにも同じことを奨励し、継続的な改善とイノベーションの文化を育みましょう。

コミュニケーション

傾聴の練習をしましょう。他者が話していることに注意深く耳を傾け、確認のための質問をすることで、理解を深めることができます。チームやステークホルダーから定期的にフィードバックを求め、建設的な批判には前向きに耳を傾けましょう。相手の好みや経歴、レベルを考慮し、コミュニケーションスタイルを相手に合わせて調整しましょう。チームやステークホルダーと定期的にオープンで透明性のあるコミュニケーションを行い、プロジェクトの進捗状況、課題、成果について最新情報を常に共有しましょう。

共感

チームメンバーの立場に立って、彼らの視点、感情、ニーズを理解しようと努めてください。彼らのウェルビーイングを真に気遣い、必要に応じてサポートやリソースを提供しましょう。誰もが尊重され、自分の意見が聞き入れられていると感じられるような、インクルーシブな環境を作りましょう。一人ひとりが独自の強み、課題、そして希望を持っていることを認識し、思いやりを持ってリードしましょう。

ビジョン

組織のゴールや価値観に沿って、明確で説得力のあるチームビジョンを策定します。このビジョンを効果的に伝えて、チームが共通の目的に向かって努力するよう働きかけます。状況の変化や新しい情報に合わせて、定期的にビジョン

を見直し改善します。チームにビジョンへの貢献を促し、オーナーシップとコミットメントの意識を育みます。

権限委譲

チームメンバーにタスクと責務を適切に委任することで、彼らを成長させましょう。明確な期待、ガイドライン、リソースを提供しながら、各自のやり方で自主的にタスクに取り組ませましょう。彼らの能力を信頼し、必要に応じてサポートとアドバイスを提供しましょう。定期的に権限委譲のやり方を見直し、チームメンバーがやりがいを持って成長できる環境を実現しましょう。

誠実さ

模範を示すために、すべての行動において誠実さ、透明性、倫理的な行動を心がけましょう。約束を守り、ミスをした場合はそれを認めましょう。自分自身とチームに対して高いレベルの誠実さを求め、信頼と尊敬の文化を育みましょう。勇気と信念を持って難しい決断をしましょう。常にチームと組織の利益を念頭に置いてください。

これらの鍵となる領域に注力し、常にスキルを向上させる努力を続けることで、より効果的で影響力のあるリーダーになることができます。

7.3.2 リーダーシップに望まれる資質

前述した資質は、リーダーとして成功するために欠かせないものです。この他にも、リーダーシップの影響力を高めてくれるような資質もあります。これらの資質は、読者の人格を作り上げ、チームとの関わり方や、決断、課題への対応に影響を与えます。それでは、これらの資質について詳しく説明していきます。ポジティブでダイナミックなリーダーシップを育む上で、これらの資質の持つ意義について考えてみましょう。

セルフモチベーション

セルフモチベーションとは、ゴールに向かって行動を起こさせる、内発的なモチベーションのことです。やる気が起きないときでも、何かを成し遂げるためのエネルギーと意欲を自ら生み出す能力です。困難や挫折に直面したときに、それを乗り越える力を与えてくれます。セルフモチベーションがうまく働いているときは、やらなければならないことをやるだけではなく、もっと他のこともやろうとします。自分が本

当に何を求めているのかを理解しているため、モチベーションは内面から湧き出てきます。

効果的なリーダーとなるためには、チームをリードするモチベーションを定期的に確認する必要があります。チームのゴールについて考え、それを達成するための揺るぎない内的なモチベーションが自分にあるかどうかを振り返ってみましょう。自分自身に次のような質問をしてみてください。

私はこのチームをリードすることにモチベーションを感じているか？

読者は、1日の仕事を始めるにあたり、チームをリードして物事を成し遂げることを楽しんでいますか。もしそうでないのであれば、おそらくモチベーションがないのでしょう。何が足りないのかを考えて、それに気づいたら行動を起こしましょう。

私は、私たちのゴールとそれを達成する能力を信じているか？

読者のゴールは具体的であり達成可能だと思いますか。それとも、読者のミッションステートメントは単なる言葉が並んでいるだけのものですか。信念は不可欠です。信念があれば、ゴールに向かって努力する自信とモチベーションが得られるからです。

私は、私たちが目指すビジョンに情熱を注いでいるか？

情熱は、ビジョンに献身的に取り組む原動力となり、セルフモチベーションの重要な要因となります。

ドライブ

セルフモチベーションとは少し異なりますが、**ドライブ**とは、最終ゴールに集中しつづけ、気を散らすものを避け、ドリーが『ファインディング・ニモ』で言ったように「ただ泳ぎ続ける」能力のことです。ゴールを追い求め、目標を達成し、障害を乗り越えるための揺るぎない決意と情熱です。現状を変える原動力となる推進力です。その特徴としては、とどまることを知らないエネルギーや、ビジョンに対する確固たる信念、そして卓越性への強いコミットメントが挙げられます。

ドライブされる（突き動かされる）ようなリーダーシップとは、盲目的な野心や無謀な行動を意味するものではありません。情熱、決意、集中力を活用して、ポジティブなインパクトを残すことを意味します。次のような質問が、自分のドライブを評価するのに役立ちます。

私は、最終ゴールから簡単に目をそらしてしまわないか？

ドライブされ集中している場合、ゴールを追い求めている最中に気を散らすことはほとんどありません。自分のコミットメントに貢献しない会議や活動に気軽に参加してしまう場合は、ドライブが欠けているのかもしれません。

私は、粘り強くフォローアップし、素早く軌道修正することができるか？

ゆったりとしたカジュアルなリーダーシップスタイルは、ストレスのない空間でチームメンバーとつながり、彼らが自分自身で成長していくことを後押しします。しかし、彼らが遅れをとっていると判断した場合は、粘り強くフォローアップする必要があります。必要に応じて、チームの障害を取り除くために外部パーティへのフォローアップも必要になってくるでしょう。

私は、困難に直面しても粘り強く楽観的でいられるか？

困難や挫折がチームをリードする意欲に影響を及ぼすようでは、チームが成功することは難しいでしょう。落胆するのではなく、失敗から学び、立ち直り、再出発し、チームのモチベーションを高めて前に進むことが不可欠です。

私は、ゴール達成に繋がるチャンスを認識し、それを掴むことができているか？

ドライブされ常にゴールを意識していれば、チームの仕事に役立つ機会を見つけるのはそれほど難しくありません。例えば、他のチームが開発している技術が、読者のチームで再利用できる場合、工数と時間を削減できるチャンスとなります。

誠実さ

誠実さとは、正直で、真実を語り、倫理的な行動や意思決定を行う特性です。信頼と尊敬の土台となるものであり、効果的なリーダーシップに不可欠な要素です。部下は読者をロールモデルとして見ているため、誠実さは非常に価値のある資質です。行動と言葉を通じて誠実さを示すことで、チームの雰囲気をリードすることができます。

誠実に行動しようと決意するのは素晴らしいことですが、その決意を本当に守っているかどうか、どうすればわかるでしょうか。例えば、読者が透明性を信じていると述べたとしても、それを体現できていなければ意味がありません。自己評価を行う方法は、過去の行動や決断を検証し、自分が掲げた価値観と一致しているかどうかを洗い出すことです。その際に役立つと思われる質問をいくつか挙げてみます。

7.3 自分のリーダーシップスキルを診断する | 251

私は、一貫して自分の掲げる価値観に沿った行動を取ってきたか？

チームにある特定の価値観を説くのであれば、自分自身もそれを実践すべきです。例えば、チームに時間厳守や週に少なくとも3日はオフィスで働くことを期待するのであれば、自分自身も同じことをすべきです。

私は、約束を守らなかったことがあるか？

もし、チームの誰かと1on1で話し合っている際に、その人に何かを約束したにもかかわらず、その約束を果たせなかった場合、誠実さに対する評価に悪影響を及ぼすでしょう。このようなことが繰り返されると、チームの士気にも悪影響を与えるでしょう。

私は、他人に対してどれほど透明性があるか？

透明性や、他者と接する際の率直さには、ある種の熟練が求められます。情報を透明にすることで、チームメンバーに対して、正しい姿勢で物事に取り組むことを読者が信じていることを示せます。

公平性

公平性は誠実さと関連しています。公平なリーダーは、グループ内のすべての人が公平かつ公正に扱われるようにします。リソースや機会を平等に割り当てたり、全員が発言権を持つようにしたりします。個人的なバイアスや好みではなく、価値に基づいて決断するようにしていれば、読者は公平です。努力が認められていることをチームメンバーが実感できるような、信頼と尊敬の文化を築くことが重要です。公平性は、チーム内の健全な競争も促します。以下のような質問を自問してみてください。

私は、常に事実に基づいて客観的な決断をしているか？

複数のチームメンバーが、同じ問題に対して異なる解決策を提案するかもしれません。事実に基づいて決断をするのであれば、誰が提案したかではなく解決策の内容に応じて、それぞれの解決策の優劣を評価することになります。

私は、無意識のうちに自分の決断に影響を与えるような偏見を抱いていないか？

チームメンバーは、それぞれ異なる教育的、経済的、個人的な背景を持っています。これらの背景のいくつかは、先入観から読者にとって好ましく感じるかもしれません。公平性とは、チームメンバーに関する決断をするときに、これらの先入観を持ち込まないことを意味します。

私は、責務を委任する際に公平か？

権限委譲に関しては、委任された仕事を非常にうまくこなしているという理由で、お気に入りのチームメンバーがいるかもしれません。しかし、誰もが公平なチャンスを求める権利があり、そのチャンスを与えることができるのは読者だけなのです。

謙虚さ

謙虚さとは、自分の限界を認識し、自分のミスを認め、フィードバックを受け入れる能力です。それは傲慢さや自惚れの正反対のものです。謙虚なリーダーは、自分が間違っている場合でも、それを認めることを恐れません。また、常に他者から学ぶ姿勢を持っています。読者が謙虚で誠実で親しみやすい人であると部下が認識すれば、部下から信頼されるようになります。

謙虚さがあれば、継続的に学んで成長することができ、フィードバックを自然に受け入れられるようになります。また、他者とコラボレーションする際にも、謙虚さは大きな強みとなります。読者は謙虚でしょうか。以下の質問を自問してみてください。

私は、自分が間違っていたり、すべての答えを持っていないことを躊躇なく認められるか？

すべてを知ることはできません。博識な振りをして間違った答えを出すというリスクを冒すよりも、チームで正しい答えを見つけ出しましょう。

私は、チーム内の他のメンバーから、特にジュニアメンバーから学ぶ姿勢があるか？

どこからでも学ぶことができます。多様性のあるチームでは、誰もが何か提供できるものを持っています。学ぶ意欲と耳を傾ける姿勢があれば、知識を蓄え成長することができます。また、より親しみやすい人になることもできます。

私は、評価されるべき人に称賛を送っているか？

チームのサポートがなければ、読者は一人だけでは勝利を収めることはできなかったでしょう。チームと成果を共有せずに、自分一人の手柄にしてしまうのは謙虚とは言えません。

勇気

リーダーとして、困難な決断を迫られ、それを実行に移さなければならないことはよくあります。それには相当の勇気が必要です。あらゆるイノベーションは、コンフォートゾーンから一歩踏み出し、正面から課題に取り組む勇気から生まれます。勇気あるリーダーは、状況が必要とするのであれば、リスクを恐れずゼロからやり直すことを厭いません。

アリストテレスの倫理観（https://oreil.ly/KCQ9i）によれば、勇気とは臆病と無謀の間にある美徳です。この勇気の概念は今日でも妥当なものです。課題に直面し、理性的かつバランスの取れた方法で難しい決断を行うことの重要性を示しています。勇気とは時に恐怖心の欠如と解釈されることがあります。しかし、賢明であり、どのような理由でどのような時に恐れを抱かずにいるべきかを理解している、ということも意味しています。簡単に言えば、リスクは取るが、事前に勝算を計算しておくということです。リーダーとして自分が勇気があるかどうかを評価するには、次のような質問を自分に投げかけてみてください。

私は、不確実性に対してどのくらい楽観的か？

プロジェクトを遂行する際には、常に不確実な要素がつきまといます。要件が変更される可能性もあります。ビジネスが法規制の変更の影響を受ける可能性もあります。勇気あるリーダーは、この不確実性を理解し将来に備えます。

私は、既存の常識に挑戦したか？

たとえ読者のチームがかなり長い間にわたって同じやり方で仕事を続けてきたとしても、プロセスには最適化し改善する余地が常に残されています。役立つと思われる新しい戦略や改善策を導入する勇気を持つべきです。

私は、現状に疑問を投げかけ、賢明なリスクを取る意思があるか？

うまくいっていることを変えるには、常にリスクが伴います。このリスクを分析し、得られる可能性のあるメリットと比較する必要があります。メリットがリスクを上回ると確信している場合は、そのリスクを喜んで引き受けるべきです。

説明責任

説明責任を果たすことも、チームの信頼を築き、透明性を高めるために不可欠な資質です。**説明責任を果たす**リーダーは、どのような結末になろうとも、自らの決断に

責任を持ちます。説明責任を果たすためには、自分の仕事の結果に対して責任を負う必要があります。

また、読者は部下に対しても責任を持たなければならないことを忘れないでください。もしチームのキーパーソンが体調不良でプロジェクトが期限に間に合わなかった場合でも、最終的に読者が責任を負うことになります。不測の事態に備えた計画を立てるのは読者の責任だからです。同時に、成功を収めた際には、その功績を独り占めするのではなく、チームの努力の賜物であると認めなければなりません。責任を持って行動しているかどうかを確かめるには、以下のような質問を自分自身に問いかけてください。

私は、自分の過ちをどれほど素直に認めるか？

もし読者の決断が失敗につながった場合、その失敗の責任を受け入れなければなりません。そうすることで、チームが自分の過ちを認める手本となります。

私は、自分の決断や行動に責任を持っているか？

上層部やステークホルダーから質問を受けた際には、言い訳をせずに、自分の決断や行動に責任を持つ必要があります。チームに責任転嫁してはいけません。

私は、責任転嫁や他人のせいにしていないか？

何か問題が起こったときに、責任のなすり合いをしてはなりません。起こったことを誠実に受け止め、軌道修正し、必要に応じてフィードバックを提供し、前に進むのです。

影響力

読者が他者に与える影響こそが、読者を真のリーダーたる存在にしてくれます。この影響力は、読者が持つさまざまなリーダーシップの資質から生まれた結果です。人々は、読者のようになりたいと思うからこそ、読者についていくのです。読者が振る舞いを変えれば、他者が行動を起こすよう鼓舞することができます。読者をロールモデルとみなす人がいるからこそ、その人の態度、信念、行動、成長に影響を与えることができるのです。

影響力とは、人を操ったり管理したりすることではありません。チームメンバーに対して、モチベーションを高め、共通のゴールに価値を認めてもらい、その達成に向けて共に努力するよう働きかけることです。影響力のあるリーダーは、チームメン

バーの長所やモチベーションを活かし、前向きで生産的な職場環境を作り出すことができます。以下の質問を自分に投げかけて、自分が影響力のある人物かどうかを確かめてみましょう。

人々は、私がリーダーとして力を持っていて従うべき存在だから私の言うことを聞くのか。それとも、私が正しいことをすると信頼しているからか？

読者が影響力のある人物であれば、人々は読者の肩書や役割ではなく、読者自身を尊敬し見習いたいと思うからこそ、読者についていくのです。

私は、権限がなくても、他の人を指導できるだろうか？

正しい答えを提示するのに権威は必要ありません。必要なのは、知識と経験に対する自信です。

他者への思いやり

効果的なリーダーは、従業員のウェルビーイングを真に気遣い、彼らをサポートするためにあらゆる努力を惜しみません。共感や、思いやり、理解を示し、誰もが尊重され、支援され、感謝され、意見が聞いてもらえると感じられる環境を作り出します。このような特性を育むことで、リーダーはチームメンバーとの関係をより強固にし、前向きでインクルーシブな職場文化を育むことができます。

読者は、自分が効果的なリーダーだと思いますか。以下の質問を自分に投げかけてみてください。

私は、チームメンバーの私生活についてどの程度把握しているか？

仕事以外のことをチームメンバーと普通に話すことはできますか。これは、個人的な情報である必要はありません。最近見た映画や気に入った本についてでも構いません。

私は、他人に共感することができるか？

従業員が置かれている状況について共感できるはずです。例えば、最近他の国から移住してきた人がチーム内にいる場合、彼らが個人的にも仕事上でも慣れるまでに時間がかかることを理解すべきです。彼らは、特定の地域の言葉や習慣を理解する手助けが必要かもしれません。また、時間通りに職場にたどり着くことが難しいかもしれません。

**私のチームメンバーは、私とコミュニケーションを取る際に、必要以上に慎重に
なっていないか？**

　もし、読者が自分たちのことを気にかけていないとチームメンバーが思ってい
るなら、彼らは読者と深く話し合うのを避けるでしょう。彼らは読者を上司と
して見てしまい、関わらない方が良いと考えているのかもしれません。

自己認識力

　最後に、もし読者が正直かつ正確に前述したすべての資質に関して、自分のレベル
を評価できているのであれば、読者には自己認識力があると言えます。**自己認識力**と
は、自分の長所、短所、モチベーション、価値観などを理解する能力です。自己認識
力を高めるには時間と努力が必要ですが、高める価値は十分にあります。自己認識力
は、効果的になりたいと願うのであれば不可欠です。

　自己認識力を評価するのに、自問するのは適切ではありません。正直に答えてくれ
る他者からフィードバックを求めるのが良いでしょう。したがって、自己認識を評価
するために自分自身に問うべき唯一の質問は、「自分の強みと弱みの評価が他者の評
価と一致しているか」ということです。もし十分に一致している場合は、自己認識が
できていることになります。一致していない場合は、やるべきことがたくさんあると
いうことです。

7.4　効果的なリーダーシップ

　読者は今、さまざまなリーダーシップのあり方と、それらが意味するものを理解し
ました。また、効果的なリーダーシップに不可欠な資質についても学びました。しか
し、ソフトウェアエンジニアリングにおいて、効果的なリーダーシップの原則は、役
職や特定の役割を越えたものであることをしっかりと理解しておいてください。効
果的なリーダーシップとは、チームを向上させ、組織の成功を推進するための一連の
取り組みを指します。スキルと戦略をダイナミックに組み合わせたものであり、習得
すればチームが成長する環境を育むことができます。ベテランマネージャー、テック
リード、あるいはリーダーを目指す人など立場を問いません。効果的なリーダーシッ
プの本質は、課題を乗り越え、イノベーションを促し、継続的な改善の文化を育む能
力にあります。チームを優れたものへと導くには、これらのリーダーシップの原則と
実践を理解し、体現することが何よりも重要です。

7.4.1 リーダーシップスタイル

　共通のゴール達成に向けてチームを鼓舞しモチベーションを高めるために、さまざまなリーダーシップスタイルが用いられます。変革型リーダーシップ、民主型リーダーシップ、サーバントリーダーシップのリーダーシップスタイルは、チームや組織をリードする際の代表的な方法です。それぞれのスタイルでは、重視する特性や振る舞いが異なります。また、チーム力学や、意思決定プロセス、組織全体の成功にさまざまな影響をもたらします。

　変革型リーダーシップは、リーダーがチームを鼓舞しモチベーションを高めて、卓越した成果を達成するのが特徴です。変革型リーダーは、ビジョンを掲げ、チームに野心的なゴールを追求させ、目覚ましい成果を達成させる変革者です。彼らは、説得力のあるビジョンをはっきりと表現し、個人が自らの限界を乗り越えられるようモチベーションを高めます。そして、集団としての目的意識を浸透させる能力を備えています。変革型リーダーは現状に疑問を投げかけ、リスクを恐れず挑戦し、革新の文化を育みます。

　民主型リーダーシップ（参加型リーダーシップとも呼ばれる）では、意思決定プロセスにチームメンバーを関与させることを重視します。民主型リーダーは、チームメンバーが尊重され、大切にされていると強く感じられるようなコラボレーション環境を育みます。情報を共有し、フィードバックを求めることで、民主型リーダーは透明性と説明責任の意識を醸成します。このコラボレーションにより、十分な情報に裏付けられた意思決定が行われ、チームメンバーからの支持拡大に結びつきます。

　サーバントリーダーシップは、チームメンバーのニーズとウェルビーイングを優先し、彼らに力を与え、彼らの能力を開発することに重点を置きます。サーバントリーダーは、個人の成長と能力開発を支援する環境構築に重点を置きます。チームに力を与え、奉仕の文化を育むことで、サーバントリーダーはチームメンバーの潜在能力を最大限に引き出します。チームのウェルビーイングに重点を置くことで、エンゲージメント、モチベーション、生産性の向上につながります。

リーダーシップスタイルを選択する

　どのようなリーダーシップスタイルを選択するかは、リーダーの性格、チーム力学、組織文化など、さまざまな要因によって左右されます。効果的なリーダーは、状況やコンテキストに合わせて、これらのスタイルを組み合わせることが多いです。

　筆者のスタイルは**サーバントリーダーシップ**に似ていると、自分では考えていま

す。筆者はリーダーとして個人が潜在能力を最大限に発揮できるよう、その力を引き出し支援することを目指しています。サーバントリーダーシップの鍵となる要素は、以下のようなものだと考えています。

共感
> 読者はチームメンバーの要望や懸念に深く共感しなければなりません。読者は、有意義なサポートを提供するために、まず他者の視点に立つことを優先します。

謙虚さ
> 読者は自分の限界を認識し、チームメンバー一人ひとりの貢献を評価します。読者は、全員の専門知識が認められ感謝される環境を構築します。

スチュワードシップ
> 読者はチームのウェルビーイングのスチュワード（世話役）であると自らを位置付け、前向きで成長志向の文化を育むことに尽力します。

能力開発へのコミットメント
> 読者はチームメンバーの能力開発に積極的に労力を費やします。メンターシップや、指導、スキル向上の機会の提供などです。

サーバントリーダーシップは、部下たちの成功と成長を最優先するという効果的なリーダーの考え方と一致するので、強力なモデルです。リーダーが重点を置くのは、他の人々が成功しチームや組織のゴールに最大限に貢献できるようにすることであり、奉仕の文化を作り出すことです。

サーバントリーダーシップが実際にどのように機能するかを示すために、Jake の話をしましょう。Jake はリーダーとして、スプリント計画中にチームと緊密に連携します。計画を策定するにあたり、Jake は、プロジェクトのバックログにある項目を、小さく管理しやすいタスクに分解するようチームを誘導します。彼はチームメンバーにそれぞれのタスクに必要な工数を見積もるよう促し、スプリント期間内に達成できるように調整を行って作業負荷のバランスを取ります。同時に、チームメンバーが作業を邪魔する障害を特定し対処するのを支援します。彼はチームメンバーと相談して解決策を見つけ、スプリントの目標を達成するために必要なリソースとサポートを確保します。

さまざまなスタイルを組み合わせる

　また、さまざまな状況に対応するために、リーダーシップスタイルを組み合わせることもできます。これは**シチュエーショナルリーダーシップ**と呼ばれています。最も効果的なリーダーシップスタイルは、状況や、コンテクスト、チームのニーズによって決まるという考え方です。例えば、チームとして、複雑で革新的な機能の開発に取り組んでいるソフトウェア開発プロジェクトを考えてみましょう。リーダーは、創造性を鼓舞し説得力のあるビジョンを打ち出すために、変革型のスタイルを採用することが考えられます。一方で、プロジェクトが進行しチームが困難に直面すると、必要なサポートを提供し障害を取り除くために、サーバントリーダーシップのスタイルに変更するでしょう。

　Google で Chrome のパフォーマンス向上に取り組むチームをリードしていたときのことを思い出します。私たちは、これまで説明してきた原則を実践しなければなりませんでした。私たちは野心的なプロジェクトの真っ只中にあり、私はソフトウェアエンジニアリングのマネジメントにおいて何度も目にしてきた「あること」に気づきました。それは、リーダーとしての自分自身をスケールさせることです。以下に、その経緯を説明します。

　チームメンバーに Mark という優秀な人材がいました。Mark はコーディングと問題解決の領域で真の天才であり、スターと呼ぶべき存在でした。しかし、Mark がマネジメントの役割に就くと、よくある落とし穴にはまってしまったのです。彼はすべてを自分でやろうとしました。Mark はコーディング、マネジメント、レビュー、計画をすべてこなしていました。これは「どうすれば自分自身をスケールさせることができるのか」を理解していないマネージャーの典型です。

　転機は、特に作業内容が多いスプリントの最中に訪れました。締め切りが迫り、チームはプレッシャーを感じていました。Mark は、増えつづけるチームの責務をマネジメントしながら、コーディングにいつもどおり取り組もうとして限界に達しました。このようなやり方は持続可能なものではなく、チームの士気と成果の両方に表れていました。

　そこで、筆者は自身の経験から得た教訓を活かして、行動を起こしました。私たちがしたことは次のようなことです。

権限委譲が鍵

　私たちは、Mark にしかない強みと、彼にしかできない仕事を洗い出しました。

それ以外はすべて権限委譲しました。たとえ、彼とやり方が異なっているとしても、チームメンバーを信頼することが彼にとって重要だったのです。

妥協のない優先順位付け

私たちは、彼の責任を整理し無駄を省きました。「この作業は、私たちの主たるゴールに近づくためのものですか」と自問しました。そうでない場合は、その作業は取りやめるか延期しました。こうして、Mark はチームの成功に本当に不可欠なことだけに集中できるようになりました。

コーチとしてのマインドセットを培う

Mark は自らコーディングに携わる代わりに、チームメンバーの指導を始め、複雑な問題に取り組むための力を与えました。こうすることで、チーム全体のスキルが向上しただけでなく、Mark 自身の時間も戦略的思考やリーダーシップの仕事に充てられるようになりました。

境界線をはっきりと定める

Mark は自分の時間をどう使うかについて、境界線を引くことを学びました。集中して仕事に取り組む時間、チームミーティング、自身の学習や能力開発のための時間を確保するようにしたのです。スケジュールをバランスよくすることで、彼の効果性を高め、チームにとって良いお手本となりました。

定期的な内省と改善

私たちは、ルーティンとして、Mark が自身のマネジメントスタイルとそのインパクトについて内省するようにしました。このプロセスにより、チームとプロジェクトのニーズに照らして彼のやり方が微調整され、彼がリーダーとして適応し成長するのに役立ちました。

ここで取り上げた改善策のいくつかは、次の項で詳しく説明するリーダーシップの原則です。それでは、これらの改善策の結果を見てみましょう。Mark がより効果的なマネージャーに成長しただけでなく、チームの生産性と満足度も大幅に向上しました。チームメンバーは自主的になり、プロジェクトに積極的に取り組み、プロジェクトゴールと一致した活動を行うようになりました。

ソフトウェアエンジニアリング、特に Google のようなリスクの高い環境では、権限委譲や、優先順位付け、適応型のリーダーシップを組み合わせることが不可欠です。単にタスクをマネジメントするのではなく、人を育成しチームを正しい方向に導

くのです。

特にテクノロジー業界では、リーダーとして、すべてを自分で行うという考え方を捨てなければならないことがよくあります。真のリーダーシップとは、他のメンバーが優れた成果を上げられるようにすることであり、チーム全体が最高のパフォーマンスを発揮できる環境を作り出すことです。これが、リーダーとしての自分をスケールさせるということです。

環境に応じたリーダーシップ

リーダーシップのスタイルに大きな影響を及ぼすものとして、自分がどのような環境で働いているかということが挙げられます。組織や、プロダクト、プロジェクトの規模、スコープ、複雑さ、ソフトウェア開発の緊急度などです。小規模なプロジェクトや複雑性の低いプロジェクトで、スケジュールに余裕がある場合には、民主型のアプローチが向いていそうです。このようなプロジェクトでは、誰もが学ぶ機会を十分に得られるでしょう。しかし、複雑性が高くスケジュールがタイトなプロジェクトでは、リーダーは多少の強引さやリスクを覚悟で、意図をはっきりと示してリードしていかなければならない場合もあるでしょう。プロジェクト環境がリーダーシップにどのような影響を与えるかを理解するために、以下の2つの例を考えてみましょう。

スタートアップのリーダーシップ：イノベーションの推進

Meet Nisha 氏は、CodeCrafters の最高技術責任者（CTO）です。CodeCraftersは、教育テクノロジー（edtech）のスタートアップ企業です。子供向けに、バーチャルリアリティを活用したコーディングチュートリアルを開発しています。少数精鋭の開発チームを率いる Nisha は、彼らの競争優位性は優秀な人材に支えられた迅速なイノベーションにあると認識していました。

リソースが限られていることを踏まえ、Nisha は、プロダクトの中でもリスクが最も高くそして最重要な VR シミュレーションエンジンに徹底的に取り組みました。彼女は開発者たちとプロトタイプのコードを共同設計し、完全に現場に身を置きながらも、コーディング規約を設けた上でチームメンバーの自主性を認めました。Nishaはアントレプレナーリーダーシップを発揮し、不確実性を受け入れ、開発者が最先端のアイデアを安心して試せるよう心理的安全性を作り出しました。

プロダクト検証段階でシミュレーションモジュールと評価モジュールのインテグレーションに問題があることが判明すると、Nisha はアジャイルリーダーシップのマ

インドセットを採用しました。ユーザーテストを通じて知見を集め、新たな技術的目標を策定したのです。彼女はチームをまとめ、現場のフィードバックに迅速に対応しながら改善と反復を繰り返しました。

数か月後、CodeCrafters は市場の大きなシェアを獲得する画期的な製品をローンチしました。Nisha は、スタートアップ企業においては、技術的リーダーシップは、イノベーションを加速し、適応性を持ち、世界トップクラスの数少ない開発者の能力を最大限に引き出すことに集中しなければならないことを示しました。

エンタープライズリーダーシップ：ビジネスとテクノロジーの連携

小売業の Legacy Enterprises は、収益性を最大化するために、AI ベースの価格最適化機能を導入したいと考えていました。このプロジェクトは、5 万点の製品を対象としたものです。このプロジェクトにおいて、ディレクターの Malcolm 氏は、短期間での ROI 達成を期待する懐疑的な事業部門と、長期的な機能構築に重点を置く技術者たちの橋渡しをしなければなりませんでした。

Malcolm は協調型リーダーシップを活用し、優先順位や考え方が異なる、データサイエンティストとカテゴリーマネージャーの間で綿密な調整を行いました。彼は、両者の抱える課題を理解しようと努め、共感の姿勢を自ら示しました。この課題とは、非現実的な納期とインフラの制限でした。Malcolm は相互依存する作業を前に進めるために、専用のコラボレーション時間を設けることにしました。

期待通りの成果がなかなか得られない場合、Malcolm はプロセス改善を提案しました。彼は中央調整委員会を設置し、ビジネスニーズと技術的課題の間で要件がはっきりとやり取りされるようにしました。また、Malcolm は、このプロジェクトには辛抱強さが求められるという共通認識を築き、心理的安全性を育みました。

一年以上にわたって、初期の AI モデルはユーザーからのフィードバックに基づいて改良され、収益性の高い知見が得られました。当初は苦戦を強いられましたが、Malcolm のビジョンや、ビジネスへのインパクトと卓越したエンジニアリングを統合する能力は、企業の成長に不可欠であることが証明されました。

Nisha と Malcolm の例は、さまざまなリーダーシップスタイルの知識が不可欠であるのとともに、プロジェクトの状況に応じてさまざまなスタイルを使い分けなければならないことを示しています。時間と経験を重ねれば、プロジェクトライフサイクルのさまざまな段階でプロジェクトが何を必要としているかを適切に判断できるようになり、変化に迅速に対応できるようになります。

7.4 効果的なリーダーシップ | **263**

経験を積むにつれ、さまざまなリーダーシップスタイルに関する知識を活用して、そのときの状況に最も効果的なスタイルを選択できるようになります。そして、どんなに困難な状況でもチームを成功に導けるのです。

7.4.2 戦略を練る

戦略を練ることは、効果的なリーダーシップにとって極めて重要です。明確なロードマップを提供することで、チームの取り組みを組織のゴールと一致させることができます。明確な戦略がなければ、チームをリードする際に、外部要因に左右され目的を見失うリスクがあります。戦略を練ることで、チーム内の強みと弱みを理解したり、成長とイノベーションの機会を把握したりすることで、チームの将来像を主体的に形作ることができます。明確な戦略を練り実行することで、リソースを効果的に配分し、チームの取り組みを調整し、情報に基づいて決断することができます。

戦略を練ることは、チーム内に目的意識を共有する文化を育み、チームメンバーがチームの目標に対して意味のある貢献ができるようになります。効果的なリーダーは、市場の状況やステークホルダーの期待が時とともに変化していく中で、絶えず戦略を練り直すことがいかに重要であるのかを認識しています。よく練られた戦略があれば、困難を乗り越えチャンスをつかむことができます。効果的な戦略を練ることは、チームに方向性とレジリエンスをもたらすために必須であり、それ自体が強みとなります。効果的な戦略を練るためにできることをいくつか紹介しましょう。

未来を可視化する

可視化は、課題を予測し、情報に基づいて決断を行うための強力なツールです。リスクの軽減、適応性と革新の向上にも役立ちます。優れたエンジニアリングリーダーは、自らのミッションと照らし合わせながら、未来の展望を描きます。このビジョンがあれば、自らの想像を現実世界で達成可能なレベルにまで膨らませることができます。例えば、最新のテクノロジーが、変化する顧客ニーズや市場とどのように結びつくかを予測することで、チームのトレーニングやスキル開発の計画に活かすことができます。可視化を行うためのヒントを以下にいくつか挙げておきます。

環境調査

業界のトレンド、技術の進歩、市場の変化に常に気を配りましょう。全体的な状況を把握することは、適切な戦略を練るために不可欠です。最新のテクノロジーがチームの業務やプロダクトにどの程度影響を与えるかを予測しましょ

う。新しいテクノロジーを積極的に採用することで、常に一歩先を行くことができます。

シナリオプランニング

さまざまな未来の可能性を描くために複数のシナリオを作成します。チームに影響を与える可能性のあるさまざまな要因を考慮します。複数のシナリオを想定しておくことで、チームは多様な状況に柔軟に対応できるようになります。

リスク評価

プロジェクトや計画に影響を及ぼす可能性のあるリスクを体系的に評価します。リスクをその発生確率と影響の大きさを基に分類します。このリスク評価は、緩和策の策定や戦略のレジリエンス性を構築するのに役立ちます。

多様な視点

さまざまな経歴や専門知識を持つチームメンバーの意見を求めましょう。さまざまな視点を持つことで、将来起こり得るシナリオに対する理解が深まり、可視化や戦略的計画立案がより充実したものになります。

これらを組み合わせることで、ポジティブなアウトカムだけでなく、起こり得る課題や障害を考慮し、それらに備えることもできる包括的な戦略を策定することができます。

戦略的ロードマップの策定

可視化は、戦略的ロードマップの策定に役立ちます。戦略的ロードマップの策定には、明確で首尾一貫した計画を策定し、着手する取り組みと達成すべきマイルストーンをすべて盛り込むことが求められます。こうした計画はチームの指針となります。また、測定可能なマイルストーンは、チームの進捗状況を評価するのに役立ちます。例えば、来年度のチームの重点領域として、開発生産性を向上するために生成型 AI の導入を挙げたとします。この目標が会社のビジョンとどのように一致するのか、また、この方向性で進めた場合に計画された取り組みやマイルストーンとどのように整合するのかを明確にします。効果的な戦略的ロードマップを策定する上で鍵となる 5 つの「すべきこと」と「すべきでないこと」を以下に示します。

わかりやすくシンプルにすべき

ロードマップはわかりやすくシンプルにしておきましょう。チームメンバーや

ステークホルダーが理解しやすいように図表をうまく活用しましょう。わかりやすさは、コミュニケーションを促し、理解を深めます。

測定可能なマイルストーンを設定すべき

ロードマップを測定可能なマイルストーンに分割します。各マイルストーンは、具体的で、測定可能で、達成可能で、関連性があり、期限が定められている（SMART）ものでなければなりません。進捗状況を簡単にトラッキングできるようになります。

ロードマップに柔軟性と適応性を織り込むべき

優先順位が変更される可能性や、フィードバック、市場の変化、予期せぬ課題などのために、計画を調整しなければならないことを理解しておいてください。例えば、生成型 AI の導入の場合、より高精度の技術が使えるようになる可能性もあれば、将来的にコードの安全性に関する法的リスクが生じる恐れもあります。

ロードマップを固定的なドキュメントとして扱うべきではない

戦略的ロードマップは、状況の変化や、フィードバック、新たな発見に基づいて、時間をかけて進化させていくべきです。計画は定期的に更新し改善するようにしてください。

ステークホルダーを参画させるべき

他の人々と協力してロードマップを作成します。チームメンバー、マネージャー、関連部署など、主要なステークホルダーを参画させます。彼らの意見を取り入れることで、より包括的で正確な計画を立てることができます。

これらの「すべきこと」と「すべきでないこと」を守ることで、ロードマップは、戦略的な取り組みについてのコミュニケーションや、方向性の調整、成功のために役立つものになります。

徹底的な戦略的思考

徹底的な戦略的思考とは、リーダーにとって不可欠なダイナミックで熟考を重ねる思考プロセスのことです。日々の意思決定とは異なり、リーダーが深く考察を行い、革新的なアイデアを探求し、変革をもたらすためにデータを分析する、集中的で中断することのないプロセスのことです。

リーダーとして、日々の業務上の問題から離れ、内省的な時間を持つことを自らに課さなければなりません。気を散らすもののない場所で、集中力を高めるための時間を確保するようにしてください。問題解決や、選択肢の検討、創造的なソリューションの考案に積極的に取り組めるようになります。このプロセスを推進する方法を紹介しましょう。

戦略的に避難する

戦略的思考をテーマに、社外での合宿やワークショップを企画します。これらのイベントによって環境を変え、長期的なゴールに集中できるようにします。

デジタルデトックス

戦略的思考に専念する間は、デジタルデトックスを検討しましょう。通知をオフにして、絶え間なく押し寄せる情報から一時的に離れることで、集中できる思考環境が生まれます。

静かな空間

職場内に静寂と内省を促すような物理的なスペースを確保します。これらのスペースは、日頃の業務の喧騒から離れて深く考えるための避難場所として役立ちます。

これらは、徹底的な戦略的思考に必要となる、空間と時間を確保する方法の一例です。自分の仕事環境に適したものを選び、自分が集中するための空間を作りましょう。

妥協のない優先順位付け

目的とするアウトカムに近づくために最も重要なタスクはどれでしょうか。この質問に答えることは、優先順位を決定する上で最も重要なことです。**妥協のない優先順位付け**とは、最も重要なタスクや取り組みを洗い出し、そのタスクに徹底的に取り組むことを意味します。一方で、インパクトの小さい活動については、意図的に優先順位を下げます。何を優先し、何を後回しにするかという難しい意思決定が必要となります。

効果的なリーダーは、大局的なビジョンに即した3〜5つの戦略的選択肢について検討します。それぞれの選択肢が、長期的なゴールを達成するのにどれだけ貢献するのかを念入りに評価します。このように選択を慎重に行うことで、チームの作業効率が維持され、最も大きなインパクトをもたらす場所に、エネルギーとリソースが投入

されます。

「ノー」と言う勇気が、このアプローチの要です。単にタスクを拒否するということではなく、そうすることが戦略上不可欠なのです。選択した戦略に整合しないような取り組みを断ることで、本当に重要なものに的を絞るという、明確で確固たる姿勢を貫くことができます。チームは成果につながるプロジェクトに全力を注ぎ、優れた成果を集中して生み出す文化を育めます。このような取り組みは、「戦略的な明確性は、インパクトのある成果を生み出す基盤となる」というリーダーシップの原則を体現しています。

7.4.3　役割を演じる

リーダーシップは継続的なプロセスであり、一貫した努力と熱心な取り組みが求められます。勤務時間の 75% をリーダーシップを発揮することに費やし残りの時間は適当にやる、などということはできません。効果的なリーダーは全力を尽くし、絶えずスキルを磨き、チームや業界全体で変化しつづけるニーズに合わせるために、アプローチを適応させていかなければなりません。最初は意識的に取り組む必要があるかもしれません。しかし、時間が経てば、リーダーとして継続的に取り組むことは、やがて読者に根付いていくことでしょう。

では、リーダーとしての役割を継続的に果たすために、意識的にできることは何でしょうか。これから説明していきます。

絶え間ないコミュニケーション

コミュニケーションは効果性の要です。チームリーダーとして、全員が同じコンテクストとビジョンを共有し、同じゴールに向かってやる気に満ちて取り組めるよう、絶え間なくコミュニケーションを取らなければなりません。以下は、チームと定期的にコミュニケーションしなければならない内容です。

長期的なゴール

チームやプロジェクトの大局的なビジョンとミッションを明確に伝えます。チームメンバーが、自分たちの仕事の背後にある、より広範な目的を理解できるようにします。

重点領域

今後の優先事項と重点領域について話し合います。チームが課題に備えて自分

たちの作業を調整できるようにします。

タスクのコンテクスト

個々のタスクをチームの大きなゴールに関連付けます。コンテクストを伝えることで、チームメンバーは、なぜ、どのようにして自分の貢献が重要な役割を果たすのかを理解することができます。

マイルストーンと主な成果

進捗状況、達成したマイルストーン、特筆すべき成功について、チームに定期的に報告します。成果を称えることで、前向きでモチベーションの高いチーム文化が育まれます。

課題と障害

課題や障害を率直に話し合いましょう。このように透明性のある話し合いをすることで、問題解決とコラボレーションの文化を育みます。

戦略や方向性の変更

戦略やプロジェクトの方向性に変更がある場合は、チームに速やかに知らせるようにしてください。はっきりとコミュニケーションを行うことで、混乱を防ぎ、全員を新しい方向に向かわせることができます。

学習と成長の機会

学習リソース、トレーニング、能力開発の機会について伝えましょう。継続的な学習を促すことは、個人とチームの成長につながります。

組織に関する最新情報

チームに何らかの影響を及ぼす可能性のあるような組織レベルでの変更がある場合は、それらの変更を透明性を持って伝えてください。

このようなプロジェクトに関する情報について、定期的かつ透明性のあるコミュニケーションを行うことで、まとまりがあり状況をよく理解しているチームを作り上げることができます。信頼関係が構築され、全員が同じ認識を持つことができ、チームメンバーがチームの成功に効果的に貢献できるようになります。

イノベーションのための仕組みづくり

インスピレーションは、誰にでも、いつでも訪れる可能性があります。創造的なソ

リューションや革新的なアイデアは、ジュニア開発者から読者自身まで、チームの誰からでも生まれる可能性があります。しかし、それを実現するには、すべてのアイデアが迅速に十分に検討されるようにしなければなりません。そのためには、チームの構造、プロセス、システムをイノベーションのために適応させる必要があります。具体的には、以下のようなことを行う必要があります。

不要な階層をフラットにする

不必要な上下関係の障壁をできるだけ取り除き、アイデアが自由に飛び交う環境を創出します。チームメンバーが不利益を恐れることなく、各自の考えや見解を自由に共有できる環境を整えます。

情報に基づいた意思決定

Apple は、専門知識を軸とした組織構造（https://oreil.ly/bgqFb）を持っています。彼らの基本的な信念のひとつに、「その領域において最も専門知識と経験を持つ者が、その領域に関する意思決定権を持つべきである」というものがあります。これをチームレベルで考えると、もし誰かに新しいアイデアを検証してもらいたいのであれば、その問題領域について十分な知識を持ち、適切な決断が下せる人物に依頼するようにしてください。

スピードを重視する

イノベーションには、アジリティと迅速な対応が求められることがよくあります。事務的なプロセスを減らし、チームメンバーが素早く決断できるようにすることで、より迅速なイテレーションと試行が可能になります。

必要最小限のプロセスを採用する

創造性を妨げることなく、イノベーションを実現するのに十分な仕組みを提供できるような、最小限のプロセスを確立します。過剰な計画は避け、新しい課題や機会に柔軟に対応できるようにします。

イノベーションを生み出す時間を作る

チームメンバーが革新的なプロジェクトに取り組んだり、新しいアイデアを模索したりするための時間を確保します。この時間は通常のプロジェクト作業とは別に確保し、創造性を高めることに集中できるようにします。

7章　効果的なリーダーになる

アイデア出しのための会議を設ける

　　チームメンバーが自由にアイデアを共有し、新しいアイデアを掘り下げていくために、ブレストやワークショップを開催します。このようなコラボレーションの取り組みは、継続的なイノベーションの文化を育みます。

　これらの戦略を実行することで、創造性が育まれ、チームメンバーが組織に対して意味のある変革を貢献できるような、イノベーションを促す環境を、チームリーダーは作り出すことができます。

心理的安全性

　4章でも説明したように、チームの心理的安全性は、効果的なチームパフォーマンスにとって重要です。心理的安全性とは、チームはリスクを冒しても安全であるという信念を、チームメンバーが共有している状態と定義されます。チームリーダーとして心理的安全性を育み、チームメンバーが安心して発言し、リスクを冒し、間違いを認めることができるようにしなければなりません。

　テックチームの環境で心理的安全性を作り出すには、リーダーによる先を見越した取り組みが必要です。優れたリーダーは型破りなアイデアを許容し、失敗を学習の機会として歓迎します。このような環境では、恥をかくことを恐れることなく創造的な思考が育まれます。例えば、チームのミーティングでメンバーがプロジェクトに関する懸念を提起した場合は、その懸念を率直に認め、それを提起してくれたことに対してメンバーに感謝し、その懸念について話し合いを進めるべきです。そして、他のチームメンバーが意見を述べやすいよう、自由回答形式の質問をしましょう。このようにすることで、チームの成功にはすべての意見が尊重され重要であることを示すことができます。

　オープンなコミュニケーションを励行し、コラボレーターとして対立に臨み、非難を好奇心に置き換えていくことで、心理的安全性は育まれます。こうして、チームメンバーはアイデアを自分の中に封じ込めるのではなく、安心して自信を持ってアイデアを共有できるようになります。チーム環境における心理的安全性の重要性を理解するために、具体的なシナリオで考えてみましょう。

　チームリーダーの Ana は、心理的安全性こそが効果性を高めるために最も重要であることを理解しています。最近のレトロスペクティブミーティングで、普段は控えめな開発者の Pablo が、コードベースに技術的負債が蓄積しているのではないかと懸念を表明しました。

Ana はまず、Pablo がこの重要な問題を提起したことについて、公の場で感謝の意を表しました。そして、この問題を放置すればヴェロシティと信頼性に悪影響が出るため、Pablo の懸念は妥当であると認めました。さらに、非難的な意味合いではなく議論を開始し、技術的負債の状況とそれが日常業務に及ぼす影響について自由回答方式で尋ねることにしました。

他のエンジニアも問題点を指摘しはじめます。そして、反発を恐れずに意見を述べても大丈夫だと気づきます。Ana は熱心に耳を傾け、懸念を要約してホワイトボードに書き出します。最後に、Ana はさまざまな意見をまとめ、今後のアプローチについて考えます。そして、技術的負債削減の提案をまとめるためのタスクフォースを設置することにして、そのリーダーを Pablo に任せることにしました。次のチームミーティングでは、Ana は Pablo の提案についてレビューを行い、率先してこの取り組みを主導した彼を称賛しました。

Ana はポジティブな振る舞いを続けることで、人々が心理的に安全だと感じるようにして、オープンに参加できる文化を育んでいます。もし Ana が Pablo の懸念を軽くあしらったり無視したりしていたら、他のエンジニアたちから共有されたさまざまな視点を見逃していたことでしょう。Ana は、問題提起をしてくれたメンバーに積極的に感謝の意を表し、批判することなく建設的な議論を促し、目に見える形で改善を推進する権限を与えることで、チームメンバーが恥をかいたり報復を恐れたりすることなく、問題を早期に提起できる環境を整えたのです。

多様性のあるチームをリードする

多様性と効果的なエンジニアリングチームには関連性があることを、1 章で説明しました。多様性は単なるバズワードではありません。イノベーション、成長、そして長期的な成功には不可欠です。多様性のあるチームは、より幅広い視点、経験、そしてアプローチをもたらします。そして、より創造的なソリューションを提供したり、問題解決力を向上したり、そしてサービスを提供する顧客に対して深く理解したりできます。しかし、多様性のあるチームを効果的にリードするには、無自覚のバイアスに対処し、インクルーシブな採用活動を行い、意識的に多様性を尊重し称賛する環境を育むようにしなければなりません。以下のような戦略が役に立つでしょう。

無意識のバイアスに対処する

無意識のバイアスとは、私たちの思考や行動に影響を与えるような、多くの場合意図していない微妙な偏見のことです。このようなバイアスは、多様性のあ

るチームの成功を妨げる恐れがあります。バイアスに打ち克つには次のような
ことが必要です。

- チームメンバーが自分自身のバイアスを認識し軽減できるよう、無意識
  のバイアスに関して定期的にトレーニングを行うようにしましょう。
- 無意識のバイアスについてオープンな議論を奨励し、チームメンバーが
  自分の経験を共有できるような安全な空間を創出します。

多様性のある採用活動を推進する

多様性は採用プロセスから始まります。多様性のあるチームにするには次のよ
うなことが必要です。

- 歴史的に黒人学生の多い大学や、ヒスパニック系学生向けの大学、テク
  ノロジー業界でマイノリティを支援する組織など、より幅広い人材を
  ターゲットにすることで採用活動の範囲を広げます。
- Women Who Code や Code2040 など、テクノロジー業界での多様性
  を提唱する組織と提携し、多様な採用候補者から人材を確保するように
  しましょう。

インクルーシブな職場文化を育む

多様な人材を確保し、その能力を最大限に引き出すためには、インクルーシブ
な職場環境を構築することが不可欠です。誰もが尊重され、大切にされ、自分
の意見が聞いてもらえると感じられる文化を築くのです。

- チームメンバー全員に、経歴や経験レベルに関係なく、メンターシップ
  とキャリア開発の機会を提供します。
- チームメンバー全員のそれぞれの貢献と視点に敬意を表し、個々の強み
  と功績を称えます。

前述の取り組みを行う際には、多様性、インクルーシブネス、帰属意識の観点から
チームの状況を定期的に見直してください。チームメンバーからフィードバックを求
め、改善が必要な領域を洗い出し、ポリシーや取り組みを必要に応じて調整してくだ
さい。

これらのステップを踏むことで、多様性のあるチームが成長できる、よりインクル
ーシブで公平な職場環境を作り出すことができます。その結果、組織全体にイノ
ベーション、コラボレーション、成功をもたらすことができます。

潜在能力を見極め、能力を開発する

効果的なリーダーシップとは、単にタスクを指示し、ゴールを達成することだけではありません。チームメンバー一人ひとりの潜在能力を育み、その能力を最大限に引き出さなければなりません。優れたリーダーは、チームメンバーの隠れた強みやモチベーションを見極めることが得意です。このため、リーダーはチームメンバーの個々の才能や希望に合うように、ゴールや責務をカスタマイズすることができます。才能を見極め伸ばす際に、以下のようなポイントに留意してください。

- **人材開発は画一的なものではない**ことを認識しておいてください。むしろ、一人ひとりの強みや、弱み、モチベーションを深く理解して、一人ひとりに合わせなければなりません。メンターシップや、スポンサーシップ、コーチングを基本的なツールとして活用してください。そして、潜在能力を引き出し、成長を促し、高い成果を上げる人材へと変革します。また、トレーニングプログラムのカスタマイズや、コンフォートゾーンを超えるようなスキルの習得も促してください。
- **小さな進歩にも価値がある**ことを理解しましょう。小さな進歩の積み重ねが、大きな成果を築く土台となります。わずかな改善でも称賛して建設的なフィードバックを行い、個人の限界を押し広げて潜在能力を最大限に引き出すような課題を提供しましょう。
- 人材を育成する技術とは、**理想的な従業員のクローンを作り出すことではありません。**多様性のある活気に満ちた集団を育成し、一人ひとりが独自の視点と強みを発揮できるようにすることです。

フィードバックもまた、個人の能力を伸ばす上で鍵となる要素です。強みや、改善点、成長の機会について価値のある示唆を与えます。ソフトウェア開発チーム内では、効果的にフィードバックを行うことで、継続的な学習と改善の文化を育み、変化していくプロジェクトのニーズに適応しゴールを達成可能にします。

ソフトウェア開発チームにおいてフィードバックを行うには、定期的な 1on1 ミーティングや、ピアレビュー、レトロスペクティブミーティングなどを活用します。1on1 ミーティングでは、各自が自分の進捗状況を話し合います。マネージャーは個別にフィードバックを行い、継続的な成長のために目標を設定します。ピアレビューでは、チームメンバーがお互いの仕事を評価します。コラボレーションによる学習を促し、知識と専門技術の交換を奨励します。レトロスペクティブミーティングは、ス

プリントの終了時に実施されます。チームがパフォーマンスを振り返り、改善すべき領域を洗い出し、今後のスプリントのための戦略を調整する機会とします。

このようなフィードバックの仕組みにより、個人やチームは、各自のニーズやプロジェクトの状況に合わせて、建設的なフィードバックを定期的に受けることができます。先ほど説明したような方法を実践することで、素晴らしい成果を達成できるだけでなく、自身の成長と能力開発に真剣に取り組む人材を育成することができます。

効果的なフィードバックを行うためには、以下のヒントを参考にしてください。

具体的かつ実行可能なものにする

改善に向けて、具体的な例を示して実行可能な提案を行います。一般論を避け、具体的に習得可能な振る舞いやスキルについて話し合います。

ポジティブで建設的なフィードバックになるようにバランスを取る

強みや実績を認めると同時に、成長の余地がある領域についても触れるようにします。モチベーションとやる気を維持するために、協力的で励ましとなるようなトーンで話します。

フィードバックを個人に合わせてカスタマイズする

チームメンバー一人ひとりの個々のニーズや、目標、学習スタイルを考慮してください。フィードバックの方法を適宜調整して、わかりやすく、できるだけインパクトを与えるようにしてください。

フォローアップとサポート

定期的にチームメンバーと状況を確認し、進捗状況を話し合います。追加の指導を行い、成功を称賛します。フィードバックを実行に移し能力開発を継続できるよう、必要なリソースやサポートをチームメンバーに提供します。

技術的専門知識とリーダーシップスキルのバランス

技術的専門知識とリーダーシップスキルのバランスを取ることは、多くのリーダーにとって重要な課題です。計画的に努力しなければなりません。複雑な問題を理解し、十分な情報を得た上で意思決定を行うためには、高度な技術的知識が不可欠です。一方で、効果的なリーダーシップには、コミュニケーション、コラボレーション、戦略的思考など幅広いスキルセットが必要です。テックリーダーとして成功するには、技術的な専門知識とリーダーシップスキルの両方を継続的に磨いていくことが不可欠です。以下の戦略を検討してください。

7.4 効果的なリーダーシップ | **275**

- 技術的専門知識を養う方法
  - ○ コーディングや新しいテクノロジーの習得など、技術スキルの向上に定期的に時間を割くようにしましょう。
  - ○ 知識の幅を広げ技術力を維持するために、カンファレンスや、ワークショップ、オンライン講座に参加しましょう。
  - ○ 技術的な作業やテクニカルワークショップに参加できる時間を確保してください。
  - ○ 業界のトレンド、最新テクノロジー、ソフトウェア開発におけるベストプラクティスなどの情報を収集しましょう。
- リーダーシップスキルを向上させる方法
  - ○ リーダーシップ能力を高めるために、リーダーシップ開発プログラム、ワークショップ、講座などに参加しましょう。
  - ○ 組織内外の経験豊富なリーダーからメンターシップを受け、知見と助言を得ましょう。
  - ○ 定期的に自分のリーダーシップを内省し、チームや同僚に対してフィードバックを求め、改善すべき点を洗い出します。
  - ○ 組織ゴール達成にチームを導くために、戦略的思考、意思決定、問題解決能力を磨くことに力を注ぎましょう。
  - ○ 他者を効果的にリードし影響を与えるために、優れたコミュニケーション能力、コラボレーション能力、対人能力を身につけましょう。
  - ○ リーダーシップに関する書籍、記事、ケーススタディを読むことで知識を広げ、新たな視点を得ましょう。

　技術的専門知識とリーダーシップスキルの両方に継続的に努力を傾けることで、バランスのとれた効果的なテックリーダーに成長することができます。スキル開発は絶え間なく続くプロセスであり、常に成長と改善の余地があることを忘れないでください。学ぶ機会を積極的に活用し、自分のコンフォートゾーンから抜け出すようなチャレンジを求めてください。テック業界は常に進化しつづけるので、自分のリーダーシップを継続的に磨くようにしましょう。

7.4.4　態度を身につける

　効果的なリーダーシップには、言行一致が必要です。自己認識、適応力、自己成長へのコミットメントなどたくさんのことが求められます。それは、他者の潜在能力を

276 | 7章　効果的なリーダーになる

最大限に引き出すために、他者を鼓舞し、モチベーションを高め、権限を与えるマインドセットを育むことです。チームに受け入れてほしいと願う価値観を読者自身が体現し、プロジェクトの成功に対して読者がコミットメントしていくことで、チームもそれに従うことができます。リーダーが信念を持ってリードすれば、他者もそれに従い、集団のゴールに貢献するようになります。このようなマスタリーを実現するための鍵となる要素について、以降で説明します。

信頼と自主性

　1章で、ソフトウェアエンジニアの場合は、自主性がモチベーションを高める原動力になることを述べました。自主性を与えるには、チームメンバーが正しいことを行うと信頼できるようにならなければなりません。優れたリーダーは、質の高い仕事を行うという内発的なモチベーションを理解し、チームを信頼します。エンジニアは、自分の仕事を自分自身で台無しにするようなことはしません。彼らの望みは常に、高品質な成果物を届けることです。ただし、そこに至るまでの道のりが時として間違っている場合があります。だからこそ、読者がガードレールにならなければならないのです。

　この**ガードレール**という言葉が意味しているのは、ガイドラインや、プロセス、枠組みのことです。これらを適切に設定することで、チームメンバーが望ましい成果に向かって効果的かつ効率的に作業を行えるようにします。ガードレールは問題を未然に防ぎ、プロジェクトゴールとの整合性を保ち、健全で生産的な作業環境を構築するのに役立ちます。ガードレールの例としては、以下のようなものがあります。

- 明確なコミュニケーションチャネルと手順の確立
- 明確な役割と責務
- 定期的な進捗確認とレビュー
- コーディング規約とベストプラクティスの策定
- 意思決定プロセスのドキュメント化

　自主性を与えることは、放置することではありません。信頼と権限委譲の環境を作り出すことです。はっきりと要望を伝え、指導を行い、自主性が適切に活かされるようガードレールを設置します。このようにすることで、個人やチームの士気を高めるだけでなく、イノベーションとオーナーシップの企業文化の醸成にも貢献します。自主性を与えるための実用的な方法を紹介します。

オーナーシップ

チームがプロジェクト内のある特定の機能に対してオーナーシップを持つことを認めます。つまり、技術的なアプローチ、スケジュール、実行戦略に関して、チームが自主的に意思決定できるように権限委譲します。こうすることでチームに責任感と創造性が育まれます。

柔軟な働き方

勤務スケジュールや勤務形態について、自主性を認めましょう。仕事に対する考え方や好みは一人ひとりで異なることを理解しましょう。柔軟な勤務時間やリモートワークを認めることで、チームメンバーは効果的にタイムマネジメントできるようになります。

意思決定

チームメンバーに対して、各自の専門領域において、意思決定できるだけの権限を委譲しましょう。例えば、アーキテクチャ上の判断や、テクノロジーの選択、プロセス改善などについてです。重要な意思決定にチームメンバーを関与させることで、彼らのスキルと判断力に対して、リーダーが信頼を寄せていることを示せます。

振る舞いのモデル

振る舞いのモデルは、効果的なリーダーシップにとって重要な要素です。例えば、模範を示すことや、チームメンバーに浸透させたいと望むマインドセットや価値観を体現することなどです。日々の行動において、これらの振る舞いを一貫して示すことで、リーダーとしての優先事項を明確にして信頼を築くことができます。一貫した行動は、チームに浸透させたいと望む価値観やマインドセットを強固なものにします。リーダーの常日頃の振る舞いが価値観に沿ったものであることを目の当たりにすれば、チームに信頼が生まれ、チームもその振る舞いを真似ようという気になるでしょう。以下に、価値観や振る舞いを読者が具体的に体現する方法を示します。

成長のマインドセットを示す

組織が成長のマインドセットと継続的な学習を大切にしていれば、個人やプロフェッショナルとしての成長の機会を読者が積極的に求めることで、それを体現することができます。具体的には、研修への参加、関連書籍や記事からの知見の共有、成功からも失敗からも学ぶ意欲の表明などです。

インクルーシブであることをアピールする

コラボレーションとインクルーシブな文化の醸成を第一に考えるのであれば、チーム活動に積極的に参加し、チームの全員とオープンに交流する必要があります。チームミーティングやブレスト、チームランチなど、公式・非公式を問わずさまざまな場面で行うことができます。

誠実さを示す

誠実さを体現したいのであれば、正直さ、信頼性、倫理的な意思決定を実践しなければなりません。透明性を確保し、約束を守り、行動に責任を持ちましょう。自分の振る舞いと言葉が一致していることを確認してください。嘘の約束をしたり、誤解を招くようなコミュニケーションをしたりしないようにしましょう。

他にも、時間厳守、敬意、責任感、卓越性、前向きさ、顧客へのコミットメントなど、体現すべき振る舞いはいくつかあります。

信念をもって意思決定する

リーダーは信念を持って難しい選択をしなければなりません。また、5章で取り上げたように、詰め込み過ぎの計画というアンチパターンは避けなければなりません。信念を持って意思決定を行うことは、信頼感を生み出し行動をドライブするため、効果的なリーダーシップにとって不可欠です。信念を持って意思決定を行うと、自信と覚悟が感じられ、チームはそれに従うようになります。この信念は、特に先行きが不透明な時期や困難な時期に重要です。はっきりとした方向性を示し、その結果を学習の機会として受け入れる覚悟が必要です。

チームリーダーが行わなければならない意思決定には、プロダクトのリリースに関するものが多く挙げられます。機能を追加するのをやめて、プロダクトをリリースするタイミングを見極めることが重要です。チームがすでにやるべきことはすべてやり終え、今こそユーザーに体験してもらう時だという確信を持って、この意思決定をしなければなりません。チームメンバーとステークホルダーには、フィードバックが寄せられるであろうことや、そのフィードバックによりプロダクトが改善できることを理解してもらう必要があります。チームメンバーには、プロダクトがリリースされた後のサポートに備えられるよう、少し休息を取らせましょう。

また、予期せぬ課題が発生したためにプロジェクト計画を変更しなければならない

場合もあります。プロジェクト計画の変更を決断したら、チームやステークホルダーに変更を伝え、ある程度は反発されることを覚悟しておく必要があります。

データドリブンリーダーシップ

　行き当たりばったりの意見や、認知バイアス、集団思考に基づいて意思決定を行わないようにするためには、チームの全員が事実とデータに基づいて意思決定を行うという文化を築くことです。**データドリブンリーダーシップ**とは、リアルタイムで正確なデータと分析に基づいてチームをリードすることです。データ文化が根付いている企業では、重要な意思決定はデータと分析に基づいて行われます。経営陣は直感や経験ではなく、分析的に導き出された知見に基づいて行動します。

　ソフトウェアエンジニアリングチームのリーダーやマネージャーは、データドリブンリーダーシップを活用することで、プロジェクト計画、リソースの割り当て、リスクマネジメント、チーム育成について優れた意思決定を行うことができます。データドリブンなリーダーは、プロジェクトの進捗を効果的にトラッキングし、障害となりうる要因を洗い出します。また、プロジェクトが目標達成のために進むべき道を外れることがないよう、適切なタイミングで軌道修正を行うことができます。さらに、個人やチームのパフォーマンスの改善が必要な領域を特定し、適切なフィードバックやサポートを行うことで、スキル開発やコラボレーションを強化することもできます。

　データドリブンであるという場合、メトリクスや KPI がよく話題に上ります。これらは、チームやプロジェクトの成功・進捗を評価するために使用される定量的な尺度です。ソフトウェア開発における一般的な例としては、以下のようなものがあります。

ヴェロシティ
　チームが特定のスプリントまたはイテレーションで完了した作業量。

サイクルタイム
　作業項目の開始から完了までに要する時間。

不具合率
　コード単位またはリリース単位で発見された不具合の数。

コードカバレッジ
　自動テスト中に実行されるコードの割合。

顧客満足度

プロダクトやサービスに対する満足度。アンケート調査やフィードバックから
測定します。

明確なメトリクスと KPI を設定することで、チームのパフォーマンスをトラッキ
ングし、改善が必要な領域を洗い出します。そして、データに基づく意思決定を行う
ことで、開発プロセスを最適化することができます。

ソフトウェアエンジニアリングのリーダーがデータドリブンの手法を適用できる主
なものとして、以下のようなものがあります。

明確なメトリクスと KPI 設定

チームのゴールや目標に整合した鍵となるメトリクスと KPI を定義します。
これらのメトリクスを定期的にトラッキングして進捗を評価し、改善が必要な
領域を洗い出します。

データドリブンな文化の醸成

チームメンバーにデータ分析と解釈に携わらせることで、データドリブンな意
思決定の文化を醸成します。

データの効果的な伝達

チームでこれらのメトリクスを定期的にレビューすることで、プロジェクトの
進捗状況と課題について透明性を確保し、全員が理解できるようにします。

データドリブンリーダーシップにより、チームに情報が提供されるだけでなく、
変革をもたらすことができることを、Sandhya の事例から見てみましょう。Dash
Systems のエンジニアリングディレクターである Sandhya は、データドリブンの意
思決定を採用し、継続的に改善を行っています。彼女のチームはスマートシティ向け
の IoT（Internet of Things、モノのインターネット）インフラを構築しています。
新たにプロジェクトを始めるときには、まず、Sandhya はプロダクトリーダーと協
力し、信頼性とスケーラビリティのゴールに整合するように、鍵となる達成目標を定
義します。システム稼働時間、ピーク時のデータスループット、障害からの復旧時間
などのパフォーマンスメトリクスです。

彼女は、毎月行われるステークホルダーとのビジネスレビューの際に、これらの指
標をレビューします。また、Sandhya は、リアルタイムにメトリクスを表示するダッ

シュボードも追加し、コアチームが閲覧できるようにしました。大量のデータが増加した後に人材採用を加速させるなど、トレンドは人材のニーズを教えてくれます。レトロスペクティブでは、Sandhya はチームとともにメトリクスをレビューし、成果を称賛し、プロセスの改善について話し合います。

　技術的負債によりヴェロシティが 20% も低下した四半期に、Sandhya は蓄積されたデータを活用しました。技術的負債削減に専念するスプリントを設ければ、長期的に利益が得られるとリーダーたちを説得したのです。彼女の主張は、メトリクスによってはっきりと裏付けられていました。

　課題の多い業界にあって、Sandhya のデータ重視のリーダーシップは、彼女のチームのインパクトを最大限にまで高めることに貢献しました。リソースや、ロードマップ、プロセス改善に対するチームのメトリクス主導の取り組みは、生産性と士気の双方を向上させたのです。

変化への対応

　ソフトウェア業界に限らず、あらゆるビジネスにおいて変化は避けられません。むしろ、変化は必ず起こると言えるでしょう。変化のきっかけは数多くあります。急速なテクノロジーの進歩、顧客やビジネスニーズの変化、予期せぬ課題や障害など、あらゆる要因が変化をもたらします。リーダーとして、予測不可能な状況に適切に対応し、正確な情報を入手し、迅速かつ的確に対応する準備をしておく必要があります。そのためには、適応型リーダーシップの 4 つの A として知られる 4 つの鍵となる原則を理解することが重要です。4 つの A は、**図7-4** に示すようにスキルを理解し開発するためのフレームワークです、このようなスキルが、複雑かつ先行き不透明な環境で効果的にリーダーシップを発揮するために必要となるのです。

Anticipation（予測）

将来のニーズ、トレンド、選択肢を予測する能力です。適応型のリーダーは、絶えず環境を注意深く観察し、変化の兆候を感知します。そして、将来の機会や脅威を事前に察知することができます。

Articulation（明確化）

ニーズを明確に表現し、チームの理解や行動への協力を促す能力です。適応型のリーダーは、状況の変化に応じて方向性やビジョンを変える場合でも説得力を持って伝えることができます。

図7-4　適応型リーダーシップの4つのA

Adaptation（適応）

名前からわかるようにコアとなる原則です。変化する状況に適応する能力を意味します。適応型のリーダーは、必要に応じて戦略や計画を修正することができ、先行きが不透明な状況でも意思決定を行うことができます。

Accountability（説明責任）

行動や、意思決定、アウトカムに対するオーナーシップと責務を担いつつ、意思決定プロセスに最大限の透明性を確保する能力です。

このフレームワークをわかりやすく理解できるように、ソフトウェアエンジニアリング組織のマネージャーであるRajeevのケースを考えてみましょう。Rajeevは、顧客である多国籍銀行が、世界各国での業務をサポートできるように、リスクマネジメントソフトウェアを求めていることを認識していました。彼は、自チームがすでにサポートしているプロダクトを改良すれば、この目的を十分に満たせることを理解していました。提案依頼が来ることを予測していた彼は、提案依頼を求められたときにはもうステークホルダーに売り込む準備ができていました。提案は受け入れられましたが、最初のMVPの開発は短期間で行う必要がありました。Rajeevは迅速に対応しなければならないことをわかっていました。

次のステップは、ビジョンと戦略を既存のチームと組織の上層部に対して明確化し、彼らの同意を得ることでした。納期を守るために、新しいエンジニアを採用し、

7.4 効果的なリーダーシップ | **283**

トレーニングを行う必要がありました。Rajeev はチーム内の適応を推し進め、一部のメンバーが新しい MVP の開発に集中できるようにしました。その一方で他のメンバーには既存のプロダクトのサポートをお願いし、両チーム間で情報共有を徹底させました。そのために、全員が変化に適応し各自の責務を理解できるように、入念な計画と調整を行ったのです。Rajeev はプロジェクト全体を通じて、適応型リーダーシップの 4 つの A を効果的に行い、チームは 3 ヶ月という期間内に大きな問題もなく MVP を無事納品しました。

適応型リーダーシップの 4 つの A は、相互に排他的なものではなく、むしろ相互に関連しています。それぞれが複雑な環境における効果的なリーダーシップに役立ちます。これらのスキルを向上させることで、変化を乗り越えてチームをリードする能力が身に付きます。

効果を効率に変えていく

2 章では、効果的に効率的になる、というお話をしました。効果的なリーダーシップを習得することは、健全なリーダーシップが実践され、その結果としてチームが効率的になるということです。これはさまざまな角度から確認することができます。

チーム

チームの能力が向上すると、チームメンバーは業務に精通し、チーム全体の効率が向上します。経験や、スキル開発、プロジェクトの達成の結果として生じるものです。

プロセス

プロセスを合理化できる部分を洗い出し、ツールを最適化して、ワークフローをより効率的にすることで、品質を犠牲にすることなく生産性とアウトプットを向上させることができます。失敗を経験することで、適応性と柔軟性を高めながら、プロセスを最適化したり合理化したりすることのバランスを学ぶことができます。

戦略

効果性を高めるための戦略的な取り組みの結果、リソースがより効果的に活用され、より多くの仕事をより短い時間で達成できるようになります。業務効率と創造的な問題解決能力のバランスがいかに重要であるかを理解できるようになります。そして、チームは新たな課題に直面しても俊敏かつ柔軟に対応でき

るようになります。

　効果的な効率性には、プロセスを最適化しながら慎重にマネジメントするような、繊細なリーダーシップが必要とされます。能力が向上すると、効率性を高めることができます。しかし、効率性を高める際には、チーム内の革新性と適応性という文化を壊さないように気をつけてください。

　こうしたリーダーシップの手法を習得することで、エンジニアリングリーダーは常に成果を上げ、組織を前に進めるエリートチームを構築することができます。リーダーシップには継続的な学習を続けていことが必要です。優れたリーダーは常に改善を目指して努力を続けます。

7.5　まとめ

　この最終章では、リーダーとして効果性をスケールさせる方法について考察しました。リーダーシップとマネジメントが、それぞれ異なる役割でありながら補完的な関係にあることを理解されたことでしょう。効果的なリーダーは、チームに変化を受け入れさせ、組織ゴールを達成するよう鼓舞しモチベーションを高めます。一方、効果的なマネージャーは、日々の業務が円滑に進むよう、計画、調整、リソースの管理に重点的に取り組みます。リーダーシップとマネジメントは、戦略的なマネージャーであれば組み合わせて活用することができます。このようなマネージャーは、ビジョンを策定しながら業務の効率性も高めることができるでしょう。

　チームを効果的にリードするには、技術的専門知識、コミュニケーションスキル、アジリティなど必須の資質を持っていなければなりません。技術的専門知識があれば、技術的な問題を効果的に解決するようチームを導くことができます。コミュニケーションスキルは、ビジョン、戦略、アイデア、フィードバックを伝えるために不可欠です。アジリティは変化への適応に必須です。

　リーダーは、セルフモチベーション、ドライブ、誠実さ、公平性、謙虚さといった性格上の資質を体現できるべきです。セルフモチベーションはゴール達成へのドライブを掻き立て、ドライブは最終ゴールへの集中力を維持します。誠実さは信頼と尊敬の土台となり、公平さはチームメンバー全員を平等に扱うようにします。謙虚さはリーダーが自身の限界を認識し、失敗から学び、協力的な環境を育むことを促します。これらの資質を養うことで、リーダーはチームを鼓舞し、モチベーションを高め、素晴らしい結果を達成させることができるのです。

効果的なリーダーは、リーダーシップスタイルを採用しそれを自らのニーズに合わせてカスタマイズするのが一般的です。彼らはビジョンと、そのビジョンを実現するための戦略的計画を持っています。彼らは、他の人々を鼓舞し、モチベーションを高める振る舞いや資質を体現し、信念を持ってリードします。効果性とはマインドセットであり、チームの効果性を高める唯一の方法は、読者が戦略や、行動、態度を通じて効果性を体現することなのです。

訳者あとがき

本書は、Addy Osmani 氏によって執筆された "Leading Effective Engineering Teams" の日本語版です。本書を手に取られた方は、これからエンジニアリングチームのマネジメント職に就こうとしている方や、リーダーとしてチームを率いる役割を任されようとしている方ではないでしょうか。あるいはすでにリーダーとして活躍されている方で、自身のリーダーシップスキルをより向上させたいと考えている方かもしれません。どのような立場であれ、本書が提供する豊富で実践的なガイダンスは、エンジニアリングチームを効果的にマネジメントし、成功へと導くための一助となるはずです。

本書の内容は、Google において Chrome チームをリードしてきた Osmani 氏の豊富な経験と、Google をはじめとするさまざまな企業での調査データに基づいています。単なる理論にとどまらず、エビデンスに基づいた具体的なデータや成功事例を交えた実践的なアドバイスを説明しています。

本書はまず、効果的なソフトウェアエンジニアリングチームとはどのような条件を満たしているべきかについて、Google などで行われた調査結果に基づいて解説しています。また、「効果性（effectiveness）」、「効率性（efficiency）」、「生産性（productivity）」という 3 つの概念の違いについて丁寧に説明し、これらをどのように測定し評価すべきかについても触れています。特に「効果性」がソフトウェアエンジニアリングチームにおいて重要であるとし、その効果性を高めるための具体的な手法として、筆者が考案したモデルも紹介されています。

後半に進むと、より実践的な内容へと移行し、効果的なマネージャーの振る舞いについて深く掘り下げています。Google の調査結果を引用しながら、優れたマネージャーがどのように振る舞い、どのようにチームをサポートしているのかを具体的に解説しています。その一方で、効果性を損なう「アンチパターン」についても触れら

れており、例えば、マイクロマネジメントやPR（プルリクエスト）の規則違反など、どのような振る舞いやプロセスがチームの成長を邪魔するのかを、その見つけ方や具体的な対策方法とともに紹介しています。

本書では「マネージャー」と「リーダー」という2つの役割の違いについても詳しく述べています。単なる役職の違いにとどまらず、チームの方向性を示し、メンバーを鼓舞するための「リーダー」としてのあり方に焦点を当て、優れたリーダーになるためのヒントが提供されています。

このように、本書は、特にソフトウェアエンジニアリングチームという、従来のマネジメント手法だけでは十分に対応できないような複雑なチーム環境において、具体的かつエビデンスに基づく実践的なアドバイスと戦略を提供してくれる極めて有益な書籍です。翻訳者として、特にアンチパターンの章は、これまでの自身の経験と重なる部分が多く、大変興味深く翻訳作業を進めることができました。また、本書全体にわたって、筆者の経験談が盛り込まれており、非常にわかりやすい内容になっています。読者の皆様にも、共感や気づきを得られる部分が多くあることを期待しています。本書が、皆様のエンジニアリングチームの成功に役立つことを心より願っております。

最後に、この書籍の翻訳作業では、オライリー・ジャパンの高恵子氏に多大なご協力をいただきました。心より感謝申し上げます。

村上列
2025年4月

索引

数字

1on1 ミーティング............................207
　　テンプレート 121
1 つのシンプルなもの 118
3 つの E のモデル、効果的なエンジニアリ
　　ング 71
3 つのいつでもリーダーシップ.............101
5 つの機能不全 88

A

Airbnb 60
Amazon 108

G

GitHub 61
GitLab の効果性向上.......................... 91
Google
　　エンジニアリング文化 95

コードレビュー 166
GQM（Goal-question-metric）.......... 63
GROW モデル 123
gTeams エクササイズ 145

K

KPI（主要業績評価指標）.................... 36

L

Lencioni モデル 88

N

Netflix 66

O

OKR（目標と鍵となる成果）........ 64, 139

P

Project Aristotle ················ 3, 132, 145
Project Oxygen ················ 3, 111, 130
PR プロセスにおける規則違反のアンチパ
　ターン ································164

R

RACI マトリックス ····················140

S

SMART ゴール ························ 63

T

Tuckman モデル························ 90

あ行

アウトカム ·····················48, 129, 144
　重視 ······························ 51
　測定 ······························ 49
アウトプット ························ 48
　測定 ······························ 49
アジリティ ····················· 7, 34, 243
アンチパターン ················ 147, 148
　PR プロセスにおける規則違反······164
　教え魔 ····························159
　懐疑的なリーダーシップ ···········184
　過小評価 ························188
　業務関連 ························162

　構造的 ···························172
　個人 ····························151
　孤立した集団 ···················172
　些細な手直し屋 ···················161
　ジェネラリスト ···················153
　締め切り間際の奮闘 ···········163
　消極的なリーダーシップ ···········186
　スペシャリスト ···················151
　ため込み屋 ························155
　知識のボトルネック ··············174
　長期化するリファクタリング ·······168
　詰め込み過ぎの計画 ··············182
　リーダーシップ ···················176
　レトロスペクティブでの手抜き ·····170
委譲と権限付与 ······················ 82
いつでも決定せよ、リーダーシップ ·····102
いつでもスケールせよ、リーダーシップ
　································106
いつでも立ち去れ、リーダーシップ ·····105
イノベーションの推進 ··············261
インクルーシブな環境 ··············116
インクルージョンと多様性 ··············· 23
インスタントメッセージ ··············208
インパクト ·······················5, 142
ウォーターメロン効果 ··············· 53
エンジニアの特性、チーム構築
　新しいことへの挑戦 ··············· 22
　効果的なコミュニケーション ········ 22
　信頼を築く ······················· 18
　チーム戦略の理解 ··············· 19
　長期的に考える ··············· 21
　品質を大事にする ··············· 17
　プロジェクトを引き継ぐ ············· 21

問題解決能力 ················ 17
ユーザーを大切にする ········· 15
優先順位付け ·············· 20
エンジニアリングからマネジメントへ
·····································192
エンジニアリングのための 3 つの E のモデ
ル ····························· 71
エンジニアリングマネージャー ········236
エンタープライズリーダーシップ ·······262
教え魔のアンチパターン ············159
思いやり、リーダーシップ ··········255

か行

ガードレール ····················276
懐疑的なリーダーシップのアンチパターン
·····································184
拡大する（Expand）··············· 72
効果的なエンジニアリングの 3 つの E
モデル ······················ 97
過小評価のアンチパターン ··········188
カンバンボード ·················· 82
機会を与えること ················ 81
技術的な専門知識、リーダーシップ ·······274
期待される成果 ··················203
期待する成果 ····················204
機能不全、5 つ ·················· 88
業務関連のアンチパターン ··········162
距離感 ························210
グループとチームの違い ············· 1
継続的インテグレーションと継続的デリバ
リー ························· 35
継続的デリバリーとフィードバック ····· 82

継続的な改善と学習 ··············· 35
傾聴 ·························120
謙虚さ、リーダーシップ ············252
権限委譲、効果性を高める ········· 84
減衰者 ························ 93
効果性 ························ 40
影響する要因 ··············· 46
拡大 ···················· 97
採用と面接 ··············· 12
持続 ···················· 33
測定 ···················· 44
立ち上げ ················· 77
定義 ···················· 74
要因 ····················· 3
効果的なエンジニアリングの 3 つの E のモ
デル ······················· 71
効果的な行動習慣 ··············· 85
効果的な効率性 ········· 55, 58, 67
効果的なチーム ············· 6, 11
5 つの力学 ················· 4
アジリティ ················· 7
コロケーション ·············· 8
人材 ···················· 12
心理的安全性 ··············· 4
多様性 ···················· 6
小さなチーム ··············· 6
明確なコミュニケーション ········ 7
リーダーシップ ··············· 7
効果的なリード ················· 30
構造的なアンチパターン ···········172
構造と明確さ ···················· 4
公平性、リーダーシップ ············251
効率性 ······················· 40

影響する要因 ……………………… 46

効果的な効率性 ………… 55, 58, 67

測定 …………………………………… 43

コーチング ………………………………216

コードレビュー、Google ……………166

個人的なテコ作用 ……………………… 95

個人のアンチパターン ………………151

コミュニケーション ……………… 120, 245

基礎 ……………………………………205

コミュニケーションの優先 ……………… 35

孤立した集団のアンチパターン …………172

コロケーション ……………………………… 8

さ行

サーバントリーダーシップ ………… 79, 257

採用 ………………………………… 12, 212

再利用、Google ……………………… 96

些細な手直し屋のアンチパターン ………161

ジェネラリストのアンチパターン ………153

時間のマネジメント ……………………199

計画 ……………………………………200

実行 ……………………………………201

評価 ……………………………………201

仕事の意味 …………………………… 5, 141

自己認識力、リーダーシップ ……………256

自主性 ……………………………………… 9, 18

シチュエーショナルリーダーシップ ……259

実行可能にする（Enable）……………… 71

効果的なエンジニアリングの3つのE

モデル ……………………………… 73

自動化、Google ………………………… 96

締め切り間際の奮闘アンチパターン ……163

集団の結束力 ……………………………133

主要業績評価指標（KPI）……………… 36

状況的なパースペクティブ ………………133

消極的なリーダーシップのアンチパターン

………………………………………186

心理的安全性 ………………………… 4, 132

スコープマネジメント ……………………219

ミス ……………………………………179

スタートアップのリーダーシップ ………261

ストレッチアサインメント ………………115

スペシャリストのアンチパターン ………151

生産性 ………………………………… 40, 41

影響する要因 …………………………… 46

生産性の再定義 ………………………… 61

測定 …………………………………… 42

誠実さ、リーダーシップ ………………250

成長の文化 ……………………………… 33

責務の明確化 …………………………… 26

説明責任、リーダーシップ ………………253

セルフモチベーション ……………………248

戦略的可視化 …………………………… 31

相互信頼 …………………………………136

増幅者 …………………………………… 93

ソーシャルキャピタル …………………… 19

測定、効率性、効果性、生産性

……………………………… 42, 43, 44

組織横断的なコラボレーション ………… 35

組織的なテコ作用 ……………………… 95

組織の機能不全 ………………………… 88

た行

退職マネジメント ………………………214

態度、リーダーシップ ･････････････････275
タイムマネジメント戦略 ････････････････199
　タイムブロッキング ･･･････････････････200
タスクマネジメントソフトウェア ･･････209
ため込み屋のアンチパターン ････････････155
多様性 ･････････････････････････････････ 23
　チームのリード ･････････････････････271
チーム
　影響を及ぼす要因 ･･････････････････････ 8
　エンジニアの特性 ････････････････････ 15
　　新しいことへの挑戦 ･･････････････ 22
　　効果的なコミュニケーション ･･･ 22
　　効果的なチーム
　　･･････････････････→ 効果的なチーム
　　信頼を築く ･･････････････････････ 18
　　チーム戦略の理解 ･･････････････ 19
　　長期的に考える ･･･････････････ 21
　　品質を大事にする ････････････ 17
　　プロジェクトを引き継ぐ ･･････ 21
　　問題解決能力 ･･････････････････ 17
　　ユーザーを大切にする ･･･････ 15
　　優先順位付け ･･････････････････ 20
　効果性モデル ･･･････････････････････ 87
　効果的にする ･･･････････････････････ 3
　サイズ ･････････････････････････13, 46
　定義 ･････････････････････････････ 1
チーム・オープンドア ･･････････････ 29
チーム・サイロ ･･････････････････････ 29
チーム開発モデル ･･････････････････ 90
チームスピリット ･･････････････････ 25
チームとグループの違い ･･･････････ 1
チームミーティング ･･･････････････206
チーム力学、マネジメント ･･･････････221

力を与える（Empower）････････････ 71
　効果的なエンジニアリングの 3 つの E
　モデル ･･････････････････････････ 80
知識のボトルネックのアンチパターン
　･････････････････････････････････174
長期化するリファクタリングのアンチパ
　ターン ･･････････････････････････168
詰め込み過ぎの計画のアンチパターン
　･････････････････････････････････182
ディープワーク ･････････････････････199
データドリブンリーダーシップ ･･････279
適応型リーダーシップの 4 つの A ･･･281
テクノロジーとビジネスの連携 ･･･････262
テコ作用 ･････････････････････････････ 94
テックリード ･･･････････････････････235
テックリードマネージャー（TLM）･････238
電子メール ･････････････････････････208
透明性、効果性を高める ･･･････････ 84
ドライブ ･････････････････････････････249
トレードオフ
　プロジェクトスケジュール ･･･････ 59
　マネジメント ･･････････････････ 58

な行

内的報酬 ･････････････････････････････ 9
ネットワーキング ････････････ 224, 225

は行

バス係数 ･････････････････････････････174
パフォーマンスの高いマネージャーの振る
　舞い ････････････････････････････113

パフォーマンス評価 ·····················213
ピープルマネジメント ················211
非言語コミュニケーション ···········209
ビジネスとテクノロジーの連携 ·······262
標準化、Google ··························96
表情 ··210
フィードバック
　フィードバックループ ················82
　リーダーシップ ·····················273
振る舞いのモデル、リーダーシップ ····277
プロセスの最適化、効果性を高める ····84
変革型リーダーシップ ················257
ボディランゲージ ·····················210

ま行

マイクロマネジメント ················177
　マイクロマネジメントしない ·······115
マインドセット ··························15
マスタリー ···························9, 223
マネージャー ····················191, 231
　とリーダーの責務 ··················230
マネージャーの振る舞い
　インクルーシブな環境 ·············116
　技術的なスキル ····················126
　キャリア開発 ······················122
　決断力 ·····························127
　パフォーマンスの高い ·············113
　ビジョンや戦略 ····················124
　部署横断 ···························128
　マイクロマネジメントしない ·······115
　良いコーチ ························114
　良いコミュニケーション ···········120

マネジメント ···············192, 230, 231
　成長を促す ························223
　対立の解決 ························222
　チーム力学 ························221
　トレードオフ ························58
　リモートチーム ····················222
マネジメント戦略 ·····················198
民主型リーダーシップ ················257
無意識のバイアス ·····················271
難しいプロジェクトのマネジメント ····217
目隠し ·····································102
メッセージを伝える手段 ··············208
メンターシップ ························216
メンバー間の信頼関係の構築 ·········· 29
燃え尽き症候群 ························· 53
目的意識 ························9, 10, 142
目的意識の共有 ························· 27
目標と鍵となる成果 ·············→ OKR
モチベーション
　パフォーマンスのドライブ ···········9
　モチベーションリーダーシップ ·····232
問題を排除すること、力を与える
　（Empower）································ 81

や行

役割の明確化 ··························· 26
勇気、リーダーシップ ················253

ら行

リーダー ······························231
　イノベーションのための仕組みづくり

……………………………268	誠実さ ………………………………250
資質 ……………………… 241, 248	説明責任 ……………………………253
心理的安全性 ………………………270	戦略的ロードマップ ………………264
セルフモチベーション ……………248	態度 …………………………………275
戦略を練る …………………………263	ドライブ ……………………………249
役割 …………………………………267	能力開発 ……………………………273
リーダーとマネージャーの責務 …… 230	フィードバック ……………………273
リーダーシップ ……………… 230, 231	振る舞いのモデル …………………277
3 つのいつでも ……………………101	役割 …………………………………233
影響 …………………………………254	勇気 …………………………………253
思いやり ……………………………255	優先順位付け ………………………266
課題 ……………………………… 99	リーダーシップのアンチパターン
技術的専門知識 ……………………274	……………………………………176
謙虚さ ………………………………252	リーダーシップスキル ……………247
効果的な行動習慣 …………………… 85	診断 …………………………………241
効果的なリード …………………… 30	リーダーシップスタイル …………257
公平性 ………………………………251	リモートチーム ……………………222
自己認識力 …………………………256	レトロスペクティブでの手抜きのアンチパ
スタートアップ ……………………261	ターン ……………………………170

● 著者紹介

Addy Osmani（アディ・オスマーニ）

Google Chrome のシニアスタッフエンジニアリングマネージャーであり、ウェブを高速化することに注力するチームを率いている。過去 25 年間、インディビジュアルコントリビューターとして他者を指導するところから、テックリードやテックリードマネージャーとしてさまざまな役割でチームを率いてきた。次世代のリーダーを育成することに情熱を注いでおり、これまで自身が効果的であり続けるために実践してきたことを記録してきた。それらの記録を、今回初めてこの新しい書籍で共有する。

● 訳者紹介

村上 列（むらかみ れつ）

兵庫県生まれ。京都大学大学院工学研究科修了。生来の新しもの好きがこうじて、計算機やネットワークの世界に足を踏み入れ現在にいたる。計算機やネットワーク上での人と人とのコミュニケーションのあり方について強い興味を持つ。

エンジニアリングチームのリード術

Google に学ぶインディビジュアルコントリビューターとマネージャーのための実践ガイド

2025 年 4 月 25 日　　初版第 1 刷発行

著　　　　　者	Addy Osmani（アディ・オスマーニ）
訳　　　　　者	村上 列（むらかみ れつ）
発　行　人	ティム・オライリー
制　　　　　作	アリエッタ株式会社
印 刷 ・ 製 本	三美印刷株式会社
発　行　所	株式会社オライリー・ジャパン

　　　　　　　　　〒160-0002　東京都新宿区四谷坂町 12 番 22 号
　　　　　　　　　Tel　（03）3356-5227
　　　　　　　　　Fax　（03）3356-5263
　　　　　　　　　電子メール　japan@oreilly.co.jp

発　売　元　　株式会社**オーム社**
　　　　　　　　　〒101-8460　東京都千代田区神田錦町 3-1
　　　　　　　　　Tel　（03）3233-0641　（代表）
　　　　　　　　　Fax　（03）3233-3440

Printed in Japan　（ISBN978-4-8144-0111-6）
乱丁、落丁の際はお取り替えいたします。

本書は著作権上の保護を受けています。本書の一部あるいは全部について、株式会社オライリー・ジャパンから文書による許諾を得ずに、いかなる方法においても無断で複写、複製することは禁じられています。